Heidelberger Taschenbücher Band 201

Erratum

Heidelberger Taschenbücher,
Bd. 201, Selecta Mathematica V
ISBN-13: 978-3-540-09407-4

Aufgrund eines Versehens wurde die Privatadresse von Herrn Professor Rüssmann in das Autorenverzeichnis übernommen. Seine Institutsadresse lautet:

Professor Dr. Helmut Rüssmann
Fachbereich 17 der
Johannes Gutenberg-Universität
Mainz
Saarstraße 21
D-6500 Mainz

Selecta Mathematica V

Herausgegeben von Konrad Jacobs

A. Beck Ein Paradoxon: Der Hase und die Schildkröte

H. Boerner Variationsrechnung à la Carathéodory und das Zermelo'sche Navigationsproblem

M. Keane Geodätische Strömungen

H. Rüssmann Konvergente Reihenentwicklungen in der Störungstheorie der Himmelsmechanik

Mit 25 Abbildungen

Springer-Verlag
Berlin Heidelberg New York 1979

Herausgeber:

Konrad Jacobs

Mathematisches Institut der Universität Erlangen-Nürnberg
Bismarckstraße 1 1/2
D-8520 Erlangen

AMS Subject Classification (1970): 34D10, 49C05, 49C10, 49H05, 53A05, 53A35, 70F10, 70F15, 70H25, 70M10, 76-01, 76-03

ISBN-13: 978-3-540-09407-4 e-ISBN-13: 978-3-642-67321-4
DOI: 10.1007/978-3-642-67321-4

CIP-Kurztitelaufnahme der Deutschen Bibliothek
Selecta mathematica / hrsg. von Konrad Jacobs. – Berlin, Heidelberg, New York: Springer. (Heidelberger Taschenbücher;...)
NE: Jacobs, Konrad [Hrsg.]; Ser.
Bd. 5.→Beck, Anatole: Ein Paradoxon, der Hase und die Schildkröte
Beck, Anatole:
Ein Paradoxon, der Hase und die Schildkröte / A. Beck. Variationsrechnung à la Carathéodory und das Zermelo'sche Navigationsproblem / H. Boerner. Geodätische Strömungen / M. Keane. Konvergente Reihenentwicklungen in der Störungstheorie der Himmelsmechanik / H. Rüssmann. – Berlin, Heidelberg, New York: Springer, 1979.
(Selecta mathematica; 5) (Heidelberger Taschenbücher ; Bd. 201)
NE: Boerner, Hermann: Variationsrechnung à la Carathéodory und das Zermelo'sche Navigationsproblem; Keane, Michael: Geodätische Strömungen; Rüssmann, Helmut: Konvergente Reihenentwicklungen in der Störungstheorie der Himmelsmechanik; Ser.

2142/3140-543210

Vorwort

Die im vorliegenden fünften Selecta-Band zusammengefaßten Beiträge behandeln Themen, die etwa durch die Stichworte "Bewegung, Strömung, Mechanik" zu umreißen sind. Zu jedem Beitrag gehört eine Vorgeschichte, die ihn mit berühmten alten Problemstellungen verbindet.

Fährt man von Neapel aus nach Süden über Paestum hinaus die lukanische Küste entlang, so kommt man nach etwa einer Stunde zu den ausgegrabenen Ruinen der alten griechischen Stadt Elea (gegr. 540 v.Chr.), in der die Philosophen Parmenides (ca. 510 - ca. 440 v.Chr.) und Zenon (ca. 490 - ca. 430 v. Chr.) gewirkt haben. Von den vier sog. Paradoxien des Zenon (sie sind in der Physik des Aristoteles überliefert und kommentiert) gehören drei zum allgemeinen Gesprächsstoff der sog. Gebildeten: 1. Man kann nicht gehen, denn um ein Stadion zurückzulegen, muß man erst ein halbes Stadion zurücklegen, dazu vorher ein Viertelstadion usw., ein unendliches Pensum, das man nicht bewältigen kann. 2. Achilles kann die Schildkröte nicht überholen, denn er muß erst einmal deren Startpunkt erreichen, dann ist sie aber schon zu einem neuen Punkt vorgerückt, den Achilles als nächstes besuchen muß etc., wieder ein unendliches und folglich nicht zu bewältigendes Pensum für den armen Helden. 3. Der abgeschossene Pfeil bleibt in der Luft stehen, denn aus den in 1. genannten Gründen kann er keine positive Strecke zurücklegen. - Der eilige moderne Mensch lächelt natürlich über Zenons anscheinende Meinung, man müsse überall, wo man hinkommt, erst einmal eine Tasse Kaffee trinken, und der Mathematiker des 20. Jahrhunderts weiß, daß Zenon eben nur ungeschickt mit den reellen Zahlen umgegangen ist (man kann seinen Fehler natürlich schon mit den rationalen Zahlen machen). Anatole Beck stellt sich in seinem Beitrag der Herausforderung, die Aporie Zenons in erstaunliche Mathematik zu verwandeln, und ich möchte wünschen, daß die seiner vertieften Version der Fabel vom Hasen und der Schildkröte zugrundeliegenden Ideen genauso zum allgemeinen Gesprächsstoff wenigstens der Mathematiker werden, wie Zenons uraltes Kopfschütteln.

Hermann Boerners Beitrag "Variationsrechnung à la Carathéodory und das Zermelo'sche Navigationsproblem" gibt dem Leser Gelegenheit, fleißig nebenher mit Bleistift und Papier arbeitend in kurzer Anstrengung Carathéodory's Vision der Variationsrechnung und der klassischen Mechanik zu erarbeiten. Carathéodory (1873-1950) selbst hat seine Variationsrechnung als ein mit Recht zu Ruhm gelangtes, aber anstrengendes Buch veröffentlicht. Um so mehr hatte ich mir für die Selecta Herrn Boerners Beitrag gewünscht, der diesen Schatz für Mathematiker, die nicht gleich zu Spezialisten werden wollen, aufschließt. Als Anwendung wird eine der reizvollsten Fragestellungen der Variationsrechnung behandelt: Zermelo's Navigationsproblem. Ernst Zermelo (1871-1953) hat es 1930/31 gestellt und gelöst, u.z. sowohl für gewöhnliche als auch für Luftschiffe. Die Tatsache, daß letztere als Transportmittel in unerschlossenen Landstrichen neuerdings wieder Interesse finden, mag für sich schon Grund genug sein, dies Thema, das seinerzeit auch von Levi-Cività und v.Mises aufgegriffen wurde, erneut einem weiteren Leserkreis nahezubringen. Der Mathematiker wird es zudem begrüßen, einem durch seine frühen Leistungen in der Mengenlehre (Wohlordnungssatz, Axiomatisierung) berühmten Meister auf einem völlig anderen Gebiet erneut zu begegnen. Zu Herrn Boerners "Cara-Beitrag" erscheinen mir noch zwei Bemerkungen angebracht.

1. Carathéodory's Gesammelte Mathematische Schriften sind eine kostbare Lektüre und in broschierter Ausgabe erstaunlich billig zu haben; Band V dieser Schriften enthält u.a. einen autobiographischen Text, ferner mehrere Schriften, die Carathéodory's Universalität als Mathematiker, Ingenieur und Organisator bekunden: frühe Arbeiten über Messungen an der Cheopspyramide und am Parthenon, ein Memorandum zur Reorga-

nisation der Universität Athen, und seine Theorie des Schmidt'schen Spiegelteleskops; ich bin versucht zu sagen: "Wir werden nimmer seinesgleichen sehen".

2. Die klassische Mechanik ist in den letzten Jahrzehnten unter differentialtopologischen Gesichtspunkten neu durchdrungen und gestaltet worden; als zusammenfassende Darstellung sei S. Sternberg, Celestial Mechanics, 2 Bde. New York (Benjamin) 1969, erwähnt; die Verbindung zur Klassik hält das berühmte Werk Siegel-Moser, Lectures on Celestial Mechanics, Berlin-Heidelberg-New York (Springer-Verlag) 1971; neuere Entwicklungen der qualitativen Dynamic à la Smale findet man zusammenfassend in dem Buch Z. Nitecki, Differentiable Dynamics (M.I.T. Press 1971) dargestellt. Will man in diesen Zweig neuer Mechanik eindringen, so hat man ein mindestens einjähriges Studium aufwendiger Beweistechniken zu absolvieren; eine ganz neuartige Klarheit, Allgemeinheit und Strenge sind der Lohn solcher Mühen; Ideen und Probleme, die vor allem auf H. Poincaré (1854-1912) zurückgehen, finden in den neuen Theorien ihre reine Darstellung und z.T. ihre Lösung; demgegenüber ist H. Boerners Beitrag an den klassischen Grundgedanken von Lagrange (1805-1865), Weierstraß (1815-1897) und Hilbert (1862-1943) orientiert, sowie sie von Carathéodory (1873-1950) neu durchdrungen und erweitert wurden; er steht damit Darstellungen der Mechanik, die in Lehrbüchern der Physik zu finden sind, näher als die oben erwähnte Literatur, die übrigens das Gebiet der Variationsrechnung noch nicht erreicht zu haben scheint.

Der Beitrag "Geodätische Strömungen" von Michael Keane handelt von der Bewegung längs kürzester Linien und schließt damit an klassische Prinzipien der Optik und der Mechanik an. Geodätische Strömungen sind bis in die jüngste Zeit Gegenstand intensiver Forschung geblieben. Um sich mit ihnen adäquat zu beschäftigen, benötigt man normalerweise ein beachtliches Rüstzeug aus der Differentialgeometrie. Herr Keane hat es jedoch verstanden, charakteristische Teile der Theorie mit ganz elementaren Mitteln zugänglich zu machen. Eine gewisse Vertrautheit mit den komplexen Zahlen genügt vollauf. Bewiesen wird die topologische Unzerlegbarkeit der geodätischen Strömung im Fundamentalbereich einer speziellen diskreten Gruppe konformer Abbildungen der oberen komplexen Halbebene. Einfache und aufschlußreiche Überlegungen über Bewegungen auf der Kugel, auf dem flachen Torus und über das Billiard in einem Dreieck umgeben dies zentrale Resultat.

Der Beitrag "Konvergente Reihenentwicklungen in der Störungstheorie der Himmelsmechanik" von Helmut Rüssmann hat kein geringeres Ziel, als die berühmte "KAM-Theorie" (Kolmogoroff-Arnold-Moser-Theorie) wenigstens für den Fall des sog. restringierten Dreikörperproblems vom Himmel der wenigen Eingeweihten herunter in unsere Seminare zu holen. Für Proseminare und Wochenendstudien ist dieser auf das doppelte Maß eines normalen Selecta-Beitrags angelegte Text sicher zu schwer. Der Leser muß zahlreiche einfache Zwischenrechnungen selbst ausführen. Für Seminarzwecke scheint mir dieser Beitrag jedoch bestens geeignet; es handelt sich, soviel ich weiß, um die erste geschlossene und nahezu elementare Darstellung eines zentralen Resultats aus jener Theorie, die man vielleicht als den bedeutendsten Beitrag zur Himmelsmechanik seit Poincaré bezeichnen kann. In ihr geht es um die Existenz quasiperiodischer Bewegungen; sie trägt zur Beantwortung der seit über 100 Jahren im Zentrum des Interesses der Himmelsmechaniker stehenden Frage nach der Stabilität unseres Planetensystems bei. Sie löst insbesondere die Preisaufgabe von Weierstraß aus dem Jahre 1885 endgültig (1889 hatte Poincaré für seinen Lösungsbeitrag den Preis erhalten). Der Kenner wird wissen, was gemeint ist, wenn ich das Stichwort "kleine Nenner" (Weierstraß) anführe und auf Kolmogoroffs bahnbrechendes Referat auf dem Amsterdamer Kongreß 1954 hinweise. - Herr Rüssmann gibt in seinem Beitrag zugleich eine umfassende Einführung in die grundlegenden Probleme der Himmelsmechanik einschließlich ihrer Geschichte. Dabei kommen in einer auf die spezielle Thematik zugeschnittenen Weise auch allgemeine Ideen der Mechanik zur Sprache, die im Beitrag von H. Boerner behandelt werden.

Die weitgespannten Ziele dieses Selecta-Bändchens erforderten ungewöhnlich intensive Vorarbeiten. Ich habe den Mitarbeitern eines Seminars in Erlangen, in dem die Beiträge erprobt wurden, für viele Hinweise zu danken, voran den Herrn Dr. C.C.Brown und Dr. E.Zehnder. Ganz besonders fühle ich mich den Autoren verpflichtet, die z.T. ganz außerordentliche Mühen auf sich genommen haben, ohne mir als einem der Schuldigen gram zu werden. Anatole Beck war so freundlich, sich eine von mir besorgte Überarbeitung seines in reizvollem Privatdeutsch vorgelegten Originalmanuskripts zu eigen zu machen.

Die Kostenkalkulation hat es leider unvermeidlich gemacht, vom normalen Buchdruck auf den Schreibsatz überzugehen. Im Rahmen dieser Bedingungen wurde ausgezeichnete Verlagsarbeit geleistet. Dem Springer-Verlag gilt mein herzlicher Dank für die wohlwollende und sorgfältige Betreuung auch dieses Selecta-Bandes.

Erlangen im Frühjahr 1979

KONRAD JACOBS
Herausgeber

Inhaltsverzeichnis

Geodätische Strömungen, von Michael KEANE

Autorenverzeichnis

Anatole Beck

Department of Mathematics, University of Wisconsin
Van Vleck Hall, 480 Lincoln Drive
Madison, WI 53706/USA

Hermann Boerner

Mathematisches Institut der Universität Gießen
Arndtstraße 2
D-6300 Lahn-Gießen

Michael Keane

Université de Rennes, Boîte
Avenue due Général Leclerc
Postale 25 A
F-35031 Rennes Cedex

Helmut Rüssmann

Menzelstraße 9a
D-6500 Mainz 31

Ein Paradoxon: Der Hase und die Schildkröte

Anatole Beck

Babrios (vermutlich 2.Jh. nach Chr.) erzählt folgende Fabel (Mader [1],S.308): Der Hase und die Schildkröte liefen um die Wette; der hochmütige Hase begann den Wettlauf mit einem Schläfchen. Als er aufwachte, war die Schildkröte schon am Ziel.

Ohne der einfachen Moral dieser Geschichte Abbruch zu tun, können wir ihre Dramaturgie noch etwas verfeinern: der Hase wacht auf, noch ehe die Schildkröte am Ziel ist, jedoch zu spät, um sie noch vor dem Ziel einholen zu können.

Gehen wir in der Mathematisierung weiter, so erhalten wir ein einfaches mathematisches Resultat, das wir wegen seiner Sonderbarkeit als das Paradoxon vom Hasen und der Schildkröte bezeichnen wollen: Wir lassen Hase und Schildkröte das räumliche Einheitsintervall $[0,1]$ durchlaufen, in Form glatter Bewegungen; wir sorgen dafür, daß der Hase an jeder Stelle doppelt so schnell läuft wie es die Schildkröte dort tut; dennoch werden wir es so einrichten können, daß der Hase für das Einheitsintervall länger braucht als die Schildkröte.

Der springende Punkt wird ein geschicktes Operieren mit der sog. Cantor-Menge sein. Wir werden erreichen, daß Hase wie Schildkröte häufig kleine Nickerchen machen. Diese werden beim Hasen länger ausfallen als bei der Schildkröte. Dennoch werden Hase wie Schildkröte in jedem Intervall strikt positiver Länge eine strikt positive Strecke zurücklegen.

§ 1 VORBEREITUNGEN

Wir erinnern zunächst an einen bekannten

<u>Satz 1.1.</u> Jede offene Teilmenge G der Zahlengeraden $\mathbb{R}$ ist eine abzählbare disjunkte Vereinigung von offenen Intervallen.

Natürlich dürfen die Intervalle auch unendlich lang sein und es kann sein, daß es nur endlichviele gibt, z.B. im Falle $G = \mathbb{R}$. Den Beweis kennt jeder: Man nehme einen Punkt $t \in G$; gibt es links von x keine Punkte von $\mathbb{R} \setminus G$, so enthält G die abgeschlossene Halbgerade $(-\infty, t]$ und wir können uns weiter auf das, was rechts von t passiert, konzentrieren. Gibt es links von t Punkte von $\mathbb{R}$ G, so gibt es unter diesen einen größten, den wir a nennen, denn $\mathbb{R} \setminus G$ ist abgeschlossen; weil eine ganze Umgebung von t in G liegt, ist $a < t$; auf dieselbe Weise finden wir ein kleinstes $b > t$ in $\mathbb{R} \setminus G$, oder aber $[t, \infty)$ ist in G enthalten; insgesamt erhalten wir die Fälle

$$t \in (a,b) \subseteq G$$
$$t \in (a,\infty) \subseteq G$$
$$t \in (-\infty,b) \subseteq G$$
$$t \in (-\infty,\infty) = \mathbb{R} = G\ ;$$

der Rest ergibt sich aus der Tatsache, daß in $\mathbb{R}$ eine abzählbare Menge dichtliegt (z.B. die rationalen Zahlen).

Ferner bekommt man leicht den

<u>Satz 1.2.</u> Sei $\square \neq G \subseteq \mathbb{R}$ eine beschränkte offene Menge und $F = \mathbb{R} \setminus G$, ferner $-\infty < A < B < \infty$. Dann gibt es eine unendlich oft differenzierbare Funktion f auf $\mathbb{R}$, derart, daß gilt:

1) $f'(t) \geq 0 \qquad (t \in \mathbb{R})$
2) $f'(t) = 0 \iff t \in F$
3) Auf F verschwinden alle Ableitungen von f.
4) Der Wertebereich von F ist genau das abgeschlossene Intervall $[A,B]$.

Zum Beweis stellen wir G als disjunkte Vereinigung von

offenen Intervallen (a_1,b_1), (a_2,b_2), ... dar. Für jedes dieser Intervalle (a_k,b_k) (es kann sein, daß es nur endlichviele, evtl. sogar nur eines gibt) setzen wir

$$g_k(t) = \begin{cases} e^{-t^2 \frac{1}{(t-a_k)^2} - \frac{1}{(t-b_k)^2}} & (a_k < t < b_k) \\ 0 \ \text{sonst} & \end{cases}$$

$$g(t) = \sum_k g_k(t)$$

$$f(t) = A + \frac{B - A}{\int_{-\infty}^{\infty} g(s)ds} \int_{-\infty}^{t} g(s)ds \ .$$

All dies ist zunächst einmal sinnvoll: an jeder Stelle $t \in \mathbb{R}$ ist höchstens ein $g_k(t) \neq 0$, u.z. dann > 0; $g(t)$ hat die über ganz $\mathbb{R}$ integrable Majorante e^{-t^2} und $0 < \int_{-\infty}^{\infty} g(s)ds < \infty$. Es gilt

$$f'(t) = \frac{B - A}{\int_{-\infty}^{\infty} g(s)ds} g(t) \quad \text{und dies ist stets} \geq 0 \ ,$$

und $= 0$ genau dann wenn $t \in F$ ist, was übrigens für hinreichend große $|t|$ wegen der Beschränktheit von G der Fall ist. Offenbar haben wir nur noch zu zeigen, daß g unendlichoft differenzierbar ist und daß sämtliche Ableitungen von g auf F verschwinden. Hierzu genügt es, für ein beliebiges k nachzuweisen, daß g_k unendlichoft differenzierbar ist und daß sämtliche Ableitungen von g_k außerhalb des offenen Intervalls (a_k,b_k) verschwinden. Die einzigen Punkte, in denen man nicht von vornherein in dieser Angelegenheit Bescheid weiß, sind a_k und b_k. Hier bekommt man nun Auskunft durch sukzessives Aufsteigen zu immer höheren Ableitungen. Zunächst gilt

$$0 \leq g_k(t) \leq e^{-\frac{1}{(t-a)^2}} \qquad (t \in \mathbb{R}\ ,\ a \notin (a_k,b_k))$$

denn für $t \notin (a_k,b_k)$ ist das wegen $g_k(t) = 0$ trivial, und für $t \in (a_k,b_k)$ liegt entweder a_k oder b_k zwischen a und t;

im ersteren Fall erhält man

$$0 \leq g_k(t) \leq e^{-\frac{1}{(t-a_k)^2}} \leq e^{-\frac{1}{(t-a)^2}} ,$$

im zweiten Falle schließt man analog. Nun folgt für $a \notin (a_k,b_k)$, $t \neq a$ wegen $g_k(a) = 0$

$$\left|\frac{g_k(t) - g_k(a)}{t - a}\right| = \frac{g_k(t)}{|t - a|} \leq \frac{1}{|t - a|} e^{-\frac{1}{(t-a)^2}} ,$$

und das wird für hinreichend kleine $|t-a|$ beliebig klein. Also folgt die Existenz von $g_k(a)$ und ihr Verschwinden für alle $a \notin (a_k,b_k)$. Wenn man nun g_k' innerhalb von (a_k,b_k) bildet, erhält man einen Ausdruck

$$g_k'(t) = g_k(t) \left(-2t + \frac{2}{(t-a_k)^3} + \frac{2}{(t-b_k)^3}\right)$$

und beweist nun ungefähr wie vorhin

$$|g_k'(t)| \leq \frac{c_1}{|t-a|^3} e^{-\frac{2}{(t-a)^2}} \qquad (t \in \mathbb{R},\ a \in (a_k,b_k))$$

mit einer passenden Konstanten $c_1 > 0$.

Hieraus folgt wieder wie vorhin, daß die 2.Ableitung von g_k überall existiert und außerhalb von (a_k,b_k) verschwindet. Es ist nun klar - und der Leser möge sich die Einzelheiten selbst darlegen - daß man auf diese Weise sukzessive dieselben Aussagen für alle Ableitungen von g_k bekommt. Damit ist Satz 1.2 bewiesen.

Als Übung kann der Leser aus Satz 1.2 eine analoge Aussage für den Fall unbeschränkter G herleiten. Es genügt dazu eine einfache Variablentransformation.

Schließlich erinnern wir an die sog. Cantor-Menge $K \subseteq [0,1]$. Sie entsteht als Komplement einer offenen Menge $G \subseteq [0,1]$, die wir von vornherein als abzählbare Vereinigung von offenen Intervallen (a_1,b_1), (a_2,b_2),... darstellen:
$(a_1,b_1) = (\frac{1}{3},\frac{2}{3})$, man nimmt also das mittlere Drittel von

[0,1]. Von den beiden restlichen Intervallen $[0,\frac{1}{3}]$, $[\frac{2}{3},1]$ nimmt man nun wieder die mittleren Drittel $(a_2,b_2) = (\frac{1}{9},\frac{2}{9})$, $(a_3,b_3) = (\frac{7}{9},\frac{8}{9})$; man baut G auf, indem man nach diesem "Prinzip der mittleren Drittel" ad infinitum fortfährt. Wir bemerken, daß das so gewonnene G in [0,1] dichtliegt. $K = [0,1]\setminus G$ hat sogar das Lebesgue-Maß $\frac{2}{3}\cdot\frac{2}{3}\cdot\frac{2}{3}\cdots = 0$, sodaß man K als nirgendsdichte (Null-)Menge bezeichnet. Es ist klar, wie man dies Konstruktionsprinzip modifizieren kann: man kann statt [0,1] irgendein abgeschlossenes Intervall [u,v] strikt positiver Länge nehmen und das "Prinzip der mittleren Drittel" durch ein "Prinzip der mittleren q-tel" mit irgendeinem $0 < q < 1$ ersetzen. Stets erhält man eine offene dichte Teilmenge G von [u,v], deren Komplement in [u,v] eine nirgendsdichte (Null-)Menge in [u,v] ist.

Mit diesem Rüstzeug gehen wir nun an die Konstruktion unseres Paradoxons.

§ 2 Die Schildkröte

Wir gehen davon aus, daß der Wettlauf zwischen Hase und Schildkröte genau über das Einheitsintervall [0,1] geht. Zusätzlich werden wir es so einrichten, daß Hase wie Schildkröte zum Zeitpunkt 0 loslaufen und daß die Schildkröte zum Zeitpunkt 1 am Ziel 1 ankommt. Zu diesem Zweck wählen wir die nach dem "Prinzip des mittleren Drittel" konstruierte Cantor-Menge $K \subseteq [0,1]$ und konstruieren gemäß Satz 1.2 eine Funktion Φ, die auf [0,1] definiert und unendlichoft differenzierbar ist, und deren Ableitung Φ' auf K verschwindet, sonst aber in [0,1] strikt positiv ist. Wem die Ableitungen an den Intervall-Enden Kummer machen, braucht Satz 1.2 nur auf die Menge $G = [0,1]\setminus K$, $A = 0$, $B = 1$ anzuwenden und die erhaltene Funktion auf [0,1] einzuschränken. Es ist klar, daß man dann $\Phi(0) = 0$ erhält und $\Phi(1) = 1$ erreichen kann. Außerdem verschwinden sämtliche Ableitungen von Φ in 0 und 1. Da $[0,1]\setminus K$ in [0,1] dicht liegt, sieht man sofort, daß aus $0 \leq s < t \leq 1$ stets $\Phi(t) - \Phi(s) > 0$ folgt. Bekanntlich besteht K aus denjenigen reellen Zahlen in [0,1], in deren triadischer Entwicklung die Ziffer 1 nicht vorkommt. Sie ist damit überabzählbar, denn es gibt überabzählbarviele Möglichkeiten, eine Folge der Ziffern 0 und 2 auszusuchen. Obwohl Φ' also auf einer überabzählbaren Menge verschwindet, wächst Φ auf jedem Intervall strikt positiver Länge strikt. Wenn man das Konstruktionsprinzip von K und das für Satz 1.2 zusammennimmt, kommt für Φ ungefähr folgender Verlauf heraus:

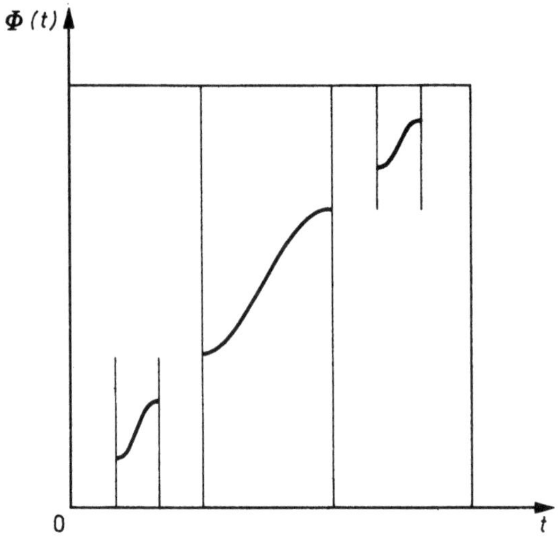

Abb. 1

Die Funktion Φ soll die Bewegung der Schildkröte in folgendem Sinne beschreiben: zur Zeit t mit $0 \leq t \leq 1$ befindet sich die Schildkröte an der Stelle $\Phi(t)$ und hat die Geschwindigkeit $\Phi'(t)$. Sie macht also an jedem Punkt t der Cantor-Menge K ein Nickerchen in dem Sinne, daß dort $\Phi'(t) = 0$ gilt, aber es gibt kein Intervall strikt positiver Länge, in dem sie dauernd schliefe, d.h. wo Φ konstant wäre.

§ 3 LE LAPIN AGILE

ist der Name eines (natürlich guten) Bistros im Montmartre (Paris), das M.Utrillo gemalt hat. Die Person des "schnellen Hasen" wird hier nur als vorübergehende Hilfskonstruktion eingeführt, u.z. in Gestalt der unendlichoft differenzierbaren Funktion

$$\Theta(t) = \Phi(2t) \qquad (0 \leq t \leq \tfrac{1}{2})$$

auf dem halben Einheitsintervall $[0,\frac{1}{2}]$. Natürlich ist der schnelle Hase schon zur Zeit $\frac{1}{2}$ am Ziel 1, denn $\Theta(\frac{1}{2}) = \Phi(1) = 1$, und das ist auch kein Wunder, denn er ist überall doppelt so schnell wie die Schildkröte: wenn diese in $x \in [0,1]$ ist, also $\Phi(t) = x$ gilt, so ist $\Theta(\frac{t}{2}) = x$ und

$$\Theta'(\tfrac{t}{2}) = \frac{d}{ds}\left[\Phi(2s)\right]_{s=\frac{t}{2}} = 2\Phi'(t) .$$

Wenn der Leser jedoch das Wörtchen "denn" hier im Sinne einer Begründung versteht, so ist er hereingefallen, denn wir werden im nächsten Abschnitt den Hasen (der dann nicht mehr le lapin agile ist) so konstruieren, daß er ebenfalls überall doppelt so schnell wie die Schildkröte ist und dennoch zur Zeit 1 das Ziel 1 noch nicht erreicht.

§ 4 Der Hase

Sei $t_1 > 1$. Wir werden auf dem abgeschlossenen Intervall $[0,t_1]$ eine strikt monotone beliebig oft differenzierbare Funktion Ψ so konstruieren, daß $\Psi(0) = 0$ und $\Psi(t_1) = 1$, also sicher $\Psi(1) < 1$ ist. Für jedes t mit $0 \leq t \leq t_1$ wird $\Psi(t)$ angeben, wo sich der Hase zur Zeit t befindet. $\Psi(1) < 1$ besagt, daß er zur Zeit 1 noch nicht am Ziel 1 ist, im Gegensatz zur Schildkröte.

Was wird nun die Aussage "der Hase ist überall doppelt so schnell wie die Schildkröte", die wir ja ebenfalls erreichen wollen, eigentlich bedeuten? Alle unsere Funktionen, Φ, Θ, Ψ sind strikt monoton mit dem Wertebereich $[0,1]$. Sie besitzen somit Umkehrfunktionen Φ^{-1}, Θ^{-1}, Ψ^{-1}, die auf $[0,1]$ definiert sind und die Wertebereiche $[0,1]$, $[0,\frac{1}{2}]$, $[0,t_1]$ haben. Die Geschwindigkeit der Schildkröte am Orte x ist offenbar $\Phi'(\Phi^{-1}(x))$. Für le lapin agile kommt $\Theta'(\Theta^{-1}(x)) = 2\Phi'(\Phi^{-1}(x))$ heraus, weil stets $\Theta^{-1}(x) = \frac{1}{2}\Phi^{-1}(x)$ und $\Theta'(\frac{t}{2}) = 2\Phi'(t)$ $(0 \leq t \leq \frac{1}{2})$ gilt. Wir werden $\Psi'(\Psi^{-1}(x)) =$

$2\Phi'(\Phi^{-1}(x))$ erreichen, und das bedeutet, daß der Hase an jedem Ort doppelt so schnell wie die Schildkröte ist.

Wie wir das erreichen werden, sieht der Leser vielleicht schon, wenn er die folgende Abb. 2, für die wir $t_1 = 2$ gewählt haben, mit Abb. 1 vergleicht:

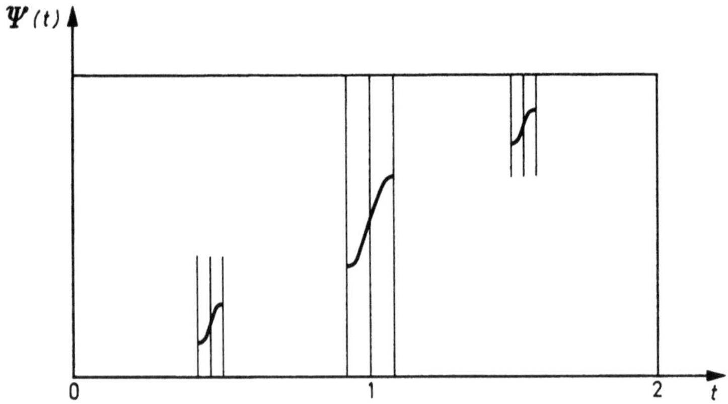

Abb. 2

Qualitativ und verbal: Wir konstruieren Ψ analog wie Φ, benutzen aber in [0,2] eine "Cantormenge", die dafür sorgt, daß die jeweils eingesetzten Funktionsteile doppelt so steil werden wie bei Φ.

Eine genaue Ausführung dieser Idee benützt le lapin agile als Hilfsmittel und sieht folgendermaßen aus.

Wir arbeiten jetzt wieder mit einem beliebigen $t_1 > 1$. Als erstes legen wir

$$\Psi(t - \frac{t_1}{2}) = \Theta(t - \frac{1}{4}) \qquad (\frac{1}{6} \leq t \leq \frac{1}{3})$$

fest, betrachten also den schnellen Hasen Θ auf dem mittleren Drittel seines Definitionsbereiches $[0,\frac{1}{2}]$ und setzen diesen Teil der Funktion Θ durch bloße Translation in die Mitte von $[0,t_1]$, womit Ψ auf dem abgeschlossenen Intervall $\left[\frac{t_1}{2} - \frac{1}{12}, \frac{t_1}{2} + \frac{1}{12}\right]$ der Länge $\frac{1}{6}$ definiert ist. Klar, daß für $\Phi(\frac{1}{3}) < x < \Phi(\frac{2}{3})$

$$\Psi'(\Psi^{-1}(x)) = \Theta'(\Theta^{-1}(x)) = 2\Phi'(\Phi^{-1}(x)) \qquad (1)$$

gilt, einerlei, wie wir den Rest von Ψ definieren.

Wir setzen $s' = \frac{1}{2}(0 + (\frac{t_1}{2} - \frac{1}{12}))$, $t' = \frac{1}{2}((\frac{t_1}{2} + \frac{1}{12}) + t_1)$ und definieren

$$\Psi(t - s') = \Theta(t - \tfrac{1}{12}) \qquad (\tfrac{1}{18} \leq t \leq \tfrac{2}{18})$$

$$\Psi(t - t') = \Theta(t - \tfrac{5}{12}) \qquad (\tfrac{7}{18} < t \leq \tfrac{8}{18}) \; ,$$

womit Ψ auf zwei weiteren abgeschlossenen Intervallen der Längen $\frac{1}{18} = \frac{1}{3\cdot 6}$, die jeweils in der Mitte einer der beiden Rest-Intervalle aus dem vorigen Konstruktionsschritt liegen, definiert ist. Klar, daß für $\Phi(\frac{1}{9}) < x < \Phi(\frac{2}{9})$ und $\Phi(\frac{7}{9}) < x < \Phi(\frac{8}{9})$ wieder (1) gilt.

Es ist nun klar, wie man fortfährt und so Ψ zunächst auf einer Vereinigung G_1 von offenen Intervallen, deren Längen sich zu $\frac{1}{2}$ summieren, definiert. Der Bildbereich von Φ auf diesem Komplement ist $\Psi(G_1) = \Phi(G)$, das Φ-Bild des Komplements G der gewöhnlichen auf dem "Prinzip vom mittleren Drittel" beruhenden Cantormenge in [0,1]. Auf diesem Bildbereich gilt überall (1), d.h. dort ist der Hase Ψ doppelt so schnell wie die Schildkröte. Wir zeigen nun, daß man Ψ auf dem Rest von $[0,t_1]$ durch stetige Fortsetzung definieren kann und daß dann auf diesem Rest

$$\Psi'(\Psi^{-1}(x)) = 0 \qquad (2)$$

gilt. Das ist aber ganz einfach: G liegt dicht in [0,1] und Φ ist stetig, also liegt $\Psi(G_1) = \Phi(G)$ dicht in $\Phi([0,1]) = [0,1]$. Da Ψ auf K_1 strikt monoton ist, folgt nun die Existenz und Eindeutigkeit einer stetigen Fortsetzung von Ψ auf $[0,t_1]$. Von nun an ist also Ψ auf $[0,t_1]$ definiert, stetig und offensichtlich strikt monoton.

Auf der offenen Menge G_1 ist Ψ natürlich beliebig oft differenzierbar, weil Θ es ist. Wir zeigen nun, daß alle Ableitungen von Ψ auf K_1 existieren und gleich 0 sind. Hierzu soll uns eine anschauliche Betrachtung genügen, um zunächst die erste Ableitung zu erledigen: Ψ ist auf G_1

durch "Auseinanderziehen" von Θ konstruiert worden, somit sind die die "Definitionslücken überspringenden" Differenzenquotienten von Ψ in jedem Konstruktionsschritt kleiner ("flacher") als die entsprechenden von Θ, gehen also erst recht gegen 0, weil die letzteren es tun. Sieht man sich nun Ψ' an, so ist es eine Funktion, die auf G_1 strikt positiv und auf $K_1 = [0,1]\setminus G_1$ gleich Null ist. Nun nützen wir eine Information aus, die wir vorhin stillschweigend über Bord geworfen haben: wir hatten Ψ in schrittweiser Konstruktion sogar schon auf den Endpunkten der G_1 nach Satz 1.1 aufbauenden disjunkten offenen Intervalle definiert und dort waren die einseitigen Ableitungen jeder Ordnung gleich 0. Nun ist es eine leichte Übung nachzuweisen, daß die Ableitungen aller Ordnungen von Ψ auch auf K_1 existieren und $= 0$ sind.

Nun wissen wir, daß für $x \in \Phi(K)$

$$\Phi'(\Phi(x)) = 0$$

gilt. Mit (2) zusammen heißt das: (1) gilt für alle $x \in [0,1]$. Also ist unser Hase Ψ überall doppelt so schnell wie die Schildkröte Φ, und unser Paradoxon ist perfekt.

Wir sehen jetzt aber auch, wie das Paradoxon zu erklären ist; wo die Schildkröte ein Nickerchen macht, macht der Hase auch eins, nur "viel länger". Ein Grundgedanke der antiken Fabel ist also durch alle unsere Mathematisierungsschritte hindurch erhalten geblieben.

§ 5 Anwendungen des Paradoxons

Das Paradoxon vom Hasen und der Schildkröte ist für sich genommen schon reizvoll genug. Darüber hinaus besitzt es aber auch noch Anwendungen, von denen wir hier eine bringen wollen. Sie betrifft die Theorie der Strömungen und Differentialgleichungen.

Eine Strömung im ganzen $\mathbb{R}^n$ ist einfach eine stetige Abbildung $\varphi : \mathbb{R} \times \mathbb{R}^n \to \mathbb{R}^n$ mit folgenden Eigenschaften:

S1. $\varphi(0,x) = x \qquad (x \in \mathbb{R}^n)$

S2. $\varphi(t,\varphi(s,x)) = \varphi(t+s,x) \qquad (s,t \in \mathbb{R},\ x \in \mathbb{R}^n).$

Man hat dabei $\varphi(t,x)$ als diejenige Stelle im $\mathbb{R}^n$ aufzufassen, die der Punkt x nach Ablauf der Zeit t kraft der Strömung φ erreicht hat.

Man sagt, die Strömung φ habe im Punkt $x \in \mathbb{R}^n$ eine Geschwindigkeit $\dot{\varphi}(x) \in \mathbb{R}^n$, wenn

$$\lim_{0 \neq t \to 0} \frac{\varphi(t,x) - x}{t} = \dot{\varphi}(x)$$

(komponentenweise) gilt. Hat φ an jeder Stelle $x \in \mathbb{R}^n$ eine Geschwindigkeit $\dot{\varphi}(x)$, so heißt φ eine Strömung mit Geschwindigkeit oder eine Geschwindigkeitsströmung. Ist die dann auf dem ganzen $\mathbb{R}^n$ definierte Funktion $\dot{\varphi}(x)$ mit Werten im $\mathbb{R}^n$ stetig, so sagen wir, φ sei eine Strömung mit stetiger Geschwindigkeit.

Wir wollen nun den Hasen Ψ und den lapin agile Θ benützen, um zwei Strömungen in der Ebene $\mathbb{R}^2$ zu konstruieren, die überall die gleiche, u.z. stetige Geschwindigkeit haben, sich aber zueinander ziemlich paradox verhalten.

Als erstes erweitern wir hierzu den Definitionsbereich von Ψ bzw. Θ auf die volle reelle Achse $\mathbb{R}$. Der ursprüngliche Definitionsbereich von Θ ist $[0,\frac{1}{2}]$, der Wertebereich $[0,1]$. Wir setzen jetzt einfach

$$\Theta(\tfrac{n}{2} + t) = n + \Theta(t) \qquad (n \text{ ganz},\ 0 \leq t \leq \tfrac{1}{2})$$

und erhalten eine strikt monotone wachsende, unendlichoft differenzierbare Funktion Θ auf $\mathbb{R}$, deren Ableitung in jedem Intervall der Form $\left[\frac{n}{2},\frac{n+1}{2}\right]$ genau auf der dort nach dem "Prinzip vom mittleren Drittel" gewonnenen Cantormenge verschwindet und sonst > 0 ist. Analog definieren wir

$$\Psi(nt_1 + t) = n + \Psi(t) \qquad (n \text{ ganz},\ 0 \leq t \leq t_1)$$

und erhalten eine strikt monoton wachsende Funktion Ψ auf $\mathbb{R}$ etc. etc. Jede dieser beiden strikt monoton wachsenden

Funktionen hat genau $\mathbb{R}$ als Wertevorrat. Bildet man nun z.B. die Verschobenen

$$\Theta(t + c) \qquad (t \in \mathbb{R})$$

für alle $c \in \mathbb{R}$, so überdecken die Graphen dieser verschobenen Funktionen die Ebene $\mathbb{R}^2$ schlicht: zu jedem Punkt $(x,y) \in \mathbb{R}^2$ gibt es genau ein $c \in \mathbb{R}$ mit

$$\Theta(x + c) = y \;.$$

Es ist dabei $c = \Theta^{-1}(y) - x$. Durch

$$\vartheta(t,(x,y)) = (t + x, \Theta(t + x + c)) \qquad (t \in \mathbb{R},\ (x,y) \in \mathbb{R}^2)$$

mit obigem zu (x,y) gebildeten c ist nun eine Strömung ϑ in $\mathbb{R}^2$ definiert. In der Tat sind S1. und S2. leicht nachzuweisen (Übung). Ihre anschauliche Bedeutung ist: Jeder Punkt (x,y) strömt auf "seinem" Funktionsgraphen so, daß die Horizontalgeschwindigkeit konstant 1 ist. Da $\Theta(t + c)$ nach t unendlich oft differenzierbar ist, haben wir eine Strömung mit stetiger (ja sogar unendlich oft differenzierbarer) Geschwindigkeit vor uns. Machen wir dieselbe Konstruktion mit Ψ, so erhalten wir eine Strömung ψ mit stetiger Geschwindigkeit. Nun wollen wir die Geschwindigkeiten einmal genau ausrechnen. Für ϑ ergibt sich

$$\dot{\vartheta}(x,y) = (1, \Theta'(\Theta^{-1}(y))) \;.$$

Für Ψ erhalten wir analog

$$\dot{\psi}(x,y) = (1, \Psi'(\Psi^{-1}(y))) \;.$$

Da wir früher

$$\Theta'(\Theta^{-1}(y)) = 2\Phi(\Phi^{-1}(y)) = \Psi'(\Psi^{-1}(y))$$

ausgerechnet haben, besitzen ϑ und ψ dieselbe stetige Geschwindigkeit. Offensichtlich ist diese gemeinsame Geschwindigkeit überall $\neq 0$, man hat sogar überall $||\dot{\psi}(x,y)|| \geq 1$, $||\dot{\vartheta}(x,y)|| \geq 1$; ferner ist sichtlich $\vartheta \neq \psi$. Mit dieser Konstruktion ist eine Frage, die bis vor wenigen Jahren offenstand, beantwortet. Bis dahin wußte man noch nicht, ob Strömungen mit gleicher, gegen 0 beschränkter Geschwindigkeit notwendig gleich sein müssen. Offensichtlich müssen sie es nicht.

Wir treiben diese Fragestellung nun sogleich weiter. Man sieht nämlich, daß es einen Homöomorphismus der Ebene $\mathbb{R}^2$ (also eine eineindeutige, samt ihren Inversen stetige Abbildung von $\mathbb{R}^2$ auf sich) gibt, die die Strömung ϑ mit der Strömung ψ verbindet. Man setze hierzu

$$h_\vartheta(x,y) = (x,\Theta(\Theta^{-1}(y) - x))$$

und überlege sich (Übung), daß $h_\vartheta: \mathbb{R}^2 \to \mathbb{R}^2$ ein Homöomorphismus ist. h verbindet ϑ mit der sehr einfachen "Horizontalströmung " σ

$$\sigma(t(x,y)) = (x + t,y) \qquad (t \in \mathbb{R}, (x,y) \in \mathbb{R}^2)$$

vermöge

$$\sigma(t,(x,y)) = h_\vartheta^{-1}(\vartheta(t,h_\vartheta(x,y))) \qquad (t \in \mathbb{R}, (x,y) \in \mathbb{R}^2)$$

(Übung). Bildet man h_ψ aus ψ ebenso wie h_ϑ aus ϑ, so sieht man (Übung), daß durch Hintereinanderschalten ein Homöomorphismus $h = h_\psi^{-1} \circ h_\vartheta$ von $\mathbb{R}^2$ entsteht, der ψ mit ϑ verbindet:

$$\Psi(t(x,y)) = h(\vartheta(t,h^{-1}(x,y))) \qquad (t \in \mathbb{R}, (x,y) \in \mathbb{R}^2)$$

Wir wollen diesen Sachverhalt kurz so ausdrücken: ψ und ϑ sind homöomorphie-äquivalent. Nun können wir das vorhin genannte Problem verschärfen: Gibt es zwei Strömungen in $\mathbb{R}^2$, die dieselbe stetige Geschwindigkeit haben und nicht homöomorphie-äquivalent sind?

Wir werden zeigen, daß die Antwort wieder "ja" lautet, aber die Konstruktion wird komplizierter.

Wir beginnen mit einer genaueren Information über die übliche, auf dem "Prinzip der mittleren Drittel" beruhenden Cantormenge $K \subseteq [0,1]$: Die Endpunkte der disjunkten offenen Intervalle, die $[0,1]\setminus K$ ausmachen, sind gerade diejenigen

Punkte von K, deren triadische Entwicklung schließlich ganz aus Ziffern 0 oder schließlich ganz aus Ziffern 2 besteht. Die übrigen Punkte von K sind gerade diejenigen, die unendlichviele Ziffern 0 und unendlichviele Ziffern 2 in ihrer triadischen Entwicklung haben, z.B. $\frac{1}{4} = 0.020202\ldots$.

Offenbar können wir aus den $[0,1]\setminus K$ bildenden offenen disjunkten Intervallen eine monoton wachsende Folge $I_1, I_2, \ldots$ und eine monoton fallende Folge $J_1, J_2, \ldots$ finden, derart, daß beide Folgen gegen $\frac{1}{4}$ streben. Gemeint ist folgendes: Der linke Endpunkt von I_{n+1} liegt rechts vom rechten Endpunkt von I_n $(n=1,2,\ldots)$, und für hinreichend großes n ist I_n ganz in einer vorgeschriebenen Umgebung von $\frac{1}{4}$ enthalten; analoges für die J_n.

Wir betrachten nun den lapin agile beim Durchlaufen des räumlichen Intervalls $\Phi(I_n)$. Durch

$$\Xi_n(n + \tfrac{t}{2}) = \Phi(t) \qquad (t \in I_n)$$

ist eine überall differenzierbare strikt monoton wachsende Funktion Ξ_n auf dem offenen Intervall $n + \frac{I_n}{2}$ definiert $(n = 1,2,\ldots)$. Diese Intervalle liegen natürlich disjunkt im Innern der positiven Halbachse $(0,\infty)$. Wir ergänzen diese Funktionsstücke Ξ_n $(n = 1,2,\ldots)$ zu einer Funktion Ξ_+ auf $(0,\infty)$, indem wir Stücke, die nach dem Schema von Ψ gebaut sind, einfügen, derart, daß Ξ_+ genau $(0,\Phi(\frac{1}{4}))$ als Wertevorrat hat und überall unendlichoft differenzierbar und strikt monoton wachsend ist. Wir erhalten

$$\Xi_+'(\Xi^{-1}(x)) = \Theta'(\Theta^{-1}(x)) \qquad (0 < x < \Phi(\tfrac{1}{4})) .$$

Auf der negativen Halbachse $(-\infty,0)$ benützen wir die $J_1, J_2, \ldots$ und setzen

$$\Xi_{-n}(-n + \tfrac{t}{2}) = \Phi(t) \qquad (t \in J_n)$$

und haben damit die Ξ_{-n} auf den disjunkt in $(-\infty,0)$ liegenden offenen Intervallen $-n + \frac{J_n}{2}$ definiert. Wieder können wir Ψ-Stücke so einfüllen, daß wir insgesamt eine auf $(-\infty,0)$

definierte unendlich oft differenzierbare Funktion Ξ_- mit dem Wertevorrat $(\Phi(\frac{1}{4}),1)$ erhalten. Die Funktionen Ξ_- und Ξ_+ lassen sich bei $0 \in \mathbb{R}$ offenbar zu einer Funktion Ξ mit $\Xi(0) = 0$ zusammensetzen, die nun $\mathbb{R}$ auf $(0,1)$ abbildet und etwa so aussieht:

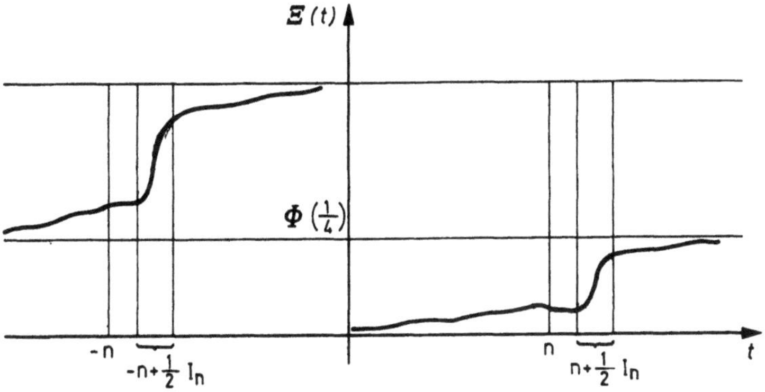

Abb. 3

Auf jeden Fall gilt

$$\Xi'(\Xi^{-1}(x)) = \Theta'(\Theta^{-1}(x)) \qquad (0 < x < 1) \ .$$

Ξ entspricht der Bewegung von zwei Hasen. Der eine läuft zur Zeit 0 bei 0 los, läuft überall so schnell wie le lapin agile Θ, erreicht aber $\Phi(\frac{1}{4})$ nie. Der andere beginnt in unendlicher Vergangenheit bei $\Phi(\frac{1}{4})$ an zu laufen, läuft überall so schnell wie le lapin agile Θ, erreicht aber den Punkt 1 nie, wenn auch beliebig genau, während die Zeit von unten an 0 heranrückt.

Nun ergänzen wir unser obiges Bild durch ganzzahlige Vertikalverschiebung und erhalten (s.Abb. 4) unendlich viele "Doppelhasen", für jede ganze Zahl n einen. Die "linke Hälfte" des Doppelhasen Nr. n läuft in der Zeit $(-\infty,0)$ von $n + \Phi(\frac{1}{4})$ bis $n + 1$, die rechte Hälfte in der Zeit $[0,\infty]$ von $n + 1$ bis $n + 1 + \Phi(\frac{1}{4})$, ohne diesen Punkt je ganz zu erreichen.

Nach früherem Schema ergibt sich nun eine Strömung ξ vermöge

$$\xi(t,(x,n+y)) = \begin{cases} (x+t,n+y) & \text{für } y = \Phi(\frac{1}{4}) \\ (x+t,n+\Xi(\Xi^{-1}(y_0)+t)) & \\ \quad \text{für } 0 \leq y < \Phi(\frac{1}{4}),\ t \geq \Xi^{-1}(y) & \\ (x+t,n+\Xi(\Xi^{-1}(y)+t)) & \\ \quad \text{für } \Phi(\frac{1}{4}) < y < 1,\ t \leq \Xi^{-1}(y)\ . & \end{cases}$$

Offenbar hat diese Strömung dieselbe Geschwindigkeitsfunktion ξ wie θ und ψ. Es ist klar, daß sie aus topologischen Gründen zu beiden von diesen beiden homöomorphie-äquivalent ist.

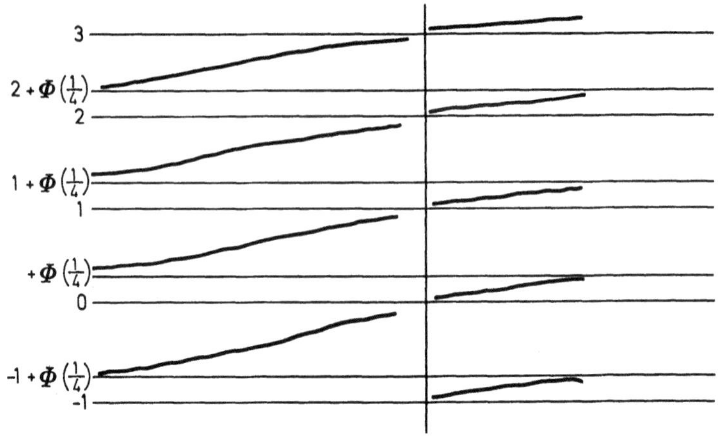

Abb. 4

Der Leser hat sicher schon gemerkt, daß wir unter der Überschrift "Strömungen" eigentlich mit Lösungen von Differentialgleichungen gearbeitet und hochgradig pathologische Beispiele für die Nicht-Eindeutigkeit von Lösungen konstruiert haben. Wir gehen jetzt konsequent zur Betrachtung von Differentialgleichungen über.

Im Streifen $\{(x,y) \mid 0 < y < 1\} \subseteq \mathbb{R}^2$ ist durch

$$u(x,y) = (\tfrac{1}{2} - y, \tfrac{1}{2}\cos(\sin^{-1}(y - \tfrac{1}{2})))$$

eine Differentialgleichung

$$\dot{v} = u(v)$$

definiert: Gesucht werden Funktionspaare $v(t) = (x(t),y(t))$ auf offenen Intervallen $I \subseteq \mathbb{R}$, die

$$\dot{v}(t) = u(v(t)) \qquad (t \in I) ,$$

also in unserem speziellen Falle

$$\dot{x}(t) = \frac{1}{2} - y(t)$$
$$\dot{y}(t) = \frac{1}{2} \cos (\sin^{-1}(y - \frac{1}{2}))$$

erfüllen. Dabei ist $\sin^{-1}$ die Umkehrfunktion des sin, die man auch mit arcsin bezeichnet: $\sin^{-1}$ bildet $(-1,1)$ auf $(- \frac{\pi}{2},\frac{\pi}{2})$ ab.

Man rechnet sich nun sofort mit $I = (- \frac{\pi}{2},\frac{\pi}{2})$ und beliebigen reellen Konstanten c die Lösungen

$$x(t) = c + \frac{1}{2} \cos t$$
$$y(t) = \frac{1}{2}(1 - \sin t)$$

aus, die Halbkreise beschreiben

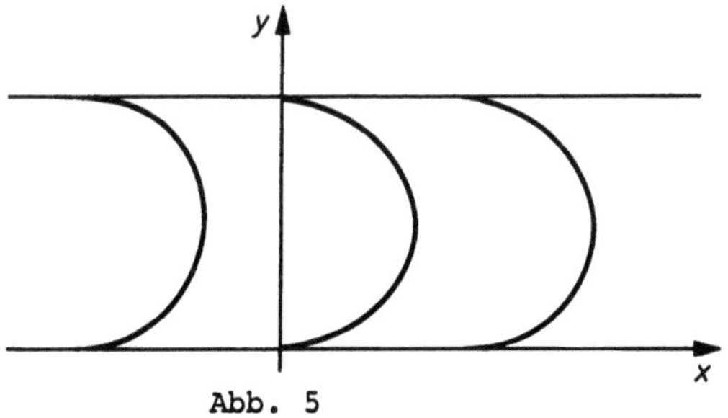

Abb. 5

Würden wir mit dieser Differentialgleichung (eigentlich sind es zwei Differentialgleichungen, in vektorieller Weise zu einer zusammengefaßt), arbeiten, so würden wir die Betrachtung einer darauf aufgebauten Strömung die unendliche Differenzierbarkeit verlieren. Wir merken ohne Beweis an, daß man mit diesem Problem durch leichte Modifikation fertigwerden kann und überlassen es dem Leser, ein bißchen daran zu arbeiten.

Hier wollen wir eine andere Differentialgleichung im

Streifen $\{(x,y) \mid 0 \leq y \leq 3\} \subset \mathbb{R}^2$ betrachten:

$$\dot{v} = w(v)$$

mit $v = (x,y)$,

$$w(x,y) = \begin{cases} (1, 2\Phi^{-1}(y)) & \text{für } 0 \leq y \leq 1 \\ u(x, y-1) & \text{für } 1 < y < 2 \\ (-1, 2\Phi^{-1}(y-2)) & \text{für } 2 \leq y < 3 \end{cases}$$

wobei u aus dem vorigen Beispiel entnommen wurde. Man sieht nun leicht, daß man im Streifen $0 < y < 1$ durch jeden Punkt die verschiedensten Lösungen legen kann: $x(t) = t + c$ mit einer beliebigen reellen Konstanten c ist zwangsläufig, aber $y(t)$ muß nur so gewählt werden, daß die Kurve $(t+c, y(t))$ immer die Steigung $2\Phi^{-1}(y(t))$ hat, d.h. an jeder y-Stelle doppelt so steil ist wie dort die Schildkrötenfunktion. Unsere Konstruktionen zum Paradoxon zeigen nun, daß man eine beträchtliche Variationsbreite hat innerhalb des grob qualitativen Bildes

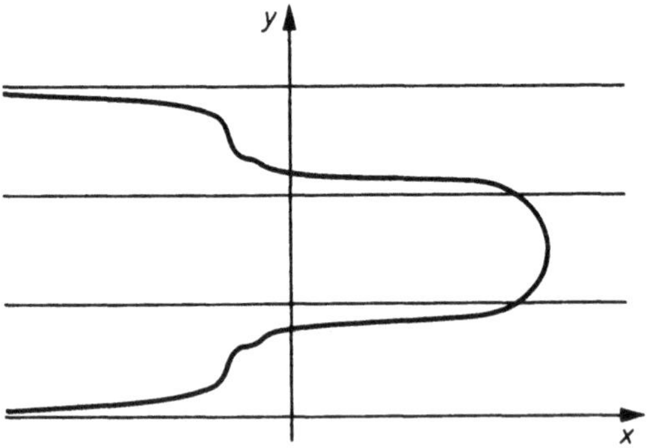

Abb. 6

Wenn wir uns an die Konstruktion von Ξ erinnern, sehen wir, daß wir auch ein Bild wie Abb. 7 erreichen können. Wir nennen Lösungen, die so aussehen, wie es Abb. 6 zeigt, Lösungen vom Typ I, der Abb. 7 soll Typ II entsprechen. Nun ist es klar, wie man unsere Differentialgleichung durch "Spiegelung in der x-Richtung" auf die Streifen $-3 \leq y \leq 0$

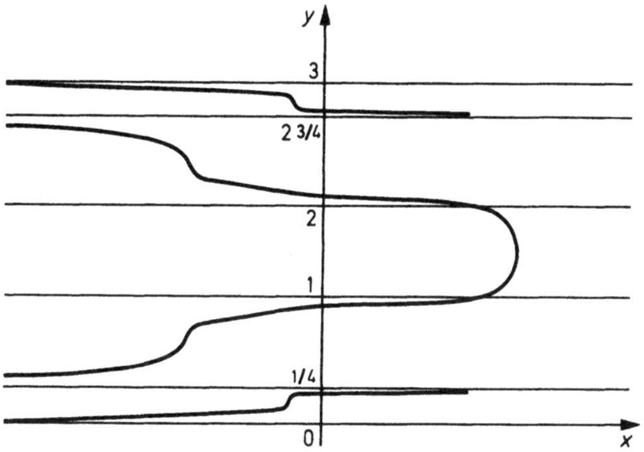

Abb. 7

und $3 \leq y \leq 6$ fortsetzen kann. Man erhält Lösungsbilder wie in den beiden folgenden Abbildungen.

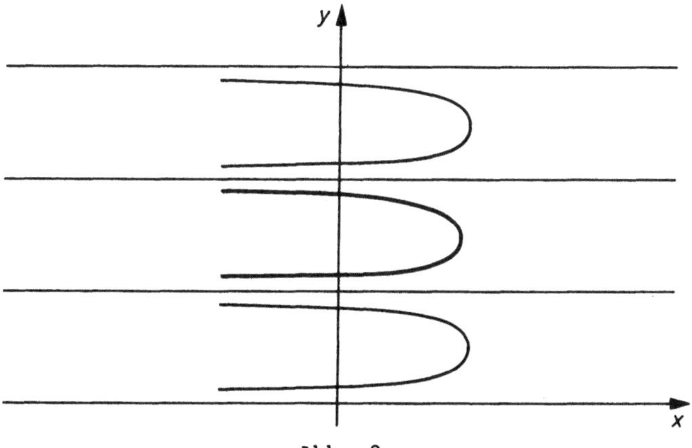

Abb. 8

Es ist klar, daß man auf diese Weise die ganze Ebene mit Horizontalstreifen der Breite 3 zudecken kann, wobei man nur eine Differentialgleichung in der ganzen Ebene bekommt, aber in jedem Streifen zwischen einer Schar von Lösungen des Typs I und einer Schar des Typs II wählen kann. Jeder solchen Wahl entspricht nach früherem Schema eine Strömung in der Ebene. Wir haben damit zumindest plausibel gemacht, daß es in der Ebene überabzählbar viele Strömungen gibt,

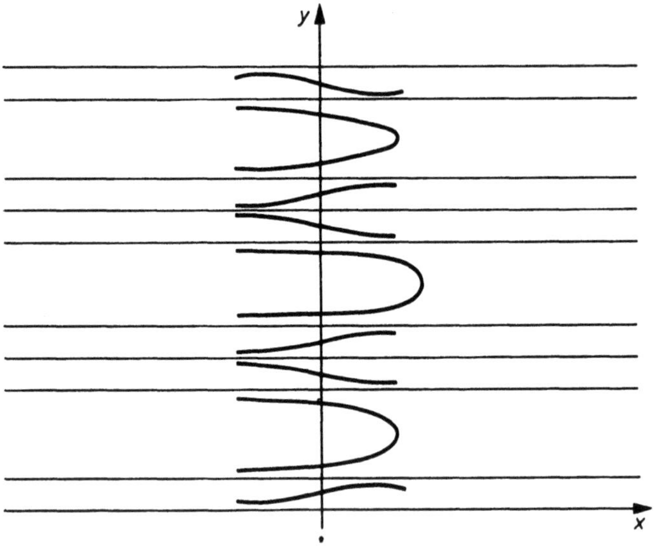

Abb. 9

die zu je zweien nicht homöomorphie-äquivalent sind.

Als weitere Anwendung unseres Paradoxons kann man z.B. die Ebene mit zwei Scharen unendlich oft differenzierbarer Kurven so "koordinatisieren", daß je zwei "Koordinatenlinien" in ihrem einzigen Schnittpunkt dieselbe Tangente haben. Für die Details vergleiche man Beck [1].

§ 6 SCHLUSSBEMERKUNG

Wir sind von einer einfachen antiken Fabel ausgegangen und haben ein kompliziertes Paradoxon konstruiert. Nun wollen wir dieses Gedankennetz noch an einer anderen Stelle einhängen: Bei der Mechanik. Man weiß aus der Himmelsmechanik, daß das Prinzip, stets nur mit analytischen Funktionen zu arbeiten, auf Schwierigkeiten gestoßen ist. Reihen, die man ansetzte, um das Problem der Stabilität des Planetensystems zu lösen, erwiesen sich als divergent (vgl. Abraham-Marsden [1] und den Beitrag von Herrn Rüssmann in diesem Selecta-Band). Es liegt nun nahe, von der Analytizität Abstand zu nehmen und sich auf das Feld der unendlich oft differenzierbaren Funktionen zurückzuziehen. Unser Paradoxon zeigt, daß die Welt dieser Funktionen, selbst wenn man sie in den Rahmen der Strömungen und Differentialgleichungen spannt, nahezu beliebig kompliziert werden kann. Wie weit man in der Klassifikation ebener Strömungen, unter Voraussetzungen, die nur etwas über die Stetigkeit hinausgehen, kommen kann, ist in Beck [2] nachzulesen.

LITERATUR

1. Abraham,K., Marsden,J.E.: Foundations of mechanics. New York, Amsterdam: Benjamin 1967

1. Beck,A.: Uniqueness of flow solutions of differential equations. Lecture Notes in Mathematics 318, pp. 30-50. Berlin-Heidelberg-New York: Springer 1972

2. Beck,A.: Continuous flows in the plane. Grundlehren der mathematischen Wissenschaften Bd.201, Berlin-Heidelberg-New York: Springer 1974

1. Mader: Antike Fabeln. dtv Bd. 604. München: dtv 1973

Variationsrechnung à la Carathéodory und das Zermelo'sche Navigationsproblem

Hermann Boerner

Dieses Selectum soll einem der mathematischen Genies der ersten Hälfte unseres Jahrhunderts gewidmet sein: Constantin Carathéodory (1873-1950), den man ohne jede Übertreibung den größten nachantiken griechischen Mathematiker nennen kann. Grieche und zugleich Kosmopolit, war er als Sohn eines in türkischen Diensten stehenden Diplomaten in Berlin geboren, in Belgien aufgewachsen, hatte dort Technik studiert und hatte schon eine Ingenieurtätigkeit in Ägypten hinter sich, als er zum Mathematikstudium nach Berlin und dann nach Göttingen ging. Nach Lehrtätigkeit in verschiedenen deutschen Städten und dann in Smyrna (heute Izmir), als dies nach dem ersten Weltkrieg vorübergehend griechisch war, hatte er im letzten Drittel seines Lebens ein Ordinariat an der Münchener Universität inne. 1973 haben die Griechen in Athen glanzvoll seinen 100. Geburtstag begangen.

Carathéodory (Cara) war einer der vielseitigsten Mathematiker. Das Hauptgebiet aber, auf dem er von der Dissertation bis in die letzten Lebensjahre fruchtbar gewirkt hat, war die Variationsrechnung (VR). Bevor ich angebe, was ich im Folgenden behandeln will, sei es mir erlaubt, mit ein paar Strichen den Weg der Cara'schen Forschungen auf diesem Gebiet zu zeichnen. Am Anfang steht - bezeichnend für ihn - ein Beispiel. Wiener Mathematiker hatten festgestellt, daß bei manchen Problemen Ausnahmefälle vorkommen, wo es keine Lösung gibt. Cara dachte sich folgendes Beispiel aus: Eine Deckenlampe bestehe aus einer gläsernen Halbkugelschale, die Lichtquelle sitze an der Decke im Kugelmittelpunkt. Jede Kurve, die man auf der Glasschale zeichnet, wirft einen Schatten auf den Fußboden des Zimmers. Zwei Punkte auf der Schale sollen durch eine Kurve von gegebener Länge so verbunden werden, daß der Schatten möglichst kurz oder möglichst lang wird. Dies ist ein sog. isoperimetrisches Problem: ein Integral soll extrem sein, einem anderen ist der Wert vorgeschrieben. Und die Schwierigkeit resultiert daraus, daß die Kürzesten in der Ebene gerade die Schatten der Kürzesten auf der Kugel sind. Deshalb gibt es wirklich keine Lösung - außer man läßt Ecken zu. Cara fand, daß die Lösungen in der Ebene aus zwei Strecken bestehen, die eine Ecke bilden und zwar so, daß eine der beiden Winkelhalbierenden durch den Punkt geht, der senkrecht unter der Lichtquelle liegt. Das veranlaßte ihn, als Dissertation und Habilitationsschrift seine zwei berühmten Arbeiten über diskontinuierliche Lösungen zu schreiben, mit denen er den Kurven mit Ecken sozusagen das Bürgerrecht in der VR verschafft hat.

Das war um 1905. Am andern Ende stehen, aus den 30er und 40er Jahren, Cara's Arbeiten zur geometrischen Optik, seine wichtigste praktische Anwendung der VR, und hier eine Leistung, die ganz unmittelbar der Praxis zugute kam: die Berechnung der Korrektionsplatte für das Spiegelteleskop von B.Schmidt, das heute in allen großen Sternwarten verwendet wird. Dazwischen stehen, neben einer Reihe von Arbeiten über verstreute Einzelgegenstände, als wichtigste Leistungen Cara's Arbeiten über das Lagrange-Problem (Variationsproblem mit differentiellen Nebenbedingungen) und über mehrfache Integrale (Probleme mit mehreren unabhängigen Veränderlichen <u>und</u> mehreren gesuchten Funktionen), aus den 20er Jahren.

Im Folgenden soll nicht von der Fülle der Resultate die Rede sein, sondern von Cara's <u>Methode</u>: Es ist die - an sich schon alte - Methode der <u>Felder</u> von Lösungskurven (oder -flächen) und damit zusammenhängend die - in der Mechanik so wichtige - <u>Hamilton</u>sche Theorie. Cara hat einen Zugang zur Feldtheorie gefunden (von ihm nur in seinem Lehrbuch [2] dargestellt und dort ein bißchen versteckt), der nicht nur schlagartig den Mechanismus der Felder durchsichtig macht sondern auch einen denkbar kurzen Weg zu fast allen wichtigen Begriffen und Werkzeugen der VR öffnet; vor Jahren habe ich mir erlaubt, ihn einen "Königsweg" zu nennen [1].

Von Haus aus ist die Methode auf Probleme "in gewöhnlicher Darstellung" zugeschnitten: gesucht sind n Funktionen von einer (oder mehreren) Veränderlichen; im Falle der Mechanik ist die unabhängige Variable die Zeit. Es ist aber Cara die Übertragung auf die zuerst von Weierstrass eingeführten Probleme "in Parameterdarstellung" gelungen, die man immer dann bevorzugt, wenn man Wert auf den geometrischen Aspekt legt, also eine Kurve (oder Fläche) sucht. Dies ist eine von Cara's originellsten Leistungen, ebenfalls nur im Lehrbuch zu finden und dort etwas mühsam zu lesen. Ich möchte hier, von den gewöhnlichen Problemen ausgehend, diese Übertragung für den Kreis der Selectaleser darstellen.

Dies alles soll aber nicht graue Theorie bleiben, sondern wir wollen auch noch Cara's amüsanteste Anwendung seiner Methode kennenlernen: auf das sogenannte Zermelosche Navigationsproblem. Die von Ernst Zermelo (1871-1953), sonst vor allem durch seine Arbeiten zur Mengenlehre bekannt, 1930 gestellte und mit einer eleganten Methode [7], [8] gelöste Aufgabe lautet: Wie muß ein Fahrzeug in einem bewegten Medium gesteuert werden, um in kürzester Zeit ans Ziel zu kommen? Man erinnere sich, daß um 1930 von Flugzeugverkehr über die Weltmeere noch keine Rede sein konnte, dagegen die Fahrten von Luftschiffen aktuell waren. An diese hat Zermelo vor allem gedacht und deshalb die Aufgabe nicht nur in 2 sondern auch in 3 Dimensionen behandelt. T.Levi-Civitâ [5] griff sie auf und behandelte sie in n Dimensionen, sodann R.von Mises [6], der zuerst betonte, daß die vertikalen Luftbewegungen und die vertikalen Flugzeugbewegungen von den horizontalen physikalisch so verschieden sind, daß es eigentlich nicht angeht, einfach von 2 auf 3 Dimensionen überzugehen. Ich werde mich daher - mit Cara - auf das ebene Problem beschränken und außerdem nur den Fall einer stationären Strömung behandeln, also das Problem, das man Seefahrtproblem nennen kann. Das eigentliche Luftfahrtproblem - gleichfalls als ebenes Problem, aber mit zeitlich veränderlicher Strömung - würde noch etwas mehr VR erfordern, und der Wunsch des Herausgebers, es aus Raumersparnisgründen wegzulassen, erscheint dadurch gerechtfertigt, daß unsere Aufgabe ja nicht ist, das Zermeloproblem vollständig zu behandeln, sondern Cara's Methode durch ein prägnantes Beispiel ins rechte Licht zu setzen. Übrigens erhält man beim Luftfahrtproblem dieselbe "Navigationsformel", wie beim Seefahrtproblem.

Im bekannten Buch von P.Funk [3] wird mit den dortigen Methoden ebenfalls die Zermelosche Navigationsformel hergeleitet. Neuerdings hat R.Klötzler [4] das Problem wieder in anderer Weise in die VR eingebaut. Er behandelt es 3-dimensional, nicht so vollständig, aber mit allgemeineren Randbedingungen: z.B. soll, im Fall der Seefahrt, das Schiff nicht einen bestimmten Hafen ansteuern sondern eine Küste, egal an welchem Punkt. Solche Probleme kann man auch mit Cara's Methode ohne weiteres behandeln, aber auch das würde zu viel Raum erfordern.

I. GEWÖHNLICHE VARIATIONSPROBLEME

§ 1. Problemstellung und Vorbemerkung

Wir formulieren als erstes die klassische Variationsaufgabe, aus einer gewissen Menge von Kurven eine solche herauszugreifen, die ein gewisses Integral längs der Kurve zum Minimum macht.

$\mathbb{R}$ bezeichne die Menge der reellen Zahlen,

$$\mathbb{R}^n = \{x = (x_1,\dots,x_n) \mid x_1,\dots,x_n \in \mathbb{R}\}$$
$$= \{p = (p_1,\dots,p_n) \mid p_1,\dots,p_n \in \mathbb{R}\}$$

und

$$\mathbb{R}^{n+1} = \{(t,x) = (t,x_1,\dots,x_n) \mid t,x_1,\dots,x_n \in \mathbb{R}\}$$

sind wie üblich mit ihrer linearen und differenzierbaren Struktur versehen. Wir werden je nach Bedarf die Elemente x oder p des $\mathbb{R}^n$ auch als $(x_1,\dots,x_n)$ oder $(p_1,\dots,p_n)$

schreiben und vereinbaren die sog. Einsteinsche Summationsregel: Über doppelt auftretende Indices wird, wenn nichts anderes gesagt wird, automatisch summiert, sodaß z.B. $x_j p_j$ als Abkürzung für $\sum_{j=1}^{n} x_j p_j$ steht. Im folgenden arbeiten wir mit zweimal stetig differenzierbaren Funktionen, oder, wie man auch sagt, Funktionen aus C^2, und ihren Ableitungen 1. und 2. Ordnung (die dann natürlich nicht mehr in C^2, sondern nur in C^1 bzw. C^0 liegen müssen).

Sei nun $\emptyset \neq G \subset \mathbb{R}^{n+1}$ offen. Wir betrachten Kurven in G, die sich in der Form $I \ni t \to (t,x(t)) = (t,x_1(t),\ldots,x_n(t)) \in G$ (mit den Funktionen $t \to x_j(t)$ aus C^2) darstellen lassen, wo $I \subseteqq \mathbb{R}$ ein offenes oder abgeschlossenes (evtl. unendlich langes) Intervall ist. Wir sprechen dann von einer Kurve über I oder von einer über I definierten Kurve. Ist I abgeschlossen, so nehmen wir an, daß wir unsere Kurve durch Einschränkung einer Kurve über einem I enthaltenden offenen Intervall erhalten können. Indem wir wie üblich die Ableitung nach t durch einen Punkt bezeichnen, können wir unserer Kurve $t \to (t,x(t)) \in G$ sofort eine Kurve $t \to (t,x(t),\dot{x}(t)) \in G \times \mathbb{R}^n$ zur Seite stellen. Beide Kurven sind für uns nur zwei Aspekte derselben Sache und wir gehen zwanglos zwischen beiden hin und her. Ferner wollen wir für Kurven abkürzende Symbole wie C verwenden. Man sagt, die Kurve $t \to (t,x(t))$ gehe durch den Punkt $(t,x) \in G$, wenn $x(t) = x$ gilt. Weitere für Kurven übliche Sprechweisen verwenden wir zwanglos.

Sei nun $L : G \times \mathbb{R}^n \to \mathbb{R}$ eine Funktion aus C^2. Sie ordnet also dem Punkt $(t,x,p) = (t,x_1,\ldots,x_n,p_1,\ldots,p_n) \in G \times \mathbb{R}^n$ die reelle Zahl $L(t,x,p) = L(t,x_1,\ldots,x_n,p_1,\ldots,p_n)$ zu. Mit L_t, L_{x_i}, L_{p_i}, L_{tx_i}, $L_{x_i x_j}$ usw. bezeichnen wir wie üblich ihre partiellen Ableitungen. Sie interessieren uns nur bis zur 2.Ordnung.

Nun können wir die genannte Variationsaufgabe folgendermaßen beschreiben.

Wir fixieren in G zwei Punkte (t^1,x^1), (t^2,x^2) mit $t^1 < t^2$, die wir auch kurz mit 1 und 2 bezeichnen. Sei $\mathcal{L}$ die Menge aller Kurven in G, die durch 1 und 2 gehen, also insbesondere mindestens über dem abgeschlossenen Intervall $[t^1,t^2]$ definiert sind. Von jeder Kurve $C \in \mathcal{L}$ interessiert nur der Teil über $[t^1,t^2]$ näher. Ist C durch $t \to (t,x(t))$ gegeben, so setzen wir

$$I_C = \int_{t^1}^{t^2} L(t,x(t),\dot{x}(t))dt \ .$$

Die Variationsaufgabe besteht darin, I_C durch passende Wahl von C zu minimieren.

Wie bei solchen Aufgaben üblich, hat man zwischen verschiedenen Arten des Minimums zu unterscheiden, die entstehen, indem man $\mathcal{L}$ durch passende Teilmengen ersetzt.

Ein $C_0 \in \mathcal{L}$, das $I_{C_0} \leq I_C$ für alle $C \in \mathcal{L}$ erfüllt, heißt ein globales Minimum (der Variationsaufgabe für L). In unserem Zusammenhang sind jedoch vor allem sog. lokale Minima von Interesse. Wir unterscheiden zwei Typen, je nachdem, wie wir "Umgebungen" einer Kurve $C_0 \in \mathcal{L}$ definieren. Im folgenden bezeichne $|\cdot|$ die euklidische Norm sowohl im $\mathbb{R}^n$ wie im $\mathbb{R}^{2n}$.

Sei $C_0 \in \mathcal{L}$. Dann heißt

$$\mathcal{U}(C_0,\varepsilon) = \{C|\ C \in \mathcal{L}, |x(t) - x_0(t)| < \varepsilon \ (t^1 \leq t \leq t^2)\}$$

(wobei C durch $t \to (t,x(t))$ und C_0 durch $t \to (t,x_0(t))$ beschrieben wird) die starke ε-Umgebung von C_0. Man nennt C_0 ein starkes (lokales) Minimum (der Variationsaufgabe für L), wenn es ein $\varepsilon > 0$ mit

$$I_{C_0} \leq I_C \qquad \text{für alle } C \in \mathcal{U}(C_0,\varepsilon)$$

gibt.

Sei wieder $C_0 \in \mathcal{L}$. Dann heißt

$$\mathcal{W}(C_0,\varepsilon) = \{C|\ C \in \mathcal{L},\ |(x(t),\dot{x}(t))-(x_0(t),\dot{x}_0(t))| < \varepsilon \quad (t^1 \leq t \leq t^2)\}$$

die schwache ε-Umgebung von C_0. Man nennt C_0 ein schwaches (lokales) Minimum, wenn es ein $\varepsilon > 0$ mit

$$I_{C_0} \leq I_C \qquad \text{für alle } C \in \mathfrak{W}(C_0,\varepsilon)$$

gibt. Natürlich sind starke Minima auch schwache.

Jedes dieser Minima wird zusätzlich ein eigentliches genannt, wenn schärfer

$$I_{C_0} < I_C$$

für alle zum Vergleich zugelassenen C gilt, d.h. für alle $C \neq C_0$ in

$\mathcal{L}$ im globalen Fall

$\mathfrak{U}(C_0,\varepsilon)$ im starken Fall

$\mathfrak{W}(C_0,\varepsilon)$ im schwachen Fall,

wobei in den letzen beiden Fällen das $\varepsilon > 0$ passend zu wählen ist. Diese "Eindeutigkeitsforderung" wird meist gestellt.

Wir wollen nun sehen, wie man solche Aufgaben mit den Mitteln der Infinitesimalrechnung angehen kann.

Man mag sich wundern, daß wir lauter Kurven betrachten, deren Definitionsintervalle das Intervall $[t^1,t^2]$ im Innern enthalten, während unsere Aufgabe nur von Kurven von 1 nach 2 spricht. Es ist aber nützlich für die Durchführung der Cara'schen Methode und erscheint also durch deren Schlagkraft gerechtfertigt. Diese Methode wollen wir nun kennenlernen. Ihre entscheidende Eigenschaft besteht darin, daß Kurven in (Kurven-)Felder eingebettet werden. Wir erläutern Cara's Begriff des Kurvenfeldes genauer.

Anschaulich gesprochen ist ein Kurvenfeld in einer offenen Menge $F \subseteq G$ ($\subseteq \mathbb{R}^{n+1}$) nichts anderes als eine Menge von Kurven in F, die F einfach und vollständig überdecken. Zur genauen Beschreibung eines solchen Feldes ziehen wir die bekannte Tatsache heran, daß die Lösungen einer Differentialgleichung

$$\dot{x}(t) = \varphi(t,x(t)) \tag{1.1}$$

(eigentlich sind das n Differentialgleichungen) gerade so eine Kurvenmenge liefern, wenn die auf F definierte Funktion φ hinreichend "vernünftig" ist. (Die Funktion φ ist übrigens ein n-tupel: $\varphi = (\varphi^1,\ldots,\varphi^n)$.) Wir können für unsere Zwecke das Wort "vernünftig" präzisieren als: "entstanden durch Einschränkung (auf F) einer zweimal stetig differenzierbaren Funktion auf einer F im Innern enthaltenden offenen Menge des $\mathbb{R}^{n+1}$".

Exakt gesprochen ist ein (Kurven-)Feld in F nichts anderes als eine "vernünftige" Funktion $\varphi : F \to \mathbb{R}^n$. Wir wollen aber stets daran denken, daß nach der Lösungstheorie für gewöhnliche Differentialgleichungen bei Vorgabe eines solchen φ durch jeden Punkt von F genau eine Lösung von (1.1) ("eine Lösungskurve von φ") geht, die in F "von Rand zu Rand" läuft, sodaß die Gesamtheit dieser Lösungen in der Tat F einfach überdeckt. Bei intuitiven Überlegungen wird es oft besser sein, diese Kurvenschar als das (durch φ gegebene) Feld anzusehen. Offenbar erhält man aus jeder Kurve $t \to (t,x(t))$ des Feldes die zugehörige Kurve in $F \times \mathbb{R}^n$ in der Form $t \to (t,x(t),\dot{x}(t)) = (t,x(t),\varphi(t,x(t)))$. Der Deutlichkeit halber bezeichnen wir den Definitionsbereich eines Feldes φ auch mit F_φ. Wir setzen als bekannt voraus, daß die Lösungen von (1.1) sich nur wenig ändern, wenn sich φ nur wenig ändert.

Die Kurve C_0 von 1 nach 2 heißt ins Feld φ eingebettet, wenn sie samt ihren Endpunkten 1 und 2 in F_φ liegt und der Differentialgleichung (1.1) genügt, also Teil einer Feldkurve ist. Von den Vergleichungskurven C, die ebenfalls 1 und 2 verbinden, werden wir verlangen, daß sie wie C_0 in F_φ verlaufen. Ist $C = C_0$, so ist C natürlich keine Feldkurve.

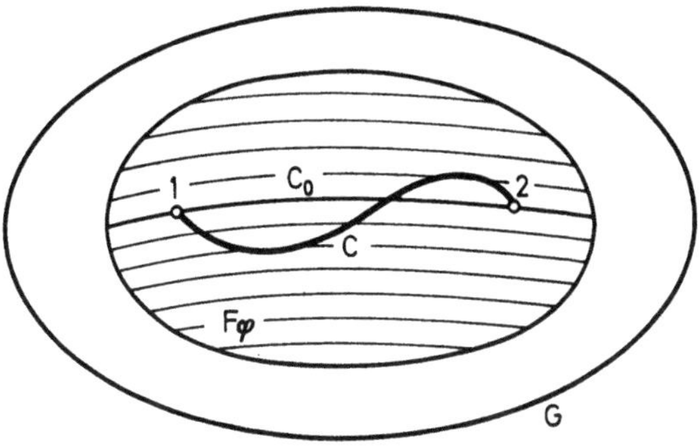

Abb. 1

Meine These, die Theorie der Felder sei ein "Königsweg" in die VR, möchte ich dadurch erhärten, daß ich vier große Themen der klassischen VR und Mechanik angebe, die vor Cara mit getrennten Methoden behandelt wurden, und dann im folgenden Abschnitt zeige, wie sie sich in der Theorie der Felder allesamt wie von selbst einstellen.

i) Die Euler-Lagrange'schen Differentialgleichungen

Sie werden gewöhnlich in der Kurzform

$$\frac{dL_{p_i}(t,x,\dot{x})}{dt} = L_{x_i}(t,x,\dot{x}) \qquad (i = 1,\dots,n) \tag{1.2}$$

geschrieben. Gemeint ist klassisch folgendes: Gesucht wird eine Kurve $t \to (t,x(t))$ in G, die überall auf ihrem Definitionsintervall

$$\frac{d}{dt} L_{p_i}(t,x(t),\dot{x}(t)) = L_{x_i}(t,x(t),\dot{x}(t)) \tag{1.3}$$
$$(i = 1,\dots,n)$$

erfüllt. Da linker Hand $\dot{x}(t)$ nachzudifferenzieren ist, handelt es sich um n Differentialgleichungen 2.Ordnung für $x(t)$.

ii) Die Legrendre'sche Bedingung für Linienelemente

Die $(t,x,p) \in G \times \mathbb{R}^n$ werden, weil man sie als "Punkte (t,x) mit angehängter Richtung p" interpretieren kann, auch Linienelemente genannt; ist $t \to (t,x(t))$ eine Kurve, so heißen die $(t,x(t),\dot{x}(t))$ auch deren Linienelemente.

Ein Linienelement $(t,x,p) \in G \times \mathbb{R}^n$ heißt positiv regulär (für L), wenn die Matrix

$$(L_{p_i p_j}(t,x,p))_{i,j=1,\dots,n}$$

strikt positiv definit ist, also die Bedingung

$$L_{p_i p_j}(t,x,p)\, u_i u_j > 0 \qquad (0 \neq (u_1,\dots,u_n) \in \mathbb{R}^n) \tag{1.4}$$

erfüllt. Diese Bedingung heißt auch Legendre-Bedingung. Da man die strikt positive Definitheit von Matrizen durch die strikte Positivität von gewissen Unterdeterminanten charakterisieren kann und da die $L_{p_i p_j}(t,x,p)$ stetig von den (t,x,p) abhängen, sind mit einem Linienelement auch alle hinreichend benachbarten positiv regulär.

iii) Die Weierstraß'sche Bedingung für Linienelemente

Man bildet aus L die sog. Weierstraß'sche Funktion $\mathcal{E}$ auf $G \times \mathbb{R}^n \times \mathbb{R}^n$ vermöge

$$\begin{aligned}\mathcal{E}(t,x,p,q) = {} & L(t,x,q) - L(t,x,p) \\ & - (q_j - p_j) L_{p_j}(t,x,p) \;,\end{aligned} \tag{1.5}$$

sieht sofort, daß sie für $q = p$ verschwindet, und formuliert die Weierstraß-Bedingung für ein Linienelement $(t,x,p) \in G \times \mathbb{R}^n$ als

$$\mathcal{E}(t,x,p,q) > 0 \qquad (q \in \mathbb{R}^n,\ q \neq p) \;, \tag{1.6}$$

evt. auch unter Einschränkung des q auf passende Teilmengen des $\mathbb{R}^n$. Das Linienelement (t,x,p) heißt <u>stark</u>, wenn (1.6) für sämtliche $q \neq p$ im $\mathbb{R}^n$ gilt.

iv) <u>Das Hilbert'sche wegunabhängige Integral</u>

Hier wählt man sich ein Feld φ (in das die Kurve C_0 eingebettet ist) sowie eine weitere durch 1 und 2 gehende Kurve $C : t \to (t,x(t))$ aus und erhält das erwähnte Integral in Kurzschreibweise als

$$\int_{t^1}^{t^2} [L(t,x,\varphi) + (\dot{x}_j - \varphi_j)L_{p_j}(t,x,\varphi)]dt \ , \tag{1.7}$$

ausführlich geschrieben:

$$\int_{t^1}^{t^2} [L(t,x(t),\varphi(t,x(t))) + (\dot{x}_j(t) - \varphi_j(t,x(t)))L_{p_j}(t,x(t),\varphi(t,x(t)))]dt \ .$$

Alle diese Begriffe werden nun wie von selber bei der folgenden Behandlung des Variationsproblems mittels der Kurvenfelder auftauchen und ihre nähere Erläuterung finden.

§ 2. <u>Feldtheorie</u>

Jetzt soll Cara's verblüffend einfache Idee dargestellt werden, mit der die Behandlung der Variationsaufgabe mit Hilfe der Felder ihren Anfang nimmt. Wir verwenden die Bezeichnungen aus dem vorigen Abschnitt. Sei also C_0 eine Kurve über $[t^1,t^2]$, die durch die Punkte 1 und 2 geht. Wir denken sie uns in ein Feld φ eingebettet, d.h. als Einschränkung einer Lösungskurve von φ erhalten, wobei wir natürlich voraussetzen, daß der Definitionsbereich F_φ von φ die C_0 entsprechende Punktmenge enthält und im Definitionsbereich G der Funktion L enthalten ist. Schön wär's, sagt nun Cara, wenn zwischen dem Feld φ und der Funktion L die folgende Beziehung bestünde:

$$L(t,x,\varphi(t,x)) = 0 \qquad ((t,x) \in F_\varphi,\ t^1 \leq t \leq t^2)$$

$$L(t,x,p) \geq 0 \qquad ((t,x) \in F_\varphi,\ t^1 \leq t \leq t^2, \qquad (2.1)$$

$$p \neq \varphi(t,x)) \ .$$

Dann ist nämlich offensichtlich C_0 eine Lösung der Aufgabe. In der Tat: Nimmt man im Vergleich mit C_0 eine weitere in F_φ verlaufende Kurve C durch 1 und 2 (sie wird im Fall $C \neq C_0$ keine Lösungskurve von φ sein), so folgt aus (2.1), wenn C_0 durch $t \to x^0(t)$ und C durch $t \to x(t)$ gegeben ist, wegen $\dot{x}^0(t) = \varphi(t,x^0(t))$

$$I_{C_0} = \int_{t^1}^{t^2} L(t,x^0(t),\dot{x}^0(t))dt$$

$$= \int_{t^1}^{t^2} L(t,x^0(t),\varphi(t,x^0(t)))dt$$

$$= 0$$

$$\leq \int_{t^1}^{t^2} L(t,x(t),\dot{x}(t))dt = I_C \ .$$

Bekannte einfache Überlegungen über Integrale stetiger Funktionen zeigen, daß hier (für $C \neq C_0$) sogar < gilt, wenn man statt (2.1) die schärfere Bedingung

$$L(t,\varphi(t,x)) = 0 \qquad ((t,x) \in F_\varphi,\ t^1 \leq t \leq t^2)$$

$$L(t,x,p) > 0 \qquad ((t,x) \in F_\varphi,\ t^1 \leq t \leq t^2, \qquad (2.2)$$

$$p \neq \varphi(t,x))$$

voraussetzt. Offenbar ist C_0 dann sogar ein eigentliches starkes lokales Minimum. Fordert man nur, mit einem gewissen $\varepsilon > 0$,

$$L(t,x,\varphi(t,x)) = 0 \qquad ((t,x) \in F_\varphi,\ t^1 \leq t \leq t^2)$$

$$L(t,x,p) > 0 \qquad ((t,x) \in F_\varphi,\ t^1 \leq t \leq t^2, \qquad (2.3)$$

$$0 < |p - \varphi(t,x)| < \varepsilon) \ ,$$

so erweist sich C_0 immer noch als ein schwaches eigentliches lokales Minimum.

Natürlich kann man durchaus nicht erwarten, daß (2.2) oder (2.3) jemals erfüllt sind. Aber nun stellt sich Cara die Aufgabe, dies durch Abänderung von L in ein $\hat{L}$ zu erreichen, bei der man von vornherein sieht, daß die Minima verschiedener Art für L mit denen für $\hat{L}$ zusammenfallen.

Eine solche Abänderung liegt sicher vor, wenn man eine Funktion $S : F_\varphi \to \mathbb{R}$ aus C^2 nimmt und

$$\hat{L}(t,x,p) = L(t,x,p) - S_t(t,x) - S_{x_j}(t,x)p_j$$

setzt. Für jede Kurve C durch 1 und 2, die ganz in F_φ verläuft, und durch $t \to (t,x(t))$ gegeben ist, wird dann nämlich

$$\hat{I}_C = \int_{t^1}^{t^2} \hat{L}(t,x(t),\dot{x}(t))dt = I_C - I_C^* ,$$

wobei der hinzugekommene Term

$$I_C^* = \int_{t^1}^{t^2} [S_t(t,x(t)) + S_{x_j}(t,x(t))\dot{x}_j(t)]dt$$

$$= \int_{t^1}^{t^2} \frac{d}{dt} [S(t,x(t))]dt = S(t^2,x^2) - S(t^1,x^1)$$

von C nicht abhängig, also ein sog. <u>wegunabhängiges Integral</u> ist. Damit ist klar: C_0 ist genau dann (lokales starkes bzw. schwaches) Minimum für $\hat{L}$, wenn es (lokales starkes bzw. schwaches) Minimum für L ist. Dies gilt für jedes S. Unsere Aufgabe besteht nun darin, S speziell so zu wählen, daß (2.2) bzw. (2.3) für $\hat{L}$ statt L gilt.

Notwendig hierfür ist nach klassischen Sätzen der Infinitesimalrechnung, daß für alle $(t,x) \in F_\varphi$ die partiellen Ableitungen von $\hat{L}(t,x,p)$ nach den p_j für $p = \varphi(t,x)$ verschwinden, also $\hat{L}_{p_i} = L_{p_i} - S_{x_i} = 0$, genauer

$$S_{x_i}(t,x) = L_{p_i}(t,x,\varphi(t,x)) \qquad (i = 1,\ldots,n;\ (t,x) \in F_\varphi,\ t^1 \leq t \leq t^2). \tag{2.4}$$

Notwendig für das Verschwinden von $\hat{L}(t,x,\varphi(t,x)) \in F_\varphi$, $((t,x) \in F_\varphi,\ t^1 \leq t \leq t^2)$ ist dann offenbar

$$S_t(t,x) = L(t,x,\varphi(t,x)) - L_{p_j}(t,x,\varphi(t,x))\varphi_j(t,x) \qquad ((t,x) \in F_\varphi,\ t^1 \leq t \leq t^2), \tag{2.5}$$

wobei φ_j die j-te Komponente von φ (sie ist hier für p_j eingesetzt worden) bedeutet.

Und hinreichend für (2.3) mit $\hat{L}$ statt L ist, daß (2.4) und (2.5) erfüllt sind und außerdem die Matrix der zweiten partiellen Ableitungen von $L(t,x,p)$ nach den p_j für $p = \varphi(t,x)$ strikt positiv definit ist; hier kann man L statt $\hat{L}$ nehmen, weil $\hat{L} - L$ in den p_j nur linear ist.

Die letztere Bedingung bedeutet offenbar, daß die Linienelemente $(t,x,\varphi(t,x))$ für L die Legendre-Bedingung erfüllen, d.h. positiv regulär sind. Wir setzen sie von nun an als erfüllt voraus. Bei der Suche nach einem passenden S können wir sie außer Betracht lassen. (2.4) und (2.5) können wir, indem wir generell den Übergang vom Argument (t,x,p) zum Argument $(t,x,\varphi(t,x))$ durch einen oberen Index 0 symbolisieren (dabei werden Funktionen auf $F_\varphi \times \mathbb{R}^n$ in Funktionen auf F verwandelt), so schreiben:

$$\begin{aligned} S_{x_i}(t,x) &= L^0_{p_i}(t,x) \qquad (i = 1,\ldots,n) \\ S_t(t,x) &= L^0(t,x) - L^0_{p_j}(t,x)\varphi_j(t,x) \\ &((t,x) \in F_\varphi,\ t^1 \leq t \leq t^2)\ . \end{aligned} \tag{2.6}$$

Für die Existenz einer Funktion S mit den vorgegebenen Ableitungen (2.6) sind aber bekanntlich die Integrabilitätsbedingungen

$$\frac{\partial}{\partial x_j} L^O_{p_i} = \frac{\partial}{\partial x_i} L^O_{p_j} \qquad (i,j = 1,\ldots,n) \tag{2.7}$$

$$\frac{\partial}{\partial t} L^O_{p_i} = \frac{\partial}{\partial x_i} (L^O - L^O_{p_j}\varphi_j) \qquad (i = 1,\ldots,n) \tag{2.8}$$

notwendig und hinreichend. (Für n = 1, also im Fall der Kurven in der Ebene, entfällt natürlich (2.7).) Sind sie erfüllt, so kann man in F_φ ein S mit den gewünschten Eigenschaften konstruieren und ist fertig.

Hier haben wir uns allerdings eine - sozusagen traditionelle - Schlamperei erlaubt: Für "hinreichend" müssen an sich komplizierte topologische Voraussetzungen über das Gebiet F_φ gemacht werden. Wir nehmen einfach an, sie seien erfüllt.

Wenn (2.7) erfüllt ist, dann ist (2.8), wie man durch sorgfältiges Ausführen von Ableitungen erkennt, mit

$$\frac{d}{dt} L_{p_i}(t,x(t),\dot{x}(t)) = L_{x_i}(t,x(t),\dot{x}(t)) \qquad (i = 1,\ldots,n) \tag{2.9}$$

(für jede Lösungskurve $t \to (t,x(t))$ von φ) äquivalent. Das sind gerade die Euler-Lagrange-Gleichungen (1.3). Nennt man die Lösungen dieser Gleichungen, wie meist üblich, Extremalen, dann haben wir also die Forderung erhalten: Die Kurve C_O soll in ein "Extremalenfeld" eingebettet werden; sie muß auch selbst Extremale sein, da sie Feldkurve ist.

Betrachten wir noch einmal das wegunabhängige Integral, das wir vorhin mit I^*_C bezeichnet haben. Nachdem wir dafür gesorgt haben, daß die Ableitungen von S (2.6) erfüllen, können wir in derselben Kurzschreibweise wie dort

$$I^*_C = \int_{t^1}^{t^2} [S_t(t,x(t)) + S_{x_j}(t,x(t))\dot{x}_j(t)]dt$$

$$= \int_{t^1}^{t^2} [L^0(t,x(t)) + (\dot{x}_j - \varphi_j)L^0_{p_j}(t,x(t))]dt$$

schreiben (wobei φ überall das Argument $(t,x(t))$ erhält.) Das ist gerade das Hilbert'sche Integral (1.7).

Schließlich erscheint auch noch wie von selbst die Weierstraß'sche $\mathcal{E}$-Funktion. Setzt man nämlich in den definierenden Ausdruck für $\hat{L}$ (2.6) ein, so erhält man

$$\begin{aligned}
\hat{L}(t,x,p) &= L(t,x,p) - S_t(t,x) - S_{x_j}(t,x)p_j \\
&= L(t,x,p) - L(t,x,\varphi(t,x)) \\
&\qquad - (p_j - \varphi_j(t,x))L_{p_j}(t,x,\varphi(t,x)) \\
&= \mathcal{E}(t,x,\varphi(t,x),p)
\end{aligned}$$

nach (1.5). (2.2) und (2.3) für $\hat{L}$ können also durch $\mathcal{E}$ ausgedrückt werden; dabei ist jeweils die erste Zeile trivial. Die zweite Zeile lautet in beiden Fällen

$$\mathcal{E}(t,x,\varphi(t,x),p) > 0 \ , \tag{2.10}$$

vgl. (1.6)! Im Falle (2.2) wird (2.10) für alle $p \neq \varphi(t,x)$ gefordert, d.h. die Linienelemente $(t,x,\varphi(t,x))$ sollen, wie man sagt, <u>stark</u> sein. Im Falle (2.3) wird (2.10) nur für p genügend nahe bei $\varphi(t,x)$ gefordert, und hierfür genügt es, daß die Linienelemente $(t,x,\varphi(t,x))$ <u>positiv regulär</u> sind, d.h. (1.4) gilt. Wenn man nämlich $L(t,x,p)$ nach Potenzen der $p_j - \varphi_j$ entwickelt und die Glieder 2.Grades als Restglied schreibt, dann ist dieses Restglied gerade $\mathcal{E}(t,x,\varphi,p)$, wie man am obigen Ausdruck sieht. Das ist aber die quadratische Form (1.4), nur sind die Koeffizienten "für eine Zwischenstelle" gebildet. Für $|p - \varphi|$ hinreichend klein ist sie immer noch strikt positiv definit, wie wir schon bei (1.4) angemerkt haben, und daraus folgt die Behauptung.

Man kann in beiden Fällen noch einen Schritt weiter gehen. Führt man beim starken Minimum eine Umgebung $\mathcal{U}(C_0,\varepsilon) \subseteq F_\varphi$ ein und beschränkt die Vergleichskurven auf diese, so brauchen offenbar nur die Linienelemente (t,x,φ),

$(t,x) \in \mathcal{U}(C_0,\varepsilon)$ stark zu sein. Und fürs schwache Minimum genügt es sogar, daß die Linienelemente von C_0 positiv regulär sind. Denn wenn Punkt und Richtung von C von denen von C_0 hinreichend wenig abweichen, ist die quadratische Form immer noch strikt positiv definit.

Aus den Ausdrücken für I_C^* und für $\mathcal{E}$ folgt noch

$$I_C - I_{C_0} = I_C - I^*_{C_0} = I_C - I^*_C = \int_{t^1}^{t^2} \mathcal{E}(t,x,\varphi,\dot{x})dt \ ,$$

(Erstes Gleichheitszeichen: auf Feldkurven ist $I = I^*$, zweites: I^* ist wegunabhängig.) Hieraus liest man die Minimaleigenschaft von C_0 gemäß (2.10) nochmals bequem ab - es muß eben nur für $\mathcal{E} \geq 0$ in $[t^1,t^2]$ und > 0 mindestens in einem Teilintervall gesorgt sein.

Wir fassen das bisher Bewiesene ganz kurz zusammen:

Satz 1. Das Gebiet G, die Punkte 1 und 2 in G und die Funktion L seien wie oben erklärt. Der Kurvenbogen C_0 von 1 nach 2 sei Extremale und in ein Extremalenfeld φ mit $F_\varphi \subseteq G$ eingebettet.

1) Es gebe $\varepsilon > 0$ mit $\mathcal{U}(C_0,\varepsilon) \subseteq F_\varphi$ und so daß die Linienelemente $(t,x,\varphi(t,x))$ mit $(t,x) \in \mathcal{U}(C_0,\varepsilon)$ alle stark sind. Dann ist C_0 ein starkes eigentliches lokales Minimum.

2) Alle Linienelemente von C_0 seien positiv regulär. Dann ist C_0 ein schwaches eigentliches lokales Minimum.

Ich habe bisher eine ausführliche Schreibweise verwendet und nur gelegentlich Kurzformen gebraucht, deren genauer Inhalt sich dann aus dem Zusammenhang ergab. Der Leser möge nun Verständnis dafür haben, wenn ich mich künftig meist der Kurzform bediene, wie sie in der VR Tradition ist. Er hat inzwischen gelernt, wie man die ausführliche Version aufschreibt, und ich empfehle ihm, dies mit allem, was nun folgt, übungshalber einmal zu tun.

§ 3. Hamilton'sche Theorie

Zweck dieser Theorie ist es, die Euler-Lagrange-Gleichungen

2.Ordnung in ein System gewöhnlicher Differentialgleichungen 1.Ordnung überzuführen, die obendrein eine besonders handliche Gestalt haben. Hierzu dient die sog. Legendre-Transformation. Es handelt sich gewissermaßen um die Einführung neuer Koordinaten (t,x,y) für die Linienelemente (t,x,p), und zwar durch die Formeln

$$y_i = L_{p_i}(t,x,p) \ . \tag{3.1}$$

Die Legendre-Bedingung impliziert $\det(L_{p_j p_k}) \neq 0$, und das ist gerade die übliche hinreichende Bedingung für die Auflösbarkeit von (3.1) nach den p_j; die Auflösungsformeln mögen

$$p_i = \psi_i(t,x,y) \tag{3.2}$$

heißen, mit Funktionen ψ_i aus C^1. Es gilt also

$$y_i = L_{p_i}(t,x,\psi(t,x,y)) \ ,$$

wo die rechte Seite als Funktion von t,x,y in Wahrheit nur von y_i abhängt, und umgekehrt

$$p_i = \psi_i(t,x,L_p(t,x,p)) \ ,$$

wo L_p für das n-tupel $L_{p_1},\dots,L_{p_n}$ steht, eine Abkürzung deren wir uns auch weiterhin bedienen werden.

Hier müßte man nun eigentlich genau sagen, in welchen offenen Mengen des $\mathbb{R}^{2n+1}$ alle diese Funktionen definiert sind, aber wir folgen der Kürze halber der klassischen Tradition, dieser Frage nur bei der Anwendung der Theorie auf konkrete Beispiele nachzugehen.

Man definiert nun die sog. <u>Hamilton-Funktion</u> H (zur Lagrange-Funktion L) durch

$$H(t,x,y) = -L(t,x,\psi) + \psi_j L_{p_j}(t,x,\psi) \ , \tag{3.3}$$

wo in die ψ noch die Argumente t,x,y einzutragen wären. (Für Physiker sei bemerkt, daß H häufig einfach die Gesamtenergie des betrachteten mechanischen Systems ist.) Man bestätigt leicht

$$H_t = -L_t(t,x,\psi) \ , \quad H_{x_i} = -L_{x_i}(t,x,\psi) \ ,$$
$$H_{y_i} = \psi_i \ . \tag{3.4}$$

Insbesondere ist H eine C^2-Funktion.

So weit war nur von Linienelementen die Rede. Wenn wir nun wieder ein Feld betrachten, dann schreiben sich die Formeln (2.6) des vorigen Abschnitts so:

$$\begin{aligned} S_{x_i}(t,x) &= L_{p_i}(t,x,\varphi(t,x)) = y_i^O \\ S_t(t,x) &= L(t,x,\varphi(t,x)) \\ &\quad - L_{p_j}(t,x,\varphi(t,x))\varphi_j(t,x) \\ &= -H(t,x,y^O) \ , \end{aligned} \tag{3.5}$$

wobei der obere Index O darauf hinweist, daß man eine Funktion von t,x,p vor sich hat, in der p durch $\varphi(t,x)$ ersetzt wurde. S erfüllt also die Hamilton-Jacobi'sche partielle Differentialgleichung

$$S_t + H(t,x,S_x) = 0 \ . \tag{3.6}$$

Wegen (3.2), (3.4) und (3.5) erhält man ferner

$$\begin{aligned} \varphi_i(t,x) &= \psi_i(t,x,L_p(t,x,\varphi(t,x)) \\ &= \psi_i(t,x,S_x(t,x)) \\ &= H_{y_i}(t,x,S_x(t,x)) \ . \end{aligned}$$

Die zum Feld φ gehörigen Kurven in $G \subseteq \mathbb{R}^{n+1}$ erhält man also als Lösungen von

$$\dot{x}_i = H_{y_i}(t,x,S_x(t,x)) \ . \tag{3.7}$$

So wird durch jede Lösung S der partiellen Differentialgleichung (3.6) ein Feld bestimmt.

Die soeben betrachteten zum Feld φ gehörigen Kurven $t \to (t,x(t))$ in $G \subseteq \mathbb{R}^{n+1}$ ergänzen wir nun zu Kurven $t \to (t,x(t),y(t))$ in $G \times \mathbb{R}^n$, indem wir $y_i(t) = S_{x_i}(t,x(t))$ setzen. Wir haben dann

$$\begin{aligned}\dot{y}_i(t) &= S_{x_i t}(t,x(t)) + S_{x_i x_j}(t,x(t))\dot{x}_j(t) \\ &= S_{x_i t}(t,x(t)) + S_{x_i x_j}(t,x(t))H_{y_j}(t,x(t),S_x(t,x(t)) \\ &\quad (i = 1,\ldots,n) \ .\end{aligned}$$

Andererseits ergibt partielle Ableitung der Hamilton-Jacobi-Gleichung

$$S_{tx_i} + H_{x_i} + H_{y_j} S_{x_j x_i} = 0 \qquad (i = 1,\ldots,n)$$

(mit dem Argument $(t,x,S_x(t,x))$, wohlverstanden). Hier können wir Ableitungen vertauschen (wegen C^2) und das Ergebnis in die vorige Gleichung einsetzen. Dann entsteht

$$\dot{y}_i(t) = -H_{x_i}(t,x(t),S_x(t,x(t))) \ . \tag{3.8}$$

Das sind offensichtlich die umgerechneten Euler-Lagrange-Gleichungen. Eine wesentliche Rolle spielen hierbei das zugrundeliegende Feld und die aufgrund der Integrabilitätsbedingungen (2.7), (2.8) existierende Funktion S - oder umgekehrt: die Lösung S von (3.6) und das von ihr durch (3.7) bestimmte Feld. Von beidem lösen wir uns nun, indem wir uns an $S_{x_i}(t,x(t)) = y_i(t)$ erinnern und die 2n sog. kanonischen Differentialgleichungen

$$\dot{x}_i = H_{y_i}(t,x,y) \ , \qquad \dot{y}_i = -H_{x_i}(t,x,y) \tag{3.9}$$

für das Funktionen-2n-tupel $t \to (x(t),y(t))$ hinschreiben. So wie man bei den n Differentialgleichungen $\dot{x} = \varphi(t,x)$ die Lösungen lokal eineindeutig mit n Parametern hätte darstellen können, tun wir es jetzt mit 2n Parametern. Indem wir aus der so gewonnenen Lösungsschar n-parametrige Unterscharen

$$t \to (t,x(t,u),y(t,u)) \qquad (u \subseteq E)$$

mit einer offenen Menge $E \subseteq \mathbb{R}^n$ herausgreifen, erhalten wir in der Form $t \to (t,x(t,u))$ wieder unsere alten Kurvenfelder, jetzt in parametrisierter Form. Hierbei ist dafür zu sorgen, daß die Funktionalmatrix der $\frac{\partial x_i}{\partial u_k}$ nichtsingulär ist, sodaß man $x = x(t,u)$ nach u auflösen kann: $u = u(t,x)$. Dies gestattet einmal, zur alten parameterfreien Form des Feldes zurückzukehren, indem man einfach $\varphi(t,x) = x_t(t,u(t,x))$ setzt. Zum anderen kann man

$$y(t,u(t,x)) = \chi(t,x)$$

einführen. Die alten Integrabilitätsbedingungen (2.7) lauten dann

$$\frac{\partial \chi_i}{\partial x_j} = \frac{\partial \chi_j}{\partial x_i} \qquad (i,j = 1,\dots,n) \tag{3.10}$$

(2.8) ist einfach $\dot{y}_i = -H_{x_i}$, also ohnehin erfüllt. In der Theorie der partiellen Differentialgleichungen erster Ordnung beweist man, daß diese Bedingungen längs einer Kurve der Schar gelten, wenn sie nur in einem Punkt der Kurve erfüllt sind. Ein Feld bekommt man z.B., indem man einfach sämtliche durch einen festen Punkt $O : (t^0,x^0) \in G$ gehenden Lösungen der kanonischen Differentialgleichungen nimmt (denn in O ist (3.10) trivial), sie etwa mit y parametrisiert und dann auf eine passende Menge F_φ einschränkt, die natürlich den Punkt O nicht enthalten darf. In der Theorie der partiellen Differentialgleichungen wird auch die Existenz der zugehörigen Funktion $S(t,x)$ bewiesen; die Lösungskurven von (3.9) sind die "Charakteristiken" der partiellen Differentialgleichung.

II. Variationsprobleme in Parameterdarstellung

§ 4. Einführung

Bei Variationsaufgaben in Parameterdarstellung betrachtet man statt einer von $(t,x) \in G \subseteq \mathbb{R}^{n+1}$ und $p \in \mathbb{R}^n$ abhängigen Funktion L eine hier F genannte Funktion von x und p allein, wobei x in einer offenen Menge $G \subset \mathbb{R}^n$ und p im $\mathbb{R}^n$ variieren darf, d.h. $F : G \times \mathbb{R}^n \to \mathbb{R}$, sie sei wieder aus C^2. Überdies setzt man F als positiv homogen der Ordnung 1 in p voraus:

$$F(x,\alpha p) = \alpha F(x,p) \qquad (x \in G,\ p \in \mathbb{R}^n,\ 0 < \alpha \in \mathbb{R}) \tag{4.1}$$

Unsere Variationsaufgabe formulieren wir jetzt so: Seien x^1, $x^2 \in G$ zwei fest gegebene Punkte, wir werden sie gelegentlich wieder einfach 1 und 2 nennen. $\mathcal{L}$ bestehe aus sämtlichen in G verlaufenden C^2-Kurven $C : t \to x(t)$, die durch 1 und 2 gehen und zwar so, daß $x(t^1) = x^1$, $x(t^2) = x^2$ mit $t^1 < t^2$. Von C interessiert uns dann das zum Intervall $[t^1,t^2]$ gehörige Stück. Wohlgemerkt sind die Werte t^1,t^2 nicht festgelegt; sie ändern sich ohnehin bei Änderung der Parametrisierung.

Dann soll das Integral

$$I_C = \int_{t^1}^{t^2} F(x(t),\dot{x}(t))dt$$

durch passende Wahl von $C \in \mathcal{L}$ minimiert werden.

Durch die positive Homogenität von F haben wir erreicht, daß eine Änderung der Kurvenparametrisierung, die den Durchlaufungssinn erhält, I_C nicht ändert. In der Tat bedeutet eine solche Parameteränderung eine C^1-Abbildung $\tau \to t(\tau)$ mit $t'(\tau) > 0$ für alle τ aus einem neuen Parameterintervall, das zwei reelle Zahlen $\tau^1 < \tau^2$ mit $t(\tau^i) = t^i$ $(i = 1,2)$ enthält. Dann wird

$$\int_{\tau^1}^{\tau^2} F(x(t(\tau)),\frac{d}{d\tau}\,x(t(\tau)))d\tau = \int_{\tau^1}^{\tau^2} F(x(t(\tau)),\dot{x}(t(\tau))t'(\tau))d\tau$$

$$= \int_{\tau^1}^{\tau^2} F(x(t(\tau)),\dot{x}(t(\tau)))t'(\tau)d\tau = \int_{\tau^1}^{\tau^2} F(x(t),\dot{x}(t))dt \;.$$

Die Homogenität von F hat Homogenitätseigenschaften der partiellen Ableitungen zur Folge: Differentiation von (4.1) nach p_i und Division durch α liefert

$$F_{p_i}(x,\alpha p) = F_{p_i}(x,p) \qquad (\alpha > 0) \;, \tag{4.2}$$

was man als Homogenität der Ordnung 0 bezeichnet. Ebenso ergibt sich aus (4.2)

$$F_{p_i p_j}(x,\alpha p) = \frac{1}{\alpha}\, F_{p_i p_j}(x,p) \qquad (\alpha > 0) \;; \tag{4.3}$$

Homogenität der Ordnung -1. Differenziert man dagegen (4.1) nach α und setzt dann $\alpha = 1$, so erhält man die sog. <u>Eulersche Relation</u>

$$F_{p_j}(x,p)p_j = F(x,p) \;. \tag{4.4}$$

Analog folgt aus (4.2)

$$F_{p_i p_j}(x,p)p_j = 0 \;. \tag{4.5}$$

Wir wollen schon hier die Definition der starken und der positiv regulären Linienelemente angeben, die sich nachher bei der Feldtheorie bewähren wird. Sie ist gegenüber dem früheren Fall ein wenig zu modifizieren. Analog zu (1.5) setzt man

$$\begin{aligned} \mathcal{E}(x,p,q) = {} & F(x,q) - F(x,p) \\ & - (q_j - p_j)F_{p_j}(x,p) \end{aligned} \tag{4.6}$$

Das ist jetzt wegen (4.4) einfacher

$$\mathcal{E}(x,p,q) = F(x,q) - q_j F_{p_j}(x,p) \tag{4.7}$$

oder auch

$$\mathcal{E}(x,p,q) = q_j (F_{p_j}(x,q) - F_{p_j}(x,p)) \; . \tag{4.8}$$

$\mathcal{E}$ ist in p und q positiv homogen von den Ordnungen 0 und 1. Man bemerke, daß immer $\mathcal{E} = 0$ ist nicht nur für $p = q$ sondern auch für $q = \alpha p$, $\alpha > 0$: wegen (4.2) leicht an (4.8) zu sehen. Das Linienelement (x,p) soll <u>stark</u> heißen, wenn $\mathcal{E}(x,p,q) > 0$ für alle q, deren Richtung von der von p verschieden ist.

Die quadratische Form

$$Q(u) = F_{p_i p_j}(x,p) u_i u_j \tag{4.10}$$

kann nicht positiv definit sein: wegen (4.5) hat ihre Matrix höchstens den Rang n-1 und ist insbesondere $Q(p) = 0$. Man kann aber verlangen, daß Q positiv semidefinit sein soll, oder noch schärfer:

$$Q(u) > 0 \quad \text{für} \quad u \neq 0 \quad \text{mit} \; u_j p_j = 0 \; ; \tag{4.11}$$

dann soll das Linienelement (x,p) <u>positiv regulär</u> heißen. (4.11) impliziert, wie man sich leicht überlegt, daß die Matrix $(F_{p_i p_j})$ genau den Rang n-1 hat.

Wegen (4.6) kann man auch wieder wie früher die $\mathcal{E}$-Funktion als Restglied 2.Ordnung bei der Entwicklung von F(x,q) nach Potenzen der $q_i - p_i$ schreiben und damit zeigen, daß auch diesmal, bei positiv regulärem (x,p), $\mathcal{E}(x,p,q) > 0$ ist für solche q, deren Richtung von der von p verschieden ist aber genügend wenig von ihr abweicht. Auch hierfür sei der Beweis übergangen. Aus derselben Überlegung folgt auch: Wenn alle Linienelemente positiv regulär sind - das Variationsproblem heißt dann positiv regulär -, dann sind sogar alle Linienelemente stark.

§ 5. Die Indikatrix

Die soeben eingeführten Begriffe lassen eine einfache geometrische Interpretation zu, wenn man sog. positiv definite Variationsprobleme betrachtet, d.h. $F(x,p) > 0$ voraussetzt, was wir in diesem Abschnitt tun wollen.

Wir halten x fest und betrachten in einem Hilfs-$\mathbb{R}^n$ mit Koordinaten $(\xi_1,\ldots,\xi_n) = \xi$ die durch

$$F(x,\xi) = 1$$

gegebene Hyperfläche. Sie heißt Indikatrix des Problems zum Punkt x, der Punkt $\xi = 0$ ihr Grundpunkt 0. Wegen (4.1) wächst F auf jedem Halbstrahl h durch 0 monoton von 0 nach ∞, also liegt auf h genau ein Punkt ξ der Indikatrix. Auf h liegt auch genau ein Punkt der - kompakten - Einheitssphäre S des $\mathbb{R}^n$. Man kann den Abstand des Punktes ξ von 0 als stetige Funktion auf S ansehen, dieser Abstand hat also einen positiven kleinsten und größten Wert. Wegen $F(x,\alpha\xi) = \alpha F(x,\xi)$ kann man, wenn man die Gestalt der Indikatrix kennt, daraus F berechnen.

Sind ξ und η Punkte der Indikatrix, so ist nach (4.6)

$$\mathcal{E}(x,\xi,\eta) = (\xi_j - \eta_j)F_{p_j}(x,\xi) .$$

$(\xi_j - X_j)F_{p_j}(x,\xi) = 0$ ist aber die Gleichung der Tangentialhyperebene der Indikatrix im Punkt ξ, und es ist $(\xi_j - X_j)F_{p_j}(x,\xi) > 0$ auf der einen, < 0 auf der anderen Seite dieser Hyperebene. Wegen $\xi_j F_{p_j} = 1$ liegt der Grundpunkt 0 auf der positiven Seite, also ist $\mathcal{E}(x,\xi,\eta) > 0$ genau wenn η auf derselben Seite wie 0 liegt, und das Linienelement (x,ξ) ist stark genau wenn die ganze Indikatrix auf dieser Seite liegt, d.h. die Tangentialebene Stützebene der Figur ist und sie nur in ξ trifft; wegen ihrer Homogenitätseigenschaften genügt es ja, die $\mathcal{E}$-Funktion auf der Indikatrix zu betrachten.

§ 6. Felder und Hamilton'sche Theorie bei Parameterdarstellung

Die Übertragung des Gedankengangs von § 2 macht keine

Schwierigkeiten. Mit einer C^2-Funktion $S : G_1 \to \mathbb{R}$, $G_1 \subseteq G$ offen, können wir wieder ein wegunabhängiges Integral herstellen. Ist $C : t \to x(t)$ eine die Punkte 1 und 2 verbindende Kurve in diesem Gebiet, so ist

$$I_C^* = \int_{t^1}^{t^2} S_{x_j}(x(t))\dot{x}_j(t)dt = S(x^2) - S(x^1) . \tag{6.1}$$

Ein <u>Feld</u> sei gegeben durch

$$\dot{x} = \varphi(x) \tag{6.2}$$

mit φ aus C^2 in $G_\varphi \subseteq G$. Weil t nur ein Parameter ist, haben wir das φ entsprechende Feld jetzt natürlich mit jedem weiteren Feld zu identifizieren, das entsteht, wenn man den Vektor φ mit einem ortsabhängigen positiven Zahlenfaktor multipliziert. Die Punkte 1 und 2 mögen auf der gleichen Feldkurve C_0 liegen. Wir versuchen, φ und S (in G_φ) so zu bestimmen, daß, mit

$$\hat{F}(x,p) = F(x,p) - p_j S_{x_j} ,$$

$$\hat{F}(x,\varphi) = 0 \quad \text{und} \quad \hat{F}(x,p) > 0 \quad \text{für} \quad p \neq \alpha\varphi \quad (\alpha > 0)$$

gilt. Dazu muß auch diesmal $\hat{F}_{p_i}(x,\varphi) = 0$ sein, also

$$S_{x_i} = F_{p_i}(x,\varphi) \qquad (i = 1,\ldots,n) , \tag{6.3}$$

und dann ist wegen (4.4) von selbst $\hat{F}(x,\varphi) = 0$. Die Integrabilitätsbedingungen für S lauten

$$\frac{\partial F_{p_i}(x,\varphi)}{\partial x_j} = \frac{\partial F_{p_j}(x,\varphi)}{\partial x_i} \qquad (i,j = 1,\ldots,n) . \tag{6.4}$$

Aus § 4 folgt: Wenn die (x,φ) des Feldes positiv regulär sind, ist wirklich $\hat{F}(x,p) > 0$ für zu φ benachbarte Richtungen $p \neq \alpha\varphi$ $(\alpha > 0)$; wenn sie stark sind, gilt es für alle $p \neq \alpha\varphi$ $(\alpha > 0)$. Aus (4.7) und (6.3) folgt nämlich $\hat{F}(x,p) =$

$\mathcal{E}(x,\varphi,p)$, und es kann die Bemerkung des letzten Absatzes von § 4 herangezogen werden. Also liegt ein starkes Minimum vor, wenn die Linienelemente des Feldes stark sind, und wenigstens ein schwaches, wenn sie positiv regulär sind. Wie früher genügt es hierzu sogar, daß die Linienelemente der Kurve C_0 selbst positiv regulär sind.

Wir können auch wieder, wenn C irgendeine andere Kurve in $\mathcal{L}$ ist,

$$I_C - I_{C_0} = I_C - I^*_{C_0} = I_C - I^*_C = \int_{t^1}^{t^2} \mathcal{E}(x,\varphi,\dot{x})dt$$

schreiben; auf der Feldkurve C_0 ist in der Tat $S_{x_j}\dot{x}_j = F_{p_j}(x,\varphi)\varphi_j = F(x,\varphi)$ nach (4.4). Damit ist die Minimaleigenschaft der Kurve C_0 nochmals evident gemacht.

Ganz neu war nun in Cara's Buch die Einführung von Hamilton-Funktionen für den vorliegenden Fall. Wir setzen voraus, daß alle Linienelemente $(x,p) \in G \times \mathbb{R}^n$ positiv regulär sind, wir es also mit einem positiv regulären Variationsproblem zu tun haben; nach § 4 sind alle Linienelemente stark.

Wie gewohnt, werden zuerst neue <u>kanonische Koordinaten</u> für die Linienelemente durch

$$y_i = F_{p_i}(x,p) \qquad (6.5)$$

eingeführt. Während der Vektor p immer nur bis auf einen positiven Zahlenfaktor bestimmt ist, sind die y_i festgelegt; denn die F_{p_i} sind ja positiv homogen vom Grad 0. Wie man aus (4.5) entnimmt, ist die Funktionaldeterminante der y nach den p Null; wie man (6.5) gleichwohl umkehren kann, werden wir bald sehen. Für die frühere Hamilton-Funktion galt - vgl. (3.3) -

$$H(t,x,L_p(t,x,p)) = -L(t,x,p) + p_j L_{p_j}(t,x,p)$$

identisch in t,x,p, und hierdurch war sie bestimmt. Im nun vorliegenden Fall ist der analoge Ausdruck $-F(x,p) + p_j F_{p_j}(x,p)$ identisch Null. Cara definiert:

<u>Jede Funktion</u> $H(x,y)$ <u>soll eine Hamilton-Funktion des Problems heißen, die folgende 3 Bedingungen erfüllt:</u>

1) $H \in C^2$.
2) <u>Die</u> H_{y_i} <u>sind nicht alle 0 .</u>
3) <u>Es ist</u> $H(x,F_p(x,p)) \equiv 0$. (6.6)

Die bei dieser Definition zugelassene Willkür in der Wahl der Hamilton-Funktion wird sich als ein Vorteil erweisen. Durch Differentiation nach p_k folgt aus (6.6)

$$H_{y_j} F_{p_j p_k} = 0 .$$

Weil auch $p_j F_{p_j p_k} = 0$ ist und die Matrix $(F_{p_j p_k})$ nach § 4 den Rang n-1 besitzt, müssen die p_i und die $H_{y_i}(x,F_p)$ proportional sein:

$$p_i = \lambda H_{y_i}(x,F_p) \qquad (6.7)$$

mit einer Funktion $\lambda(x,p) \neq 0$. (6.7) kann als Umkehrung von (6.5) angesehen werden.

Betrachten wir jetzt wieder ein Feld, so finden wir sofort, daß die Funktion S wegen (6.3) und (6.6) der <u>Hamilton-Jacobi'schen partiellen Differentialgleichung</u>

$$H(x,S_x) = 0 \qquad (6.8)$$

genügen muß. Aus (6.7) folgt, daß für die Feldkurven

$$\dot{x}_i = \lambda H_{y_i}(x,S_x)$$

gilt, wobei nun λ auf jeder Feldkurve eine Funktion von t ist. Außerdem gilt längs jeder Feldkurve wegen (6.3) und (6.5)

$$\dot{y}_i = S_{x_i x_j} \dot{x}_j ;$$

andererseits folgt aus (6.8)

$$H_{x_i} + H_{y_j} S_{x_j x_i} = 0 .$$

Mit Vertauschung der Ableitungen (wegen C^2 erlaubt) ergibt beides zusammen

$$\dot{y}_i + \lambda H_{x_i} = S_{x_i x_j} (\dot{x}_j - \lambda H_{y_j}) = 0 ,$$

und wir erhalten das vollständige System der <u>kanonischen Differentialgleichungen</u>

$$\dot{x}_i = \lambda H_{y_i}(x,y) , \qquad \dot{y}_i = -\lambda H_{x_i}(x,y) . \tag{6.9}$$

Man verifiziert leicht: Ist $x(t), y(t)$ eine Lösung, so ist $\frac{d}{dt} H(x(t),y(t)) = 0$. Gilt also $H(x^0,y^0) = 0$ für Anfangswerte x^0,y^0, so ist $H = 0$ längs der Lösung.

Rechnen wir in die alten Koordinaten zurück. Differentiation von (4.4) nach x_i ergibt $F_{x_i} = F_{p_j x_i} p_j$, Differentiation von (6.6) $H_{x_i} + H_{y_j} F_{p_j x_i} = 0$. Nach (6.7) ist also $F_{x_i} = -\lambda H_{x_i}$, und so folgt aus dem zweiten System der Gleichungen (6.9)

$$\frac{d}{dt} F_{p_i} = F_{x_i} ,$$

das ist die Weierstraß'sche Form der Euler-Lagrange-Gleichungen bei Parameterdarstellung.

Geht man von den kanonischen Differentialgleichungen aus, um ein (n-1)-parametriges Extremalenfeld zu konstruieren, so muß man noch für (6.4) sorgen. Für die Linienelemente des Feldes sei $y_i = \eta_i(x)$ gesetzt; dann lautet (6.4) einfach

$$\frac{\partial \eta_i}{\partial x_j} = \frac{\partial \eta_j}{\partial x_i} . \tag{6.10}$$

Da wir das Variationsproblem positiv regulär vorausgesetzt haben, lautet unser Ergebnis jetzt ganz kurz so:

Satz 2. i) Der Kurvenbogen C_0 verlaufe in G, verbinde die Punkte 1 und 2 und sei Extremale, d.h. Lösung von (6.9). ii) Es sei möglich, C_0 in ein Extremalenfeld einzubetten. Dann liefert C_0 ein starkes eigentliches lokales Minimum.

Einfache Kriterien für das Bestehen der Möglichkeit ii) werden in der Theorie der sog. Zweiten Variation, der Jacobischen Differentialgleichung und der konjugierten Punkte entwickelt; dies sei hier nur erwähnt. Es gilt auch das am Ende von § 3 Gesagte unverändert.

Ganz zum Schluß sei erwähnt, daß das Vorangehende unter etwas allgemeineren Voraussetzungen über das Definitionsgebiet der Funktion F gültig bleibt. Grob gesprochen braucht F nicht überall für alle Richtungen definiert zu sein. Statt $G \times \mathbb{R}^n$ kann man ein Gebiet $\mathfrak{G}$ im $\mathbb{R}^{2n}$ der Linienelemente betrachten mit der folgenden Eigenschaft: Bei festem $x \in G$ soll ihm jeder Halbstrahl (αp) entweder ganz oder garnicht angehören. Für jedes $x \in G$ soll es ein $(x,p) \in \mathfrak{G}$ geben; für $(x,p) \notin \mathfrak{G}$ ist F nicht definiert. Alle $(x,p) \in \mathfrak{G}$ sollen positiv regulär sein.

III. Zermelo's Problem

§ 7. Stationäre Meeresströmung

Wie in der Einleitung angekündigt, werden wir nur diesen Fall behandeln. In § 8 folgt ein durchgerechnetes Beispiel.

In einem Gebiet G der Ebene, deren Punkte wir wie üblich in der Form $x = (x_1, x_2)$ schreiben, herrsche eine stationäre Strömung, gegeben durch den Geschwindigkeitsvektor $u(x) = (u_1(x), u_2(x))$; die Funktionen mögen aus C^2 sein, also stetige partielle Ableitungen bis zur 2.Ordnung haben. Ein Schiff habe relativ zum strömenden Wasser die konstante Geschwindigkeit k. Die Richtung, in der es gesteuert wird, schließe mit der x_1-Richtung den Winkel φ ein. Die effektive Geschwindigkeit v hat also die Komponenten

$$v_1 = u_1 + k \cos \varphi , \quad v_2 = u_2 + k \sin \varphi . \tag{7.1}$$

$x(t)$ sei Parameterdarstellung einer die Punkte 1 und 2 aus G verbindenden Kurve C in G, längs welcher das Schiff fahren soll. $x(t) \in C^2$ soll so bestimmt werden, daß das Schiff in kürzester Zeit von 1 nach 2 gelangt. Wichtigstes Ziel wird dabei die Bestimmung der Funktion $\varphi(\tau)$ sein, wo τ die Zeit bedeutet: das ist der Zeitplan, der dem Steuermann vorgeschrieben wird.

Um das Variationsproblem aufzustellen, müßte man nun die Funktion $F(x,p)$ so bestimmen, daß

$$I_C = \int_{t^1}^{t^2} F(x(t),\dot{x}(t))dt \tag{7.2}$$

die Zeit ist, die das Schiff zur Reise längs der Kurve C braucht. Es wird sich aber zeigen, daß wir zu einer Hamilton-Funktion kommen können, ohne vorher die Funktion F ganz explizit hingeschrieben zu haben.

Zuallererst bemerken wir, daß F nicht immer für alle Richtungen p definiert sein wird, denn wenn das Schiff nicht schneller als die Strömung ist, kann es nicht nach allen Richtungen fahren. Um das genauer klar zu machen, zeichnen wir schon jetzt die Indikatrix (§ 5) des Problems, also bei festem x die Kurve $F(x,\xi) = 1$ in der (ξ_1,ξ_2)-Ebene. Diese Kurve ist in unserem Fall ganz leicht anzugeben. Unter den möglichen Parametern für eine Reisekurve C ist ja auch die Zeit τ, und man sieht an (7.2), daß für diesen Parameter $F = 1$ anzusetzen ist. Dann ist $v = \dot{x} = \xi$, und man bekommt also die Indikatrix für den Punkt $x \in G$, wenn man vom Grundpunkt O aus für alle möglichen Steuerrichtungen φ den Vektor $\frac{dx}{d\tau} = v = u(x) + k(\cos \varphi,\sin \varphi)$ abträgt. Das ist nichts anderes als der Kreis mit Mittelpunkt $M : (u_1(x),u_2(x)) = (u_1,u_2)$ und Radius k.

Zur Unterscheidung der Fälle führen wir die Funktion $u_1^2 + u_2^2 - k^2 = \alpha(x)$ ein. Ist $\alpha(x) < 0$, also das Schiff schneller als die Strömung, so liegt der Grundpunkt O im Innern des Kreises, und F ist für alle Richtungen definiert

(Abb. 2); in der Richtung $\vec{MP}$ wird gesteuert, und Richtung und Geschwindigkeit, mit der gefahren wird sind durch den "Fahrtvektor" $\vec{OP}$ gegeben.

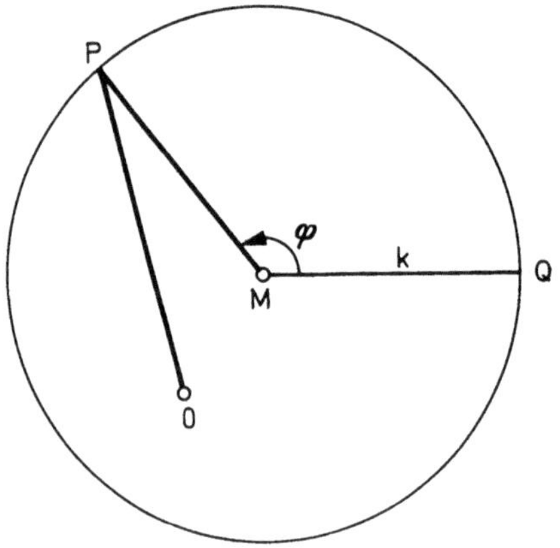

Abb. 2

Anders ist es bei $\alpha(x) > 0$. Dann liegt O außerhalb des Kreises, und die möglichen Fahrtrichtungen gehören demjenigen Winkelraum zwischen den Tangenten an den Kreis an, der den Kreis enthält. (AOB in Abb. 3). In jeder Richtung, die

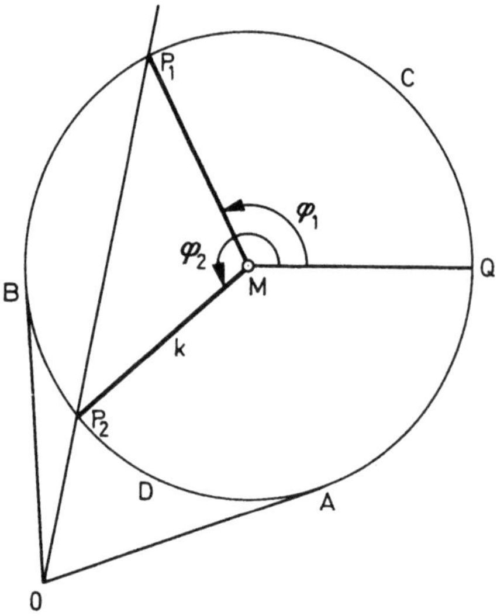

Abb. 3

ins Innere des Winkelraums weist, gibt es einen "langen" und einen "kurzen" Fahrtvektor, $\overrightarrow{OP}_1$ und $\overrightarrow{OP}_2$, die zu verschiedenen Steuerrichtungen φ gehören. Nur für die Tangentenrichtungen fallen beide zusammen; diese heißen <u>anomale</u> Richtungen. Wir werden es hier mit <u>zwei</u> Funktionen F zu tun haben, beide nur für die Richtungen des Winkelraums erklärt. Man kann sie durch die Werte von

$$\psi = k + u_1 \cos \varphi + u_2 \sin \varphi \tag{7.3}$$

unterscheiden. Im Fall $\alpha < 0$ ist immer $\psi > 0$; im Fall $\alpha > 0$ gilt $\psi > 0$ auf dem Bogen ACB, $\psi < 0$ auf dem Bogen BDA der Abb. 3. (Man betrachte die Projektion des Vektors $\overrightarrow{MO} = -u$ auf die Halbgeraden durch M.) Für P = A und P = B ist $\psi = 0$.

Im Grenzfall $\alpha = 0$ liegt der Grundpunkt O auf dem Kreis, der Winkelraum ist eine Halbebene geworden und die anomalen Richtungen liegen nun in der Tangente in O und bilden einen gestreckten Winkel. Für P = O, d.h. Steuerrichtung $\overrightarrow{MO}$, ist F nicht definiert: wenn das Schiff genau entgegengesetzt zur Strömung gesteuert wird, bleibt es auf der Stelle.

Nun wieder zur Berechnung der Funktion F(x,p). Bei beliebigem Parameter t für die Kurve C ist die Fahrzeit

$$\int_{t^1}^{t^2} \frac{d\tau}{ds}\frac{ds}{dt}\, dt = \int_{t^1}^{t^2} \frac{|\dot{x}|}{|v|}\, dt$$

(s : Bogenlänge); es ist also $F(x,p) = \dfrac{|p|}{|v|}$ anzusetzen. Da v und p die gleiche Richtung haben, gilt

$$v_i = \frac{|v|}{|p|} p_i = \frac{p_i}{F(x,p)} \qquad (i = 1,2) \; ,$$

also nach (7.1)

$$\frac{p_1}{F} - u_1 = k \cos \varphi \; , \qquad \frac{p_2}{F} - u_2 = k \sin \varphi \; . \tag{7.4}$$

Man hat also $F(x,p)$ als eine positive Wurzel der Gleichung

$$(p_1 - u_1F)^2 + (p_2 - u_2F)^2 = k^2F^2 \tag{7.5}$$

zu berechnen.

Wir können es uns schenken, hier nochmals zu verifizieren, daß es für $\alpha < 0$ genau eine positive Wurzel (die andere ist negativ), im Fall $\alpha > 0$ aber für gewisse Richtungen zwei positive, für andere garkeine reelle Wurzel gibt. Wie schon angedeutet, ist es nicht einmal erforderlich, F aus (7.5) wirklich zu berechnen. Wir führen vielmehr mit Cara sofort durch $y_i = F_{p_i}$ kanonische Koordinaten ein. Differentiation von (7.5) nach den p_i ergibt dann

$$\begin{aligned} (1 - u_1y_1)(p_1 - u_1F) - u_2y_1(p_2 - u_2F) &= k^2Fy_1 \ , \\ -u_1y_2(p_1 - u_1F) + (1 - u_2y_2)(p_2 - u_2F) &= k^2Fy_2 \ . \end{aligned} \tag{7.6}$$

Auflösung nach den $p_i - u_iF$ liefert, mit der Determinante

$$\omega = 1 - u_1y_1 - u_2y_2 \ , \tag{7.7}$$

die Formeln

$$\begin{aligned} \omega(p_1 - u_1F) &= k^2Fy_1 \ , \\ \omega(p_2 - u_2F) &= k^2Fy_2 \ . \end{aligned} \tag{7.8}$$

Wenn wir wieder $p = \dot{x}$ setzen, d.h. als Fahrtrichtung ansehen, so gehört dazu eine Steuerrichtung φ, und der Vergleich mit (7.4) ergibt

$$k\,y_1 = \omega \cos\varphi \ , \quad k\,y_2 = \omega \sin\varphi \ . \tag{7.9}$$

Durch Einsetzen in (7.7) erhält man

$$\omega = \frac{k}{k + u_1 \cos\varphi + u_2 \sin\varphi} \ , \tag{7.10}$$

was insbesondere zeigt, daß das Vorzeichen von ω immer mit dem von ψ, (7.3), übereinstimmt.

Eine Funktion $H(x,y)$, die für $y_i = F_{p_i}$, d.h. wenn (7.9) gilt, verschwindet, ist durch

$$2H = k^2(y_1^2 + y_2^2) - \omega^2 \tag{7.11}$$

gegeben, diese können wir nach § 6 als Hamilton-Funktion wählen. Die kanonischen Differentialgleichungen lauten dann

$$\dot{x}_i = \lambda(k^2 y_i + \omega u_i) \qquad (i = 1,2) , \tag{7.12}$$

$$\dot{y}_i = -\lambda\omega y_j \frac{\partial u_j}{\partial x_i} \qquad (i = 1,2) . \tag{7.13}$$

Es ist nicht schwer, hieraus die gewünschte "Navigationsformel" oder den "Zeitplan für den Steuermann" zu gewinnen. Wegen (4.4), (7.7) und $H = 0$ ist

$$F(x,\dot{x}) = F_{p_j}(x,\dot{x})\dot{x}_j = y_j\dot{x}_j = \lambda\omega . \tag{7.14}$$

Da $F > 0$ sein muß, müssen also die Vorzeichen von λ und ω stets übereinstimmen. Wenn wir nun die Zeit τ als Parameter nehmen, wird $\lambda\omega = F = 1$, und mit (7.9) lauten die Gleichungen (7.12) wie zu erwarten

$$\frac{dx_1}{d\tau} = u_1 + k \cos \varphi , \qquad \frac{dx_2}{d\tau} = u_2 + k \sin \varphi ; \tag{7.15}$$

aus (7.13) aber wird

$$\frac{d\omega}{d\tau} \cos \varphi - \omega \sin \varphi \frac{d\varphi}{d\tau} = -\omega \left(\frac{\partial u_1}{\partial x_1} \cos \varphi + \frac{\partial u_2}{\partial x_1} \sin \varphi \right) ,$$

$$(7.16)$$

$$\frac{d\omega}{d\tau} \sin \varphi + \omega \cos \varphi \frac{d\varphi}{d\tau} = -\omega \left(\frac{\partial u_1}{\partial x_2} \cos \varphi + \frac{\partial u_2}{\partial x_2} \sin \varphi \right) .$$

Hieraus folgt der gewünschte Zeitplan, die Navigationsformel von Zermelo:

$$\frac{d\varphi}{d\tau} = -\frac{\partial u_1}{\partial x_2}\cos^2\varphi + \left(\frac{\partial u_1}{\partial x_1} - \frac{\partial u_2}{\partial x_2}\right)\cos\varphi\,\sin\varphi + \frac{\partial u_2}{\partial x_1}\sin^2\varphi\,. \tag{7.17}$$

(7.17) wird anschaulich, wenn man einmal die Koordinaten so wählt, daß sie x_1-Richtung die augenblickliche Steuerrichtung ist. Dann lautet sie in diesem Moment $\frac{d\varphi}{d\tau} = -\frac{\partial u_1}{\partial x_2}$ und besagt qualitativ: Das Steuer ist nach der Seite zu drehen, wo die gegen die Steuerrichtung wirkende Strömungskomponente (das ist $-u_1$) größer wird.

(7.15) und (7.17) bilden zusammen ein System, aus dem man alle Extremalen $(x_1(\tau), x_2(\tau), \varphi(\tau))$ berechnen kann. Zur Behandlung der Frage, ob sie Minima oder Maxima liefern, interessieren uns aber auch noch die eng miteinander verknüpften Größen ω, (7.7), und ψ, (7.3). Aus (7.16) erhält man

$$\frac{d\omega}{d\tau} = -\omega\left(\frac{\partial u_1}{\partial x_1}\cos^2\varphi + \left(\frac{\partial u_1}{\partial x_2} + \frac{\partial u_2}{\partial x_1}\right)\cos\varphi\,\sin\varphi + \frac{\partial u_2}{\partial x_2}\sin^2\varphi\right)\,.$$

Wegen (7.10) ist $\omega\psi = k$, also ergibt sich für ψ:

$$\frac{d\psi}{d\tau} = \psi\left(\frac{\partial u_1}{\partial x_1}\cos^2\varphi + \left(\frac{\partial u_1}{\partial x_2} + \frac{\partial u_2}{\partial x_1}\right)\cos\varphi\,\sin\varphi + \frac{\partial u_2}{\partial x_2}\sin^2\varphi\right)\,. \tag{7.18}$$

Zur Entscheidung der Frage nach der Art des Extremums müssen wir die $\mathcal{E}$-Funktion berechnen. Wir benutzen die Formel (4.7), jetzt wieder mit beliebigem Parameter t, und erhalten wegen (7.7), (7.9) und (7.12), wenn wir die in $\mathcal{E}$ vorkommende zweite Richtung durch einen Strich kennzeichnen,

$$\begin{aligned}\mathcal{E}(x,\dot{x},\dot{x}') &= F(x,\dot{x}') - F_{p_j}(x,\dot{x})\dot{x}_j' \\ &= \lambda'\omega' - y_j\dot{x}_j' \qquad (7.19)\\ &= \lambda'\omega'(1 - \cos(\varphi' - \varphi))\omega\ .\end{aligned}$$

$\lambda'\omega'$ ist wegen (7.14) immer positiv, die Klammer ist es für $\varphi' \neq \varphi$, also hat $\mathcal{E}$ das Vorzeichen von ω: alle Linienelemente sind stark, und sie sind positiv oder negativ regulär je nachdem ob $\omega > 0$ oder $\omega < 0$, mit Ausnahme der weiter unten zu besprechenden anomalen Linienelemente und natürlich mit Ausnahme der Richtungen, in die das Schiff garnicht fahren kann. Wegen der Übereinstimmung der Vorzeichen von ω und ψ können wir statt ω die Funktion ψ heranziehen und erhalten alle wünschenswerte Auskunft aus Abb. 2 und 3. Längs jeder Extremale genügt ψ der homogenen linearen Differentialgleichung (7.18), und daraus folgt sofort, daß eine Extremale mit einem positiv (negativ) regulären Anfangselement in ihrem ganzen Verlauf Minimale (Maximale) ist; denn ψ behält sein Vorzeichen bei oder ist identisch Null.

Im Gebiet $\alpha < 0$, zu dem Abb. 2 gehört, ist immer $\psi > 0$; es gibt nur Minimalen. Ist aber x^0 ein Punkt des Gebietes $\alpha > 0$ (Abb. 3), so gibt es in jeder Richtung im Innern des Winkelraumes AOB einen langen und einen kurzen Fahrtvektor, also eine Minimale und eine Maximale. Sie gehören zu verschiedenen Steuerrichtungen φ^0. Eine Maximale kann offenbar das Gebiet $\alpha > 0$ nicht verlassen.

Eine Ausnahme bilden im Gebiet $\alpha > 0$ die "anomalen" Fahrtrichtungen $\overrightarrow{OA}$ und $\overrightarrow{OB}$, die zu den Steuerrichtungen $\overrightarrow{MA}$ und $\overrightarrow{MB}$ gehören. Für sie ist $\psi = 0$ und daher $\psi \equiv 0$ längs der Lösungen mit diesen Anfangswerten, deren es durch jeden Punkt des Gebietes $\alpha > 0$ zwei gibt. Diese Kurven, <u>Grenzkurven</u> genannt, bestehen also aus lauter anomalen Linienelementen und sind weder Minimalen noch Maximalen, können aber sowohl durch Minimalen wie durch Maximalen approximiert werden. Trifft eine Grenzkurve auf den Rand des Gebietes $\alpha > 0$, so hat sie dort eine Spitze - die beiden anomalen Richtungen bilden ja dort, wie wir sahen, einen gestreckten Winkel - und läuft so wieder ins Gebiet $\alpha > 0$ zurück.

§ 8. Ein Beispiel

Ein von Cara angegebenes Beispiel, das man leicht vollständig durchrechnen kann, ist durch

$$k = 1 \ , \quad u_1 = x_2 \ , \quad u_2 = 0 \tag{8.1}$$

gegeben. Hier ist $\alpha(x_1,x_2) = x_2^2 - 1$; die durch Abb. 2 gekennzeichneten Verhältnisse herrschen also im Streifen $-1 < x_2 < 1$, während in den Gebieten $x_2 > 1$ und $x_2 < -1$ Abb. 3 gilt.

Es ist

$$\omega = 1 - x_2 y_1 \ , \tag{8.2}$$

wir werden also nach (7.11)

$$2H = y_1^2 + y_2^2 - (1 - x_2 y_1)^2 \tag{8.3}$$

schreiben. Daraus ergeben sich die kanonischen Differentialgleichungen

$$\dot{x}_1 = \lambda(y_1 + x_2(1 - x_2 y_1)) \ , \quad \dot{x}_2 = \lambda y_2 \ , \tag{8.4}$$

$$\dot{y}_1 = 0 \ , \quad \dot{y}_2 = -\lambda y_1(1 - x_2 y_1) \ , \tag{8.5}$$

y_1 ist also längs jeder Extremale konstant. Nehmen wir zuerst $y_1 \equiv 0$, so wird $\omega = 1$ und wenn wir auch $\lambda = 1$ wählen, $F = \lambda\omega = 1$, der Parameter ist also die Zeit τ. Aus (8.3) folgt $y_2^2 = 1$, wir setzen $y_2 = \varepsilon = \pm 1$. Dann wird, wenn wir $\tau = 0$ für $x_2 = 0$ festsetzen,

$$x_2 = \varepsilon\tau \quad \text{und} \quad x_1 - x_1^0 = \frac{\varepsilon\tau^2}{2} \ . \tag{8.6}$$

Diese Extremalen - wegen $\omega > 0$ handelt es sich um Minimalen - sind also Parabeln, in der üblichen Zeichenebene nach rechts geöffnet und von unten nach oben durchlaufen oder nach links geöffnet und von oben nach unten durchlaufen. Aus (7.9) folgt $\varphi = \varepsilon \frac{\pi}{2}$, es muß also in einer festen Richtung senkrecht zur Strömung gesteuert werden.

Ist die Konstante $y_1 \neq 0$, so ist es bequem, $\frac{1}{y_1} = c$ zu setzen, $c \gtrless 0$. In (8.4) und (8.5) nehmen wir λ konstant und erhalten aus den zweiten Gleichungen (8.4) und (8.5)

$$\ddot{x}_2 = \frac{\lambda^2}{c^2}(x_2 - c) \; . \tag{8.7}$$

Wir setzen $\lambda^2 = c^2$ und lassen das Vorzeichen von λ noch offen. Dann folgt aus (8.7)

$$x_2 = c + \frac{A}{2} e^t + \frac{B}{2} e^{-t} \tag{8.8}$$

und

$$\lambda y_2 = \dot{x}_2 = \frac{A}{2} e^t - \frac{B}{2} e^{-t} \; . \tag{8.9}$$

Für die eingeführten Konstanten A und B ergibt sich, wenn man alles in (8.3) einsetzt, aus $H = 0$ die Beziehung $AB = 1$, also gleiches Vorzeichen für A und B. Und wenn man noch $y_2 = 0$ für $t = 0$ festsetzt, wird $A = B$; es sei $A = B = -\varepsilon$, $\varepsilon = \pm 1$. Dann folgt aus (8.8)

$$x_2 = c - \varepsilon \cosh t \tag{8.10}$$

und aus (8.2)

$$\omega = \frac{\varepsilon}{c} \cosh t \; . \tag{8.11}$$

Nach (7.14) muß λ das Vorzeichen von ω haben, wegen $\lambda^2 = c^2$ ist also $\lambda = \varepsilon c$ zu setzen. Aus der ersten Gleichung (8.4) wird

$$\dot{x}_1 = \lambda(y_1 + x_2\omega) = c \cosh t - \varepsilon \sinh^2 t \; ,$$

und daraus berechnet man schließlich

$$x_1 - x_1^0 = c \sinh t - \frac{\varepsilon}{2}(\sinh t \cosh t - t) \; . \tag{8.12}$$

Es mag wünschenswert erscheinen, die Zeit τ als Parameter einzuführen. Aus (7.14) folgt $F(x(t),\dot{x}(t)) = \lambda\omega = \cosh t$. Die Zeit, die das Schiff vom Punkt $(x_1(0),x_2(0)) = (x_1^0, c - \varepsilon)$ bis zum Punkt $(x_1(t),x_2(t))$ braucht, ist also

$$\tau = \int_0^t \cosh t \, dt = \sinh t \, . \tag{8.13}$$

Aus (8.13) folgt $\cosh t = \sqrt{1+\tau^2}$ und $t = \ln(\tau + \sqrt{1+\tau^2})$, und wenn man das in (8.9) bis (8.12) einsetzt, ergeben sich die Endformeln

$$\left.\begin{aligned} x_1 - x_1^0 &= c\tau - \frac{\varepsilon}{2}(\tau\sqrt{1+\tau^2} - \ln(\tau + \sqrt{1+\tau^2}))\, , \\ x_2 &= c - \varepsilon\sqrt{1+\tau^2} \end{aligned}\right. \tag{8.14}$$

$$\omega = \frac{\varepsilon}{c}\sqrt{1+\tau^2} \tag{8.15}$$

$$y_1 = \frac{1}{c}\, , \qquad y_2 = -\frac{\tau}{c} \tag{8.16}$$

und schließlich nach (7.9)

$$\cos\varphi = \frac{\varepsilon}{\sqrt{1+\tau^2}}\, , \qquad \sin\varphi = \frac{-\varepsilon\tau}{\sqrt{1+\tau^2}} \;; \tag{8.17}$$

das sind die "Steuerformeln", der Zeitplan für den Steuermann. Die Steuerformeln können so verwendet werden: Zu irgendeinem Zeitpunkt beobachtet man oder gibt man sich die Steuerrichtung φ; es ist nicht erforderlich, die Position des Schiffes zu kennen. Dann hat man, um die hierdurch bestimmte Extremale zu befahren, aus (8.17) ε (das ist das Vorzeichen von $\cos\varphi$) und den Wert von τ zu bestimmen und nach der so gestellten Uhr weiter so zu steuern, daß immer (8.17) gilt. Ist $\cos\varphi = 0$, so hat man die momentane Steuerrichtung immer beizubehalten. In diesem Fall befährt man, wie wir wissen, eine Minimale, nämlich eine Parabel (8.6). Um im allgemeinen Fall zu erfahren, welche Kurve man befährt und ob sie Minimale oder Maximale ist, muß man nur zu dem gegebenen Zeitpunkt zusätzlich die Position des

Schiffes bestimmen. ε und τ kennt man schon, aus der zweiten Gleichung (8.14) folgt der Wert von c, aus der ersten der von x_1^0, und dann ist durch (8.14) die Bahn gegeben und durch (8.15) das Vorzeichen von ω, also ob sie Minimale oder Maximale ist. - Das im Parabelfall einzuschlagende Verfahren mag sich der Leser selbst überlegen.

Aber wie muß ich zu steuern anfangen, um von einem gegebenen Startpunkt 1 aus einen gegebenen Zielpunkt 2 in kürzester Zeit zu erreichen? Die Lösung dieser "Randwertaufgabe" erfordert natürlich einigen Rechenaufwand; ich werde mich deshalb mit einfachen Beispielen begnügen. Zuvor einiges zur Gestalt der Extremalen. Aus (8.14) folgt

$$\frac{dx_1}{d\tau} = c - \frac{\varepsilon\tau^2}{\sqrt{1+\tau^2}}\,, \qquad \frac{dx_2}{d\tau} = \frac{-\varepsilon\tau}{\sqrt{1+\tau^2}}\,, \tag{8.18}$$

x_2 hat - abgesehen vom Fall der Parabeln (8.6) - immer genau ein Minimum oder Maximum: für $\tau = 0$. x_1 hat im Fall der Minimalen - c und ε von gleichem Vorzeichen - zwei Extrema, die zu entgegengesetzt gleichen τ-Werten gehören; im andern Fall keins. Beschränken wir uns auf die Minimalen und unter ihnen auf die, wo $x_2(\tau)$ für $\tau = 0$ ein Maximum hat, also $c > 0$ und $\varepsilon = +1$. Da das Problem gegen die Drehung um den Ursprung um 180° invariant ist, erhält man aus diesen die anderen durch Vorzeichenumkehr. Es gilt $x_2(\tau) \to -\infty$ für $\tau \to \pm\infty$, aber $x_1(\tau) \to -\infty$ für $\tau \to +\infty$ und $x_1(\tau) \to +\infty$ für $\tau \to -\infty$. In der Nähe von $\tau = 0$ ist aber $\frac{dx_1}{d\tau} > 0$. Es folgt, daß jede Minimale einmal sich selbst überkreuzt, sodaß nur geeignete Stücke davon für Lösungen des Problems in Frage kommen.

Übrigens werden durch die Formeln (8.14) auch die Grenzkurven dargestellt, nämlich für $c = 0$. Dieser Wert kam bei der Herleitung von (8.14) nicht vor, und die Grenzkurven sind ja auch keine Extremalen. Wir wissen, daß die Grenzkurven zu $\psi = 0$ gehören und daß ψ zu ω reziprok ist, also das Reziproke von (8.15) - woraus die Behauptung folgt. An (8.18) kann man sehen, daß die Grenzkurven für $\tau = 0$ die am Ende von § 7 erwähnte Spitze haben.

Nun zur Randwertaufgabe. Als erstes muß man die Gesamtheit der Minimalen durch den Punkt 1 bestimmen. Dabei hat man zu beachten, daß sie den Punkt 1 mit lauter verschiedenen τ-Werten passieren. Man hat das vorhin schon beschriebene Verfahren auf den Punkt 1, Koordinaten x_1^1, x_2^1, mit allen in Frage kommenden φ-Werten anzuwenden. (7.15), in unserm Fall

$$\frac{dx_1}{d\tau} = x_2^1 + \cos\varphi \quad , \qquad \frac{dx_2}{d\tau} = \sin\varphi \quad ,$$

gibt den Zusammenhang zwischen Fahrtvektor und Steuerrichtung (in Abb. 2 und 3 $\overrightarrow{OP}$ und $\overrightarrow{MP}$ bzw. $\overrightarrow{OP}_1$ und $\overrightarrow{MP}_1$). Im Fall $\alpha < 0$, also $-1 < x_2^1 < 1$, hat man sämtliche φ-Werte zu nehmen, um alle Fahrtrichtungen zu bekommen. Für $\alpha > 0$, $x_2^1 < -1$ oder > 1, hat man φ auf den richtigen Winkelraum zu beschränken, damit man gerade alle Minimalen bekommt. Zu jedem dieser φ-Werte bestimmt man wie früher ε und den Zeitpunkt τ, er heiße τ^1. c und x_1^0 ergeben sich dann wieder durch die Forderung, daß die Kurve für $\tau = \tau^1$ durch den Punkt 1 geht. (8.14) für $\tau \geq \tau^1$ ist dann jeweils die gesuchte Minimale. Auch die beiden Parabeln durch 1 hat man zu bestimmen, und für die φ-Werte am Rande des im Fall $\alpha > 0$ zu nehmenden Winkelraums ($\overrightarrow{MA}$ und $\overrightarrow{MB}$ in Abb. 3) erhält man die beiden Grenzkurven durch 1.

Die zweite Aufgabe ist dann, unter den so bestimmten Extremalen eine zu finden, die durch den Punkt 2 geht. Und wenn man eine gefunden hat, ist drittens die Möglichkeit der Einbettung in ein Feld zu untersuchen. Hierzu ist die soeben konstruierte Extremalengesamtheit durch den Punkt 1 dienlich. Wenn sie die Eigenschaft hat, den Bogen von 1 nach 2 einschl. Punkt 2 einfach zu bedecken (zur Entscheidung dieser Frage dient die schon einmal erwähnte Theorie der konjugierten Punkte), dann hat dieses Feld nur noch einen Schönheitsfehler: daß es den Punkt 1 nicht im Innern enthält. Den behebt man dadurch, daß man statt der Extremalen durch den Punkt 1 diejenigen durch einen Punkt 1* konstruiert denkt, der auf der durch 1 und 2 gehenden Extremale genügend nahe <u>vor</u> 1 kommt, also für ein $\tau < \tau^1$.

Bei unserem Problem kann man zeigen, daß die Verhältnisse

extrem günstig liegen: Die Minimalen durch 1 bedecken, wenn man jede an einer geeigneten Stelle abschneidet, die ganze Ebene einfach. Man kann also jeden Punkt der Ebene durch genau eine Minimale mit 1 verbinden, und diese liefert sogar das globale Minimum. Die dem Buch von Cara entnommene Abb. 4 zeigt die Minimalen, die vom Punkt A : $(0,-\frac{3}{2})$ ausgehen. Die beiden von A ausgehenden Grenzkurven AB und AC sind dünn gezeichnet; die "rechte" von ihnen, AB, hat bei B ihre Spitze und läuft dann (gestrichelt) nach D weiter. Die von A ausgehenden Minimalen verlaufen natürlich zuerst im Winkelraum zwischen AB und AC; sie überdecken den ganzen Streifen CABD, verlassen ihn durch die gestrichelte Grenze und bedecken die ganze Ebene genau einmal, wenn man jede in dem Punkt abschneidet, wo sie den Streifen wieder erreicht.

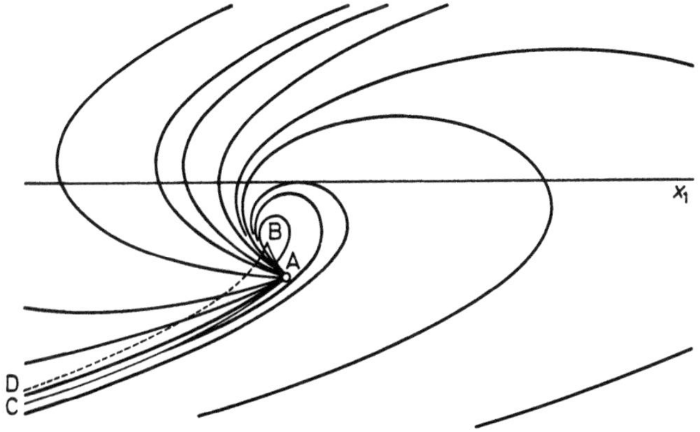

Abb. 4

Nun also noch zwei ganz einfache Beispiele. Am allereinfachsten ist der Fall, daß Start- und Zielpunkt spiegelbildlich zur x_1-Achse liegen - sagen wir: Start bei (0,-4), Ziel bei (0,4). Das tut natürlich eine der Parabeln (8.6), nämlich $x_1 = \frac{\tau^2}{2} - 8$, $x_2 = \tau$. Man hat dazu , wie wir wissen, genau nach "Norden" zu steuern, macht aber einen beträchtlichen Umweg nach Westen: $x_1(0) = -8$.

Als zweites Beispiel betrachten wir zwei Punkte der x_1-Achse, von denen 2 "östlich" von 1 liege. Um jede Numerik zu vermeiden, nehmen wir in Kauf, daß Start- und Zielpunkt "krumme"

Koordinaten bekommen. Wir richten es so ein, daß $x_2(\tau) = 0$ für $\tau = -3$ und $\tau = 3$. Dazu haben wir in (8.14) $\varepsilon = 1$ und $c = \sqrt{10}$ zu nehmen. Wählen wir noch $x_1^0 = 0$, dann können wir behaupten: Auf der Kurve

$$x_1(\tau) = \sqrt{10}\,\tau - \frac{\tau}{2}\sqrt{1+\tau^2} + \frac{1}{2}\ln(\tau + \sqrt{1+\tau^2}),$$
$$x_2(\tau) = \sqrt{10} - \sqrt{1+\tau^2}$$

kommt unser Schiff am schnellsten vom Startpunkt

$$1 : (-\frac{3}{2}\sqrt{10} + \frac{1}{2}\ln(-3 + \sqrt{10}), 0))$$

zum Zielpunkt

$$2 : (\frac{3}{2}\sqrt{10} + \frac{1}{2}\ln(3 + \sqrt{10}), 0)) .$$

Das Maximum von $x_2(\tau)$ ist $x_2(0) = \sqrt{10} - 1$. Auf der Achse ist ja die Strömung Null; man konnte schon erwarten, daß ein Umweg nach "Norden" ins Gebiet der westöstlichen Strömung vorteilhaft sein würde. Man mag sich noch überzeugen, daß $\frac{dx_1}{d\tau}$ auf dem ganzen Weg positiv ist.

LITERATUR

1. Boerner,H.: Carathéodory's Eingang zur Variationsrechnung. Jahresber. DMV 56, 31-58 (1953)

2. Carathéodory,C.: Variationsrechnung und partielle Differentialgleichungen erster Ordnung. Leipzig und Berlin 1935

3. Funk,P.: Variationsrechnung und ihre Anwendung in Physik und Technik. Grundlehren der mathematischen Wissenschaften Bd.94. Berlin-Göttingen-Heidelberg: Springer 1962

4. Klötzler,R.: Mehrdimensionale Variationsrechnung. Berlin 1969

5. Levi-Cevità,T.: Über Zermelo's Luftfahrtproblem. Z.angew. Math.u.Mech. 11, 314-322 (1931)

6. Mises v.,R.: Zum Navigationsproblem der Luftfahrt. Z.angew. Math.u.Mech. 11, 373-381 (1931)

7. Zermelo,E.: Über die Navigation in der Luft als Problem der Variationsrechnung. Jahresber. DMV 39, 44-48 kursiv (1930). (Auszug aus einem am 18.9.1929 bei der Tagung der DMV in Prag gehaltenen Vortrag.)

8. Zermelo,E.: Über das Navigationsproblem bei ruhender oder veränderlicher Windverteilung. Z.angew.Math.u.Mech. 11, 114-124 (1931)

Wegen sämtlicher einzelner Abhandlungen Cara's zur Variationsrechnung sei noch verwiesen auf:

Carathéodory,C.: Gesammelte mathematische Schriften, Band I und II, München 1954 und 1955

Geodätische Strömungen

Michael Keane

§ 1 EINLEITUNG

Wir stellen uns eine Fläche vor und einen Massenpunkt, der sich frei auf dieser Fläche bewegen darf. Es ist anschaulich klar, daß die Beschreibung einer solchen Bewegung, d.h. die Angabe der Lage und des Geschwindigkeitsvektors des Massenpunkts zu einem beliebigen Zeitpunkt durch die Anfangslage und Geschwindigkeit festgelegt wird. Die geodätische Strömung auf dieser Fläche besteht gerade aus der Gesamtheit dieser Bewegungen, für alle möglichen Lagen und Geschwindigkeiten.

Unser Ziel im Folgenden ist es, anhand einiger Beispiele das Verhalten der geodätischen Strömung zu untersuchen. Genauer werden wir in diesen Beispielen versuchen, die Fläche und die Strömung in elementare Bestandteile zu zerlegen, deren Verhalten wir genau kennen. Für allgemeine Flächen ist eine solche Beschreibung bisher unmöglich, selbst mit Hilfe der stärksten mathematischen Mittel, und am Ende werden einige ungelöste Probleme präzisiert.

Da wir vorhaben, spezifische Beispiele zu behandeln, so werden wir nicht eine detaillierte Beschreibung des allgemeinen Objekts benötigen. Jedoch ist es nützlich, skizzenhaft etwas über Flächen zu sagen. Unter einer Fläche verstehen wir eine Punktmenge in einem euklidischen Raum $\mathbb{R}^n$, die in der Nähe jedes Punktes wie ein leicht (oder gar nicht) gekrümmtes Ebenenstück aussieht. Insbesondere setzen wir voraus, daß zu jedem Punkt x der Fläche genau eine Ebene T_x existiert, die zur Fläche im Punkt x tangential ist (aber dann vielleicht etwas weiter weg von x die Fläche wieder schneiden könnte). Ein Vektor mit Fußpunkt x, der in der Tangentenebene T_x liegt, gibt eine Richtung auf der Fläche an, und wir können solche Vektoren benutzen, Geschwindigkeiten eines Massenpunktes bei x auszudrücken. Geben wir nun einen Anfangspunkt x_0 auf der Fläche und eine Anfangsgeschwindigkeit $v_0 \in T_{x_0}$ vor, so wird ein Massenpunkt, der sich zum Zeitpunkt 0 im Punkt x_0 mit Geschwindigkeit v_0 befindet, eine wohl definierte Bahn auf der Fläche beschreiben. Wir bezeichnen mit x_t bzw. v_t die Lage bzw. die Geschwindigkeit des Massenpunktes zum Zeitpunkt t, wobei $v_t \in T_{x_t}$ ist. Dabei können wir $t < 0$ erlauben, da die Vergangenheit der Bewegung durch die Vorgabe von (x_0,v_0) auch festgelegt wird. Auf diese Weise gelangen wir für jedes $t \in \mathbb{R}$ zu einer Abbildung S_t, die durch die Formel

$$S_t(x_0,v_0) = (x_t,v_t)$$

gegeben wird. Der Menge der Paare (x,v) mit $v \in T_x$ wollen wir einen Namen geben: sie heißt Phasenraum und wird im Folgenden mit Ω bezeichnet. Es ist nützlich, sich die Elemente (x,v) des Phasenraums als kleine Stacheln vorzustellen, die an der Fläche im Punkt x angeheftet sind. Die Abbildungen $S_t : \Omega \to \Omega$ besitzen die Strömungseigenschaft, d.h. für $s,t \in \mathbb{R}$ und $(x,v) \in \Omega$ gilt

$$S_{s+t}(x,v) = S_s(S_t(x,v)) \ .$$

Anstatt die Existenz dieser Abbildungen zu beweisen, wollen wir uns hier auf das physikalische Gefühl stützen und dies als selbstverständlich annehmen. Einen solchen Beweis findet man in jedem Lehrbuch der Differentialgeometrie.

Nun kann das Ziel genauer angegeben werden. Wir möchten die Menge Ω so in abgeschlossene Stücke zerlegen, daß jedes Stück erstens unter der Strömung $(S_t)_{t\in\mathbb{R}}$ invariant bleibt und zweitens nicht ein kleineres, invariantes abgeschlossenes Stück enthält. Dann möchten wir die Eigenschaften der Strömung $(S_t)_{t\in\mathbb{R}}$ auf diesen minimalen Stücken so weit wie möglich durchleuchten.

Eine Zerlegung, die allgemein gültig ist, können wir vorweg verwirklichen. Man bemerke einfach, daß ein Massenpunkt, der sich auf einer Fläche frei bewegt, seine absolute Geschwindigkeit beibehält. Wenn $||\cdot||$ die Länge eines Vektors bezeichnet, so haben wir also $||v_0|| = ||v_t||$ für jedes $t \in \mathbb{R}$. Sei Ω_ρ für gegebenes $\rho \geq 0$, die Menge aller Stachel $(x,v) \in \Omega$ mit der Eigenschaft $||v|| = \rho$. Nach der obigen Bemerkung wird Ω_ρ durch jedes S_t in sich selbst überführt, und zwar für jedes $\rho \geq 0$. Außer der Menge Ω_0, wo sich überhaupt nichts bewegt, ist die Bewegung durch $(S_t)_{t\in\mathbb{R}}$ in jeder der Mengen Ω_ρ gleich, bis auf eine Skalenänderung in t und v. Wenn wir die Natur der Bewegung in der Menge Ω_1 kennen, so kennen wir also die gesamte Bewegung auf Ω. Deshalb beschränken wir uns in den folgenden Beispielen auf die Untersuchung der Schar von Abbildungen $S_t : \Omega_1 \to \Omega_1$ $(t \in \mathbb{R})$, die geodätische Strömung genannt werden soll.

§ 2 DIE GEODÄTISCHE STRÖMUNG AUF DER KUGELOBERFLÄCHE

Unser erstes und anscheinend einfachstes Beispiel ist die geodätische Strömung auf der Kugeloberfläche S, die aus allen $x \in \mathbb{R}^3$ mit $||x|| = 1$ besteht. Es sei

$$(x_t, v_t) = S_t(x_0, v_0)$$

die Lage und Geschwindigkeit eines Massenpunktes auf S zur Zeit t, wobei (x_0, v_0) die Lage und die Geschwindigkeit zur Zeit 0 ist. Es ist klar, daß x_t den Großkreis durch den Punkt x_0 in der Richtung v_0 periodisch mit Periode $\frac{2\pi}{v_0}$ durchläuft. Wenn G die Menge der gerichteten Großkreise auf S bezeichnet, so bekommen wir eine Zerlegung von Ω_1 in disjunkte Mengen Ω_g $(g \in G)$ derart, daß gilt:

i) Jede Menge Ω_g ist invariant under der Strömung $(S_t)_{t\in\mathbb{R}}$,

ii) die Bahn $S_t(x_0, v_0)$ eines $(x,v) \in \Omega_g$ überdeckt den Großkreis g genau einmal in jedem Zeitintervall der Länge 2π,

iii) die im Großkreis g angegebene Richtung entspricht der Bewegungsrichtung unter S_t.

Durch diese Beschreibung ist unser Ziel erreicht und die geodätische Strömung auf S beschrieben.

§ 3 Die geodätische Strömung auf dem platten Torus

Unser zweites Beispiel besteht aus einem (zwei-dimensionalen) Torus (eine mathematische Bezeichnung für die Oberfläche eines auch innen geschlossenen Autoreifens oder eines Rettungsringes). Anschaulich können wir einen Torus herstellen, indem wir zuerst ein Paar gegenüberliegender Seiten eines Quadrates zusammenkleben, um einen hohlen Zylinder zu bekommen, und dann die zwei Kreise am Ende des Zylinders aneinander kleben. Die folgende mathematische Beschreibung soll diese Anschauung verwirklichen.

In der Ebene $\mathbb{R}^2$ nennen wir die Punkte x und x' äquivalent, falls es einen Punkt $a \in \mathbb{Z}^2$ (d.h. $a = (a_1, a_2)$, wo a_1 und a_2 ganze Zahlen sind) gibt mit $x + a = x'$. Der Torus T besteht dann aus allen <u>Klassen</u> von äquivalenten Punkten in $\mathbb{R}^2$. Ein Punkt von T ist also ein Punkt von $\mathbb{R}^2$ zusammen mit allen anderen äquivalenten Punkten, also ein Gitter in $\mathbb{R}^2$. In einem solchen Gitter liegt immer genau ein Punkt $x = (x_1, x_2) \in \mathbb{R}^2$ mit $0 \leq x_1 < 1$ und $0 \leq x_2 < 1$, und dies entspricht unserem Quadrat. Die Tatsache, daß die Punkte $(0, x_2)$ und $(1, x_2)$ bzw. $(x_1, 0)$ und $(x_1, 1)$ äquivalent sind, bedeutet, daß die gegenüberliegenden Seiten des Quadrats zusammengeklebt sind.

Es ist nun klar, wenn wir einen Massenpunkt in freier Bewegung auf einem Rettungsring betrachten, daß die Bahn des Punkte durch eine mehr oder weniger komplizierte Formel beschrieben wird. Leichter ist es, sich die Bahn in unserer Konstruktion von T als $\mathbb{R}^2$ modulo $\mathbb{Z}^2$ vorzustellen. In der Tat, in dieser Beschreibung liegt ein Stachel (x,v) in der Ebene $\mathbb{R}^2$ und bestimmt eindeutig eine Gerade, die die Bewegung von (x,v) offenbar wiedergibt. Es ist dieses Beispiel, der sog. platte Torus, den wir behandeln wollen[1].

Nun betrachten wir die geodätische Strömung auf T. Sei $(x_0,v_0) \in \Omega_1$ ein Stachel. Der Vektor v_0 wird durch seinen Richtungswinkel θ_0 mit einer Achse eindeutig bestimmt, da $||v_0|| = 1$. Zwei Fälle sind dabei möglich:

1.Fall:
$\tan\theta_0$ ist eine rationale Zahl, sagen wir $\tan\theta_0 = \frac{a_0}{b_0}$ mit $a_0,b_0 \in \mathbb{Z}$. Die Gerade in $\mathbb{R}^2$ durch den Punkt x_0 mit Winkel θ_0 geht dann auch durch den Punkt $x_0 + (b_0,a_0)$, der mit x_0 auf T identifiziert ist. Also gibt es einen ersten Zeitpunkt t_0 mit

$$S_{t_0}(x_0,v_0) = (x_0,v_0) ,$$

und jeder Zwischenpunkt $S_t(x_0,v_0)$, $0 < t < t_0$, wird genau einmal in diesem Zeitraum besucht. Die Bahnen verhalten sich hier also im Prinzip genau so wie im Fall der Kugeloberfläche. Es ist nich schwer zu sehen, daß $t_0 = \sqrt{a_0^2+b_0^2}$ gilt, falls a_0 und b_0 nur ± 1 als gemeinsame ganze Teiler besitzen.

2.Fall:
$\tan\theta_0$ ist irrational, sagen wir $\tan\theta_0 = \frac{\alpha}{\beta}$ mit $\alpha^2 + \beta^2 = 1$ ($\alpha = \sin\theta_0$, $\beta = \cos\theta_0$). Dann gilt für $S_t(x_0,v_0) = (x_t,v_t)$ die Formel

$$x_t = x_0 + t \cdot (\beta,\alpha) .$$

In diesem Fall sind die Punkte x_t alle voneinander verschieden, denn eine Äquivalenz zwischen x_s und x_t für $s \neq t$ würde auf einen rationalen Ausdruck für $\frac{\alpha}{\beta}$ führen. Aber es gilt noch viel mehr: die Menge der Punkte x_t, $t \in \mathbb{R}$, liegt dicht in T. Um dies einzusehen, stellen wir uns eine Gerade mit

---

1 Diese Fläche T kann in $\mathbb{R}^4$ platt realisiert werden, und zwar mit der Einbettung

$$(x_1,x_2) \to (\sin 2\pi x_1, \cos 2\pi x_1, \sin 2\pi x_s, \cos 2\pi x_2).$$

Wie man leicht nachrechnet, liegt das Bild dieser Abbildung in einer Ebene in $\mathbb{R}^4$.

der Richtung θ_0 in $\mathbb{R}^2$ vor. Die horizontalen und vertikalen Linien, die durch die Punkte von $\mathbb{Z}^2$ gehen, schneiden diese Gerade in abzählbar viele Stücke auf, die wir in äquivalente Stücke im Quadrat $0 \leq x_1 < 1$, $0 \leq x_2 < 1$ überführen. Da diese alle verschieden sind, muß es Stücke geben, die beliebig nahe beieinander liegen. Nehmen wir zwei Stücke her, die einen kleinen Abstand haben und berechnen wir die Zeitpunkte t_1 und t_2 der Anfangspunkte dieser Stücke in der ursprünglichen Geraden, so sieht man ein, daß die Stücke, die bei den Zeitpunkten t_1, $t_1+(t_2-t_1)$, $t_1+2(t_2-t_1)$, usw. anfangen, nebeneinander im Quadrat mit dem gleichen kleinen Abstand liegen. Also liegt unsere Menge $\{x_t\}_{t\in\mathbb{R}}$ dicht in T.

So gelangen wir zu einer Zerlegung von Ω_1 in Mengen $\Omega_{\tan\theta}$, die abgeschlossen und unter den Abbildungen S_t, $t \in \mathbb{R}$, invariant sind. Ist $\tan\theta$ irrational, so können wir $\Omega_{\tan\theta}$ nicht weiter zerlegen.[2] Ist $\tan\theta$ rational, so zerfällt $\Omega_{\tan\theta}$ weiter in einzelne geschlossene Bahnen wie im ersten Beispiel.

§ 4 Die geodätische Strömung auf einer hyperbolischen Fläche

Für dieses Beispiel setzen wir voraus, daß dem Leser der Umgang mit komplexen Zahlen $z = x+iy$ und 2×2-Matrizen geläufig ist. Es sei H die obere Halbebene, die wir als die Menge aller z mit $y > 0$ auffassen. Wir schneiden den Streifen von der Breite 1 zwischen den Geraden $x = \frac{1}{2}$ und $x = -\frac{1}{2}$, nach oben unbegrenzt und nach unten durch den Kreis $|z|^2 = x^2 + y^2 = 1$ begrenzt, aus H heraus, und dann kleben wir die Seiten $x = \frac{1}{2}$ und $x = -\frac{1}{2}$ bzw. $\{|z|^2 = 1, x > 0\}$ und $\{|z|^2 = 1, x < 0\}$ zusammen.

Der durch diesen Klebevorgang entstandene, am unteren Ende

---

[2] Wenn wir die Maßtheorie heranziehen, die die Größe sehr vieler Untermengen von $\Omega_{\tan\theta}$ zu messen erlaubt, so können wir mit Hilfe des Gleichverteilungssatzes (siehe z.B. JACOBS [1]) sogar zeigen, daß eine meßbare invariante Untermenge von $\Omega_{\tan\theta}$ entweder Maß 0 oder volles Maß besitzt.

zerquetschte Zylinder bildet eine Fläche F, die Gegenstand unserer Untersuchung sein wird. Wie im vorigen Beispiel werden wir die genaue Beschreibung der Fläche und der Strömung so einrichten, daß die Massenpunktbewegung einen einfachen Ausdruck bekommt.

Zunächst definieren wir eine große Anzahl von Bewegungen auf H und untersuchen ihre Eigenschaften. Diese Bewegungen entsprechen im Fall des platten Torus allen Bewegungen von $\mathbb{R}^2$, die durch das Zusammensetzen einer Drehung und einer Verschiebung in $\mathbb{R}^2$ entstehen können, also starre Bewegungen von $\mathbb{R}^2$. Es sei G die Menge aller 2×2-Matrizen

$$A = \begin{bmatrix} a & b \\ c & d \end{bmatrix}$$

mit $a,b,c,d \in \mathbb{R}$ und $ad - bc = +1$. Unter der Matrizenmultiplikation ist G eine <u>Gruppe</u>, d.h.

i) das Produkt von Elementen von G gehört wieder zu G (da $\det(A) = ad - bc$ und $\det(AB) = \det(A) \cdot \det(B)$),

ii) für die Matrix

$$I = \begin{bmatrix} 1 & 0 \\ 0 & 1 \end{bmatrix}$$

gilt $AI = IA = A$, und

iii) für die Matrix

$$A^{-1} = \begin{bmatrix} d & -b \\ -c & a \end{bmatrix}$$

gilt $AA^{-1} = A^{-1}A = I$.

Jede Matrix $A \in G$ erzeugt eine Bewegung von H in der folgenden Weise

$$z \to A(z) = \frac{az + b}{cz + d} \quad .$$

Es ist leicht zu sehen, daß das Bild $A(z)$ des Punktes $z \in H$

unter der Abbildung A wieder zu H gehört[3]:

$$\frac{az+b}{cz+d} = \frac{az+b}{cz+d}\,, \qquad \frac{c\bar{z}+d}{c\bar{z}+d} = \frac{ac|z|^2 + bd + adz + bc\bar{z}}{|cz+d|^2}$$

und der Koeffizient von i in diesem Ausdruck ist

$$\frac{(ad-bc)\cdot y}{|cz+d|^2} = \frac{y}{|cz+d|^2} > 0\,,$$

falls $z = x+iy$ mit $y > 0$.

Ist nun $A' \in G$ mit

$$A' = \begin{bmatrix} a' & b' \\ c' & d' \end{bmatrix}$$

so sind die Bewegungen A und A' mit dem Matrizenprodukt verträglich, d.h. es gilt $A'A(z) = A'(A(z))$ für alle $z \in H$. Dazu muß nachgerechnet werden, daß

$$A'A(z) = \frac{a'\left(\frac{az+b}{cz+d}\right) + b'}{c'\left(\frac{az+b}{cz+d}\right) + d'}$$

gilt. Dies sei dem Leser überlassen. Hieraus folgt, daß die Bewegung A mit der Bewegung A^{-1} rückgängig gemacht werden kann, denn

$$A^{-1}A(z) = I(z) = \frac{1\cdot z+0}{0\cdot z+1} = z\,.$$

Insbesondere sind alle Abbildungen A eineindeutig und auf.

Zwei Eigenschaften der Bewegungen von G werden für uns im Folgenden wichtig sein. Es sei A eine Bewegung von G. Dann gilt:

i) A führt Kreisstücke (in H) in Kreistücke über, wobei

---

[3] Es bezeichne $\bar{z} = x-iy$ die komplex Konjugierte von z, $|z|^2 = z\cdot\bar{z}$, und $\operatorname{Arg} z = \theta$, wenn $z = |z|\cdot\rho^{i\theta}$ ist.

wir gerade Strecken auch als (ausgeartete) Kreisstücke auffassen, und

ii) A ist winkeltreu.

Um i) einzusehen, ersetzt man z durch $A^{-1}w$ in der allgemeinen Gleichung

$$\alpha|z|^2 + \beta z + \overline{\beta z} + \gamma = 0 , \qquad \alpha,\gamma \in \mathbb{R},\ \beta \in \mathbb{C}$$

eines Kreises in $\mathbb{C}$. Es ist dann leicht zu bestätigen, daß die dadurch entstehende Gleichung in w die gleiche Form besitzt. Für den Beweis von ii), sei zuerst ein Kreisstück (oder allgemeiner ein Kurvenstück) vom Punkt z aus gegeben, das im Punkt z einen Winkel θ mit der vertikalen Richtung (nach oben) hat. Das Kreisstück (Kurvenstück) wird durch die Abbildung A in ein Kreisstück (Kurvenstück) vom Punkt A(z) aus überführt, das im Punkt A(z) einen Winkel θ' mit der vertikalen Richtung hat. Die Berechnung von θ' ist leicht: Man leitet die Abbildung im Punkt z ab, und bekommt

$$\frac{dA(z)}{dz} = \frac{(cz + d)a - (az + b)c}{(cz + d)^2} = \frac{1}{(cz + d)^2} .$$

Dann ist

$$\theta' = \theta + \operatorname{Arg}(cz + d)^{-2} ,$$

d.h. anschaulich wird das Kurvenstück mit einem Faktor $\left|\frac{1}{(cz + d)^2}\right|$ gestreckt und um den Winkel $\operatorname{Arg}\left(\frac{1}{(cz + d)^2}\right)$ gedreht. Diese Drehung ist nun vom Anfangswinkel θ völlig unabhängig. Deshalb ist es klar, daß zwei Kurven, die sich im Punkt z treffen, sich nach der Abbildung A im Punkt A(z) und im <u>gleichen Winkel</u> wie im Punkt z treffen, denn die Kurvenstücke werden nur um einen festen Winkel gedreht.

Aus i) und ii) ziehen wir nun eine einfache Folgerung. Die Bewegungen von G führen die reelle Achse $\{z = x+iy \mid y = 0\}$ in sich über. Es gehen dann Halbkreise oder Halbgeraden in H, die auf der reellen Achse senkrecht stehen, wieder in solche Halbkreise oder -geraden über, da die Bewegungen von

von G winkeltreu sind[4]. Solche Halbkreise oder -geraden nennen wir hyperbolische Geraden, oder kurz h-Geraden. Die Rechtfertigung dieses Namens soll uns hier nicht beschäftigen. Es sei nur erwähnt, daß alle Axiome der üblichen Geometrie mit Ausnahme des Parallelaxioms, gelten, falls wir in den Aussagen der Axiome das Wort "Gerade" durch das Wort "h-Gerade" ersetzen. Es handelt sich also um ein Modell für die nicht-euklidische Geometrie, das von dem französischen Mathematiker Poincaré stammt und Poincarésche Halbebene genannt wird. Der Leser wird in den Büchern [5], [6] eine ausführliche Darstellung finden, kann aber selber ohne jede Mühe z.B. feststellen, daß durch zwei verschiedene Punkte von H genau eine h-Gerade geht, daß zwei h-Geraden einander in höchstens einem Punkt schneiden, oder daß zu einer gegebenen h-Geraden und einem gegebenen Punkt außerhalb der h-Geraden, unendlich viele h-Geraden durch den Punkt gehen, ohne die gegebene h-Gerade zu treffen.

Wir sind nun imstande, die genaue Beschreibung der Fläche F zu geben, und zwar mit fast der gleichen Methode wie im Beispiel III. Es sei Γ die Menge aller Matrizen

$A = \begin{bmatrix} a & b \\ c & d \end{bmatrix} \in G$ mit $a,b,c,d, \in \mathbb{Z}$. Offenbar ist Γ auch eine Gruppe, d.h. i), ii) und iii) oben gelten, wenn man Γ an der Stelle von G einsetzt. Wir nennen zwei Punkte z und z' von H äquivalent, falls es ein $A \in \Gamma$ gibt mit $A(z) = z'$. (Dann gilt auch $A^{-1} \in \Gamma$ und $A^{-1}(z') = z$). Die Behauptung ist, daß die oben anschaulich beschriebene Fläche durch die Klassen von äquivalenten Punkten bzgl. Γ gegeben ist. Dazu müssen wir zeigen, daß im Streifen $-\frac{1}{2} < x < \frac{1}{2}$, $|z| > 1$ lauter inäquivalente Punkte liegen, wobei die Seiten dieses Streifens durch Äquivalenzen zusammengeklebt werden, und daß jede

---

[4] Hier wird der aufmerksame Leser sehen, daß wir gemogelt haben, denn es kann einen Punkt z auf der reellen Achse geben geben, für den $A(z) = \infty$ ist, nämlich $z = \frac{d}{c}$. Man rechnet dann aber leicht aus, daß die Bilder von Kreisen senkrecht im Punkt $\frac{d}{c}$ auch h-Geraden sind, und zwar h-Geraden von der Art $x = $ konst.

Äquivalenzklasse einen Punkt enthält, der in diesem Streifen oder auf dem Rand des Streifens liegt. Es sei also $z = x+iy$ mit $|x| \leq \frac{1}{2}$ und $x^2 + y^2 = |z|^2 \geq 1$.

Ist $A = \begin{bmatrix} a & b \\ c & d \end{bmatrix} \in \Gamma$, so ist

$$A(z) = \frac{az + b}{cz + d} = \frac{(ax + b)(cx + d) + acy^2}{(cx + d)^2 + (cy)^2}$$

$$+ i \frac{y}{(cx + d)^2 + (cy)^2}$$

und da $y \geq \sqrt{\frac{1}{4}} = \frac{\sqrt{3}}{2}$ gilt, is im Falle $|c| \geq 2$

$$\frac{y}{(cx + d)^2 + (cy)^2} \leq \frac{1}{c^2 y} \leq \frac{\sqrt{3}}{6} < \frac{\sqrt{3}}{2} .$$

Deshalb liegt für $|c| \geq 2$ $A(z)$ außerhalb des Streifens. Ist $c = 0$, so folgt wegen $ad - bc = 1$

$$A = \begin{bmatrix} \pm 1 & b \\ 0 & \pm 1 \end{bmatrix}$$

und daher

$$A(z) = z \pm b .$$

Also ist $A(z)$ entweder gleich z (für $A = \pm I$) oder außerhalb $\{|x| < \frac{1}{2}\}$. Im Fall $b = \pm 1$ hat man die Abbildungen, die die Seiten $x = \frac{1}{2}$ und $x = -\frac{1}{2}$ aneinanderkleben. Ist schließlich $c = \pm 1$, so ist

$$A(z) = \frac{az + b}{\pm z + d} = \pm a + \frac{-1}{z \pm d} .$$

Dann ist $|z \pm d| > 1$, außer wenn $d = \pm 1$ und $z = \mp \frac{1}{2} + \frac{\sqrt{3}}{2} i$, oder wenn $d = 0$ und $|z| = 1$. Ist $|z \pm d| > 1$, so ist $|\frac{-1}{z \pm d}| < 1$ und $A(z)$ liegt außerhalb des Streifens.
Ist $d = 0$ und $|z| = 1$, so ist für $a \neq 0$ $A(z)$ außerhalb der Fläche, und für $a = 0$ und $|z| = 1$ folgt

$$A(z) = \begin{bmatrix} 0 & -1 \\ 1 & 0 \end{bmatrix} (z) = -\frac{1}{z} = -x + iy .$$

Dies ist die Abbildung, die die Kreisstücke $\{|z| = 1, \frac{1}{2} \le x < 0\}$ und $\{|z| = 1, 0 < x \le \frac{1}{2}\}$ identifiziert. Für d = 1, $z = \mp \frac{1}{2} + \frac{\sqrt{3}}{2} i$ und a = 0 oder ±1 bekommt man $A(z) = \pm\frac{1}{2} + \frac{\sqrt{3}}{2} i$ oder $A(z) = z$, und für $|a| \ge 2$ liegt A(z) außerhalb des Streifens.

Es bleibt nur zu zeigen, daß jeder Punkt von H mit einer Abbildung von Γ in den Streifen $\{|x| \le \frac{1}{2}, |z| \ge 1\}$ gebracht werden kann. Ist z ∈ H, so kann man zunächst z mit einer Abbildung $z \to z + t$ von Γ in den Bereich bringen. Ist dann $|z + t| < 1$, so wende man die Abbildung $z \to -\frac{1}{z}$ von Γ an. Durch Wiederholung dieses Vorganges ist es nicht schwer zu sehen, daß man schließlich bei einem Punkt des Streifens landet. Damit ist unsere Beschreibung der Fläche F gerechtfertigt.

Nun überlegen wir uns, wie die geodätische Strömung auf F aussehen sollte. Am einfachsten wäre es, wenn wir wie im Fall des platten Torus die Strömung auf der ganzen Fläche H (die hier $\mathbb{R}^2$ entspricht) definieren, und dann die definierte Äquivalenz gebrauchen, eine Strömung auf F zu beschreiben. Wenn wir dies so einrichten wollen, ist es aber notwendig, daß Strömungslinien (d.h. Bahnen der Strömung) unter den Abbildungen von Γ wieder in Strömungslinien übergehen. Wir haben aber gesehen, daß h-Geraden sogar unter allen Bewegungen von G in h-Geraden übergehen, und weiterhin ist es klar, daß zu gegebenem Punkt aus H und gegebener Richtung genau eine h-Gerade existiert, die in der angegebenen Richtung durch diesen Punkt läuft. Wir werden also verlangen, daß die h-Geraden als Bahnen der Strömung auftreten[5]. Um

---

[5] Diese Überlegung sieht künstlich aus, als ob wir einfach die Wirklichkeit zu unserem Zweck verdrehen würden (was schon öfters bei den Mathematikern vorgekommen ist). Dem ist hier nicht so. Im Gegenteil, wenn wir die hyperbolische Länge einer Kurve C in H durch

$$l_h(C) = \int_C \frac{\sqrt{\dot{x}^2+\dot{y}^2}}{y}\, dt$$

die analytische Beschreibung der Strömung zu vereinfachen, führen wir eine besonders bequeme Schreibweise für Stacheln auf H (d.h. Elemente von Ω_1, die wir uns als kleine gerichtete Stücke von h-Geraden vorstellen können) ein. Wir bezeichnen mit $\uparrow$ den Stachel im Punkt $i \in H$, der nach oben weist. Er bestimmt die h-Gerade $\{x = 0\}$. Durch die Bewegung $A \in G$ geht der Stachel $\uparrow$ in einen Stachel $A(\uparrow)$ mit Fußpunkt

$$\frac{ai + b}{ci + d}$$

und Richtungswinkel

$$\arg \frac{1}{(ci + d)^2}$$

über. Ist nun $A' \in G$ mit $A'(\uparrow) = A(\uparrow)$, so gilt $A^{-1}A'(\uparrow) = \uparrow$, und dies impliziert $A^{-1}A' = \pm I$ und $A' = \pm A$ da aus

$$\frac{ai + b}{ci + d} = i\ , \qquad ad - bc = 1$$

und

$$\arg \frac{1}{(ci + d)^2} = 0$$

folgt $a = d = \pm 1$ und $b = c = 0$. Also kann $A(\uparrow) = A'(\uparrow)$ nur gelten, wenn $A' = \pm A$. Zu jedem Stachel auf H gibt es aber mindestens ein A, das $\uparrow$ in den vorgegebenen Stachel transformiert: Sind $z = x + iy \in H$ und $0 \leq \theta < 2\pi$ beliebig gewählt, so gilt für die Matrizen

$$B = \begin{bmatrix} \cos \frac{\theta}{2} & \sin \frac{\theta}{2} \\ -\sin \frac{\theta}{2} & \cos \frac{\theta}{2} \end{bmatrix}$$

---

definieren, so gilt erstens, daß dies die einzige Längendefinition ist, die bei den Bewegungen von G invariant bleibt, und zweitens, daß die kürzeste Kurve zwischen zwei Punkten im Sinne der Länge l_h gerade das eindeutig bestimmte hyperbolische Geradenstück zwischen diesen Punkten ist (siehe dazu [6]).

und

$$C = \begin{bmatrix} y & x\cdot\sqrt{y} \\ 0 & \frac{1}{\sqrt{y}} \end{bmatrix}$$

die folgenden Formeln:

$$B(i) = i\ , \qquad \frac{dB}{dz}(i) = e^{i\theta}\ ,$$
$$C(i) = z\ , \qquad \frac{dC}{dz}(i) = y\ .$$

Es folgt, daß die Bewegung $A = CB$ den Stachel $\uparrow$ in den Stachel durch z in der Richtung θ transformiert. Wir fassen zusammen:

Es gibt eine eineindeutige Zuordnung zwischen Stacheln auf H und Paaren $\pm A$ von Matrizen von G. Der zu $A \in G$ gehörige Stachel ist durch $A(\uparrow)$ gegeben.

Da die Matrix $-I$ zu Γ gehört, folgt sofort aus den obigen Überlegungen auch:

Es gibt eine eineindeutige Zuordnung zwischen Stacheln auf der Fläche F und Äquivalenzklassen von Matrizen von G modulo Γ, wobei A und A' aus G äquivalent sind, wenn ein $C \in \Gamma$ mit $A' = C\cdot A$ existiert.

Die Menge dieser Äquivalenzklassen bezeichnen wir mit $\Omega_1 = \Gamma\backslash G$. Ist $A \in G$, so wird die Äquivalenzklasse, die A enthält, mit ΓA bezeichnet. Es ist also $\Gamma A = \{BA \mid B \in \Gamma\}$. Man beachte, daß die Gruppe G nicht kommutativ ist. Deshalb kommt es in diesen und in den folgenden Definitionen wesentlich auf die Reihenfolge der Multiplikation an. Zum Beispiel ist für festes B die Abbildung, die $\Gamma A \in \Omega_1$ in $\Gamma(AB) \in \Omega_1$ überführt, wohl definiert, während eine Festsetzung $\Gamma A \to \Gamma BA$ unmöglich ist, da aus $\Gamma A = \Gamma A'$ nicht im allgemeinen $\Gamma(BA) = \Gamma(BA')$ folgt.

Um die Strömung zu definieren, führen wir für jedes $t \in \mathbb{R}$ die Matrix

$$S_t = \begin{bmatrix} e^t & 0 \\ 0 & e^{-t} \end{bmatrix}$$

ein. Zunächst gilt für $s,t \in \mathbb{R}$ die Gleichung $S_s S_t = S_{s+t}$, und außerdem ist

$$S_t(i) = e^{2t} i$$

und

$$\frac{dS_t}{dz}(i) = e^{2t}, \qquad \arg(e^{zt}) = 0 .$$

Also ist $S_t(\uparrow)$ der Stachel im Punkt $e^{2t}i$ in der Richtung nach oben, d.h. $\{S_t(\uparrow)\}_{t\in\mathbb{R}}$ sind die Stacheln auf der hyperbolischen Geraden $\{x = 0\}$. Weil $A \in G$ hyperbolische Geraden in hyperbolische Geraden überführt, haben wir, daß $\{AS_t(\uparrow)\}_{t\in\mathbb{R}}$ die Menge der Stacheln auf der durch $A(\uparrow) = AS_0(\uparrow)$ bestimmten hyperbolischen Geraden dargestellt. Deshalb ist unsere Strömung auf den Stacheln G von H durch die Abbildungen

$$A \to AS_t$$

von G nach G gegeben, und auf den Stacheln $\Omega_1 = \Gamma G$ von F durch die Abbildungen

$$\Gamma A \to \Gamma(AS_t)$$

wobei t die reellen Zahlen durchläuft. Die Abbildungsschar $(S_t)_{t\geq 0}: \Gamma\backslash G \to \Gamma\backslash G$ heißt dann <u>geodätische Strömung auf F.</u> Bisher ist bei der Darstellung der geodätischen Strömung auf F alles fast genauso gelaufen wie bei dem platten Torus, und man könnte erwarten, daß diese beiden Strömungen die selbe Natur besitzen. Daß dies nicht der Fall ist, wird sich nun herausstellen, denn wir werden beweisen, daß die geodätische Strömung auf F <u>im wesentlichen unzerlegbar</u> ist. Dabei müssen wir noch sagen, was wir unter "im wesentlichen unzerlegbar" verstehen. Im Fall des platten Torus war es so, daß die Bahnen von Punkten (x,θ) und (x',θ') von Ω_1 mit $\theta \neq \theta'$ verschieden waren. Wenn wir in diesem Fall die Funktion f: $\Omega_1 \to [0,2\pi)$ betrachten, die durch

$$f(x,\theta) = \theta$$

definiert wird, so stellen wir fest, daß für alle $(x,\theta) \in \Omega_1$ die Gleichung $f(S_t(x,\theta)) = f(x,\theta)$ gilt. Diese Funktion bewirkt also eine Zerlegung der Strömung in die Konstanzmengen der Funktion, denn für gegebenes $\theta \in [0,2\pi)$ ist die Menge $\{\omega \in \Omega_1 | f(\omega) = \theta\}$ unter der Strömung invariant. Wir nennen eine Funktion $f': \Omega_1 \to \mathbb{R}$, die also auf Stacheln unserer Fläche F definiert ist, <u>eine Zerlegungsfunktion</u>, falls die Funktionen $S_t f'$, die durch die Formel

$$S_t f'(\Gamma A) = f'(\Gamma(AS_t))$$

für $\Gamma A \in \Gamma\backslash G$ definiert sind, für alle $t \in \mathbb{R}$ mit der Funktion f' übereinstimmen. Dann ist für jedes $\theta \in \mathbb{R}$ die Menge $\{\Gamma A \in \Gamma\backslash G | f'(\Gamma A) = \theta\}$ unter der Strömung $(S_t)_{t\in\mathbb{R}}$ invariant. Die Strömung ist dann <u>unzerlegbar</u>, wenn jede Zerlegungsfunktion konstant ist. Nun ist dieser Begriff der Unzerlegbarkeit im allgemeinen viel zu stark, denn wenn wir irgendeinen Stachel ΓA auswählen und f' durch

$$f'(\ B) = \begin{cases} 1 & \text{für} \quad \Gamma B \in \{\Gamma AS_t | \ t \in \mathbb{R}\} \\ 0 & \text{sonst} \end{cases}$$

definieren, so ist f' eine Zerlegungsfunktion und nur dann konstant, wenn die Bahn von ΓA die ganze Menge $\Gamma\backslash G$ überdeckt. Dies liegt aber in unserem Fall nie vor, wie man leicht einsieht. Deshalb muß die Klasse der Funktionen, die wir betrachten, eingeschränkt werden. Im Beispiel des platten Torus jedenfalls, wenn wir 0 mit 2π identifizieren, oder besser θ durch $\cos\theta$ ersetzen (um bei den reellen Funktionen zu bleiben), liegt eine <u>beschränkte stetige</u> Zerlegungsfunktion vor. Wir sagen also, daß die Strömung

<u>im wesentlichen unzerlegbar</u> ist, falls jede beschränkte stetige[6] Zerlegungsfunktion konstant ist.

Um zu zeigen, daß die geodätische Strömung auf F im wesentlichen unzerlegbar ist, führen wir einen Mittelwert für beschränkte stetige Funktionen auf F ein. Es sei $f = f(z,\theta)$ eine solche Funktion, wobei $z = x + iy$ zum Streifen gehört und θ die Richtung des Stachels im Punkt angibt. Wir setzen dann

$$M(f) = \int f(z,\theta) \frac{dxdyd\theta}{y^2}$$

wobei das Integral über den Streifen $-\frac{1}{2} \leq x < \frac{1}{2}$, $|z| \geq 1$ und $\theta \leq \theta < 2\pi$ berechnet wird. Wegen des Faktors $\frac{1}{y^2}$ existiert dieses Integral für jede stetige beschränkte Funktion auf F. Wir behaupten auch, daß für beliebiges $t \in \mathbb{R}$

$$M(S_t f) = M(f)$$

gilt. Dazu sei $A \in G$ die zum Stachel (z,θ) gehörige Matrix. Wegen $A(i) = z$ gilt dann $y = \frac{1}{c^2 + d^2}$. Es ist $AS_t = AS_tA^{-1} \cdot A$, und die Ableitung der Abbildung AS_tA^{-1} von H nach H erweist sich nach einiger Rechnung als

$$\frac{d(AS_tA^{-1})}{dz}(z) = (c \cdot e^{2t}i + d)^{-2} \cdot e^{2t} \cdot (ci + d)^2 .$$

Deshalb geht eine kleine Kugel um z, mit Volumen $y^2 \cdot \varepsilon = (c^2 + d^2)^{-2} \cdot \varepsilon$, nach Anwendung von S_t rechts in eine kleine Kugel um $AS_t(i) = AS_tA^{-1} \cdot (z)$ mit Volumen

---

[6] Es sollte anschaulich klar sein, was eine stetige Funktion auf dem Stachelraum Ω_1 ist. Beschränkt man sich hier auf gleichmäßige stetige Funktionen auf $\Gamma \setminus G$, so erübrigt sich der Mittelwert und kann durch $M(|f|) = \sup_{A \in G} |f(\Gamma A)|$ ersetzt werden. Dies liefert dann ein schwächeres Ergebnis.

$$|(ce^{2t}i + d)^{-2} \cdot e^{2t} \cdot (ci + d)^2|^2 \cdot (c^2 + d^2)^{-2} \cdot \varepsilon$$

$$= \frac{1}{(c^2e^{2t} + d^2e^{-2t})^2} \cdot \varepsilon = y'^2 \cdot \varepsilon \quad ,$$

wobei $z' = x' + iy' = AS_tA^{-1}(z)$. Erinnert man sich an die Tatsache, daß die Abbildungen winkeltreu sind, so folgt $M(S_tf) = M(f)$.

Es seien für $s \in \mathbb{R}$

$$H_s = \begin{bmatrix} 1 & s \\ 0 & 1 \end{bmatrix}$$

$$\tilde{H}_s = \begin{bmatrix} 1 & 0 \\ s & 1 \end{bmatrix}$$

Dann sind H_s und $\tilde{H}_s$ aus G und es gilt

$$S_tH_s = H_{e^{2t}s}S_t$$

$$S_t\tilde{H}_s = \tilde{H}_{e^{-2t}s}S_t$$

für $s,t \in \mathbb{R}$. Ist f nun eine Zerlegungsfunktion, d.h. ist $S_tf = f$ für alle $t \in \mathbb{R}$, so gilt also (es bezeichne Bf die durch $Bf(\Gamma A) = f(\Gamma AB)$ definierte Funktion)

$$(S_tH_s) \cdot f = H_s(S_tf) = H_sf = (H_{e^{2t}s}S_t) \cdot f$$

$$= S_t(H_{e^{2t}s}f) \ .$$

Deshalb ist auch

$$H_sf - f = S_t(H_{e^{2t}s}f - f) \ ,$$

und wir bekommen

$$M(|H_s f - f|) = M(|S_t(H_{e^{2t}s} f - f)|) = M(|H_{e^{2t}s} f - f|)$$

mit

$$\lim_{t\to-\infty} M(|H_{e^{2t}s} f - f|) = 0$$

da die Matrix $H_{e^{2t}s}$ gegen I strebt.

Aus $M(|H_s f - f|) = 0$ folgt aber, daß $H_s f = f$ gilt, denn f ist eine stetige Funktion auf $\Gamma\diagdown G$. Ersetzt man H_s durch $\tilde{H}_s$ und strebt t gegen ∞, so bekommt man genau so $\tilde{H}_s f = f$. Ist aber $A = \begin{bmatrix} a & b \\ c & d \end{bmatrix}$ G mit $a > 0$, so gilt

$$A = \tilde{H}_s S_t H_s \quad ,$$

mit $e^t = a$, $s = \frac{c}{a}$, $s' = \frac{b}{a}$. Also ist

$$f(\Gamma A) = f(\Gamma I \cdot \tilde{H}_s S_t H_s) = f(\Gamma I) \quad ,$$

falls $a \neq 0$ (da $f(\Gamma A) = f(\Gamma \cdot (-A))$ gilt). Ist $a = 0$, so ist $b = c = \pm 1$ und $A(\uparrow)$ ist ein Stachel mit Fußpunkt $\frac{1}{z \pm d}$ und Winkel arctan $\frac{\pm 1}{d}$, und es ist klar, daß ein solcher Stachel von Stacheln mit $a \pm 0$ angenähert werden kann. Da f stetig ist, ist also f konstant, und unsere Behauptung ist bewiesen.

Wir schließen diesen Abschnitt mit einigen Bemerkungen. Setzt man im obigen Beweis nur voraus, daß die Funktion f beschränkt und meßbar (siehe z.B. [2], Satz 4.2.2, S.76) ist, so ergibt sich genauso, daß f M-fastüberall (d.h. bzgl. des Maßes $\frac{1}{y^2}\,dxdyd\theta$, daß das Haar Maß auf der Gruppe G darstellt) konstant ist. Dies ist eine äquivalente Formulierung der <u>Ergodizität</u> der Strömung. Andererseits ist unsere Überlegung unempfindlich gegenüber einer Änderung der Gruppe Γ. Es gibt viele verschiedene Untergruppen von G, auf die das gleiche Verfahren angewendet werden kann. Dabei wird der Klebevorgang und die Form der Fläche geändert, aber das Resultat bleibt erhalten. Schließlich ist man heute imstande, die genaue Natur dieser ergodischen Strömung zu beschreiben; sie besitzt viele interessante Mischungseigenschaften, worauf wir hier nicht weiter eingehen wollen.

§ 5 DAS BILLIARDSPIEL IM DREIECK

Wir betrachten in einem vorgegebenen Dreieck einen Massenpunkt, den wir als Billardkugel auffassen. Er soll sich frei bewegen und vom Rand nach dem üblichen Spiegelungsgesetz reflektiert werden. Dieses Beispiel paßt nicht genau in unser vorgenommenes Programm, und zwar aus zwei verschiedenen Gründen. Erstens gibt es bei den Ecken des Dreiecks eine Schwierigkeit, die oben anschaulich beschriebene Strömung vernünftig zu definieren. Dies ist ein technisches Problem, und wir umgehen es hier, indem wir das Billardspiel sozusagen amerikanisieren und Löcher an den Ecken anbringen. Wenn der Massenpunkt also genau in eine Ecke trifft, soll er dort dann ewig bleiben. Zweitens ist eine Beschreibung der Strömung, außer im Fall eines gleichseitigen Dreiecks oder eines Dreiecks mit Winkeln von 30°, 45°, 60° oder 90° , bis heute unbekannt. Für die genannten Spezialfälle ist die Beschreibung einfach, wenn man die Bahnen der Strömung als Geraden auffaßt, und das Dreieck durch Umklappen identifiziert Wir fordern den Leser auf, eine solche Beschreibung, die viel Ähnlichkeit mit der Behandlung des platten Torus aufweist, selbst zu überlegen.

Wir kehren nun zum Fall eines beliebigen Dreiecks zurück. Man überlegt sich leicht, daß es geschlossene Pfade minimaler Länge gibt, die die drei Seiten des Dreiecks berühren, und daß diese Pfade dann abgeschlossene periodische Bahnen der geodätischen Strömung sind. Sind alle Winkel des Dreiecks spitz, so berührt ein solcher Pfad die Ecken des Dreiecks nicht. Also können wir nicht erwarten, daß alle Bahnen der Strömung dicht liegen. Es sei ein Punkt aus dem Innern des Dreiecks fest gegeben, und wir betrachten alle Stacheln mit diesem Fußpunkt, die mit Winkeln aus $[0,2\pi)$ parametrisiert werden. Es sei $\theta_0 \in [0,2\pi)$ fest. Für beliebiges $\varepsilon > 0$

betrachten wir die Bahnen der Stacheln, die zu den Winkeln $[\theta_0,\theta_0+\varepsilon)$ gehören. Diese Bahnen spreizen sich mit fortschreitender Zeit auf, bis irgendwann erstmals eine Ecke des Dreiecks von einer der Bahnen getroffen wird. Es gilt also folgendes: Ist $a > 0$ eine vorgegebene reelle Zahl, so ist die Menge der $\theta \in [0,2\pi)$, deren Bahnen einmal im Laufe der Zeit $t > 0$ zu einem der Ecken des Dreiecks einen Abstand kleiner als a besitzen, offen und dicht in $[0,2\pi)$. Es bezeichne U_a diese Menge. Setzt man

$$U = \bigcap_{n=1}^{\infty} U_{1/n} \quad ,$$

so ist U die Menge der $\theta \in [0,2\pi)$, deren Bahnen mindestens eine Ecke als Häufungspunkt besitzen. Nach dem bekannten Kategorie-Satz (siehe z.B. SCHUBERT [3], II.3.9., Satz von BAIRE) folgt, daß U in $[0,2\pi)$ dicht liegt. Wir fassen zusammen:

Für jeden Punkt des Dreiecks gibt es eine dichte Menge von Stacheln mit diesem Fußpunkt, die mindestens eine der drei Ecken als Häufungspunkt ihrer Bahnen unter der geodätischen Strömung besitzen.

Wir bemerken hier auch, daß mit einem ähnlichen Schluß gezeigt werden kann, daß die Menge U volles Lebesgue-Maß besitzt, d.h., daß die obige Eigenschaft auch fast überall gilt. Ebenso ist es leicht zu sehen, daß diese Eigenschaft eine Kodierung der Strömung ermöglicht, indem man einem Stachel die Folge der Seiten des Dreiecks zuordnet, die die Bahn des Stachels für $t > 0$ tritt. In der Sprache der Ergodentheorie sagt man, daß die geodätische Strömung einen starken (d.h. für $t > 0$) endlichen Erzeuger b sitzt. Schließlich ist es klar, daß die obige Betrachtung nicht davon abhängt, daß die Figur nur drei Seiten hat; sie gilt für ein allgemeines Polygon.

§ 6 Verallgemeinerungen und ungelöste Probleme

In diesem Abschnitt möchten wir im Rückblick unsere Beispiele nochmals durchgehen und sehen, wie man eine Behandlung allgemeiner Flächen gleicher Natur erreicht.

Das Beispiel der Kugel, die am leichtesten für uns zu beschreiben war, scheint in der Verallgemeinerung am schwersten zu behandeln. Es ist z.B. unbekannt, ob man die Kugel so deformieren kann, daß bei der geodätischen Strömung eine dichte Bahn entsteht.

Im Fall eines Torus ist die Frage des Verhaltens einer Deformation weitgehend geklärt (siehe [4]).

Im Fall einer hyperbolischen Fläche ist die Theorie am besten ausgebaut; dies liegt daran, daß man immer die Unzerlegbarkeit nachweisen kann und daß immer genug "Mischung" vorliegt, die eine Charakterisierung der Strömung ermöglicht.

Im Fall des Dreiecks sollte man noch unterscheiden zwischen Dreiecken mit sämtlich rationalen Winkeln und Dreiecken, die irrationale Winkel besitzen. Im ersten Fall existiert eine Zerlegung ähnlich wie in § 3, da von einer gegebenen Stachelrichtung aus nur endlich viele andere Richtungen in der Bahn vorkommen. Es besteht daher Hoffnung, diesen Fall zu behandeln, indem man die Unzerlegbarkeit dieser Zerlegungselemente nachweist. Bisher ist dies nicht gelungen. Im zweiten Fall ist nur bekannt, was in § 5 behandelt wurde. Dieser Fall scheint recht schwer zu sein. In beiden Fällen ist es unbekannt, ob überhaupt ein Stachel existiert, in dessen Bahnhülle mindestens alle Lagen vertreten sind. Die Frage kann man so formulieren: Kann man eine Billiardkugel so abschießen, daß sie auf dem Dreieckstisch eine dichte Bahn besitzt?

LITERATUR

1. Jacobs,K.: Selecta Mathematica IV, Gleichverteilung mod 1. Berlin-Heidelberg-New York: Springer 1972

2. Jacobs,K.: Neuere Methoden und Ergebnisse der Ergodentheorie, Ergebnisse der Mathematik Bd. 29. Berlin-Heidelberg-New York: Springer 1960

3. Schubert,H.: Topologie.Stuttgart: B.G.Teubner 1964

4. Sinai,J.G.: Theory of Dynamical Systems, Part I, Ergodic Theory. Aarhus Lecture Notes Series No.23, 1970

5. Perron,O.: Nichteuklidische Elementargeometrie der Ebene. Stuttgart: B.G.Teubner 1962

6. Coxeter,H.S.M.: Unvergängliche Geometrie. Basel-Stuttgart: Birkhäuser 1963

Konvergente Reihenentwicklungen in der Störungstheorie der Himmelsmechanik

Helmut Rüssmann

§ 1 Einleitung

Die Himmelsmechanik beschäftigt sich mit den Bewegungen, die die Planeten, Kometen, Monde und neuerdings auch die künstlichen Raumflugkörper unter dem Einfluß des Newtonschen Gravitationsgesetzes ausführen.

Bereits im Altertum bemühte man sich darum, eine Vorstellung vom Verlauf der Bahnen der Planeten zu gewinnen. Doch erst nachdem Kopernicus (1473-1543) dem heliozentrischen Weltbild zum Durchbruch verholfen hatte, entdeckte Kepler (1571-1630), daß sich die Planeten auf Ellipsen bewegen, deren einer Brennpunkt mit dem Sonnenmittelpunkt zusammenfällt. Keplers Erkenntnisse und die Analyse der Fallbewegung durch Gallilei (1564-1642) führten dann Newton (1642-1727) zur Formulierung der allgemeinen Prinzipien der klassischen Mechanik.

Um die von Kepler in jahrelangen Mühen empirisch gefundenen Gesetze theoretisch aus seinen Prinzipien abzuleiten, dachte sich Newton nur einen einzigen Planeten, der die Sonne umläuft. Nur in diesem Fall nämlich, in dem von den übrigen Planeten abgesehen und nur die gegenseitige Anziehung der Sonne und eines der Planeten berücksichtigt wird, ergibt sich die Bahn dieses Planeten relativ zur Sonne als Ellipse. In Wirklichkeit sind aber auch die übrigen Planeten vorhanden und verursachen Abweichungen der tatsächlichen Bahn von der Gestalt einer Ellipse. Diese Abweichungen bezeichnet man als Störungen.

Die Störungen in unserem Planetensystem sind klein aufgrund der überragenden Masse der Sonne und der verhältnismäßig großen Abstände der Planeten voneinander, so daß man die Planetenbahnen innerhalb eines beschränkten Zeitraums näherungsweise als Ellipsen ansehen kann. Die Störungen sind aber immerhin noch so groß, daß beispielsweise die Bahn des Neptun aus den Störungen des Uranus berechnet werden konnte.

Die beobachtete Bewegung des Uranus zeigte nämlich gewisse Abweichungen gegenüber der Theorie. Zur Erklärung dieser Differenzen dachte man sich einen weiteren Planeten, den Neptun, und in der Tat gelang es Leverrier (1811-1877), aus den noch ungeklärten Störungen des Uranus die Bahn des Neptun zu bestimmen und seine Stellung im voraus zu berechnen. Leverrier gab am 23.9.1846 seine Daten an den Berliner Astronomen Galle (1812-1910) weiter, der noch am gleichen Abend den Planeten ganz in der Nähe der berechneten Stelle fand.

Die Berechnung der Störungen läuft auf das Lösen von Systemen gewöhnlicher Differentialgleichungen hinaus. Diese Systeme sind im allgemeinen nicht elementar integrierbar. Die im 18. und 19.Jahrhundert übliche Methode bestand darin, die Störungen als unendliche Reihen anzusetzen, welche den Differentialgleichungen formal genügten, und dann die Reihen abzubrechen, sobald die einzelnen Glieder hinreichend klein erschienen. Um die Konvergenz dieser Reihen kümmerte man sich nicht, auch wurde die Frage nicht aufgeworfen, ob den formal berechneten Reihen eine Lösung der Differentialgleichungen im mathematisch strengen Sinn zugeordnet werden kann. Selbst Gauß (1777-1855), der im Jahre 1812 in seiner Arbeit über die hypergeometrische Reihe exakte Konvergenzkriterien aufstellte, folgte dem allgemeinen Brauch und brach seine Reihen für die Störungen des zu den Asteroiden gehörigen Planeten Pallas ohne Fehlerabschätzungen ab [12].

Als erster bemühte sich Weierstraß (1815-1897) ernsthaft um die Konvergenz der Reihen in der Himmelsmechanik. Über die dabei auftretenden Schwierigkeiten schrieb er in einem Brief [13] an seine Schülerin Sonja Kovalevski (1850-1891) am 15.August 1878:

"... Weniger glücklich bin ich gewesen mit dem angefangenen Untersuchungen über die Lösung der dynamischen Probleme durch Reihenentwicklungen, welche der Besonderheit der zu integrierenden Differentialgleichungen entsprechen. Ich komme bis zu einem gewissen Punkt; ich forme z.B. die Differentialgleichungen für das Problem der N Körper so um, daß sie eine beliebig weit fortzusetzende Integration in Reihenform formell gestatten, aber meine Versuche, die Konvergenz der Entwicklung zu erweisen, scheitern an einem Hindernis, das ich nicht zu bewältigen im Stande bin. Die Glieder der Reihen haben alle die Gestalt

$$A_{k_1 \ldots k_n} \cos \left[k_1\omega_1(t-T_1) + k_2\omega_2(t-T_2) + \ldots + k_n\omega_n(t-T_n)\right] , \tag{1.1}$$

wo die A, ω, T Konstanten sind. Die Größen $T_1, \ldots, T_n$ sind, wenn die Ordnung des zu integrierenden Systems von Differentialgleichungen 2n ist, n der Integrationskonstanten. In den Koeffizienten $A_{k_1 \ldots k_n}$ kommen dieselben nicht vor, sondern andere, welche mit den $\omega_1, \ldots, \omega_n$ durch n Gleichungen zusammenhängen. Diese Koeffizienten erscheinen aber in Bruchform, und es werden die Nenner unendlich klein, wenn die Summe der absoluten Beträge der ganzen Zahlen $k_1, \ldots, k_n$ unendlich groß ist. Es muß also gezeigt werden, daß auch die Zähler unendlich klein werden, und ebenso die Brüche selbst, was bei der komplizierten Zusammensetzung der Ausdrücke unmöglich erscheint. - Das Faktum selbst ist mir nicht auffallend, es kommt sehr oft vor, daß eine algebraische Funktion mehrerer Argumente sich nur in der Form eines Bruches darstellen läßt, wenn sie auch bei endlichen Werten der Argumente niemals unendlich groß wird. Aber wie gesagt, ich komme über die daraus entspringende Schwierigkeit nicht hinweg ..."

Weierstraß äußerte sich auch gegenüber seinem Schüler Mittag-Leffler (1846-1927) über das Konvergenzproblem und seine Schwierigkeiten. Mittag-Leffler, der nicht nur ein guter Mathematiker sondern auch ein sehr weltgewandter Mann war, veranlaßte den schwedischen König Oscar II, für die Lösung dieses Problems einen Preis zu stiften. Die von

Weierstraß formulierte Preisfrage hatte folgenden Wortlaut [14]:

"Es sollen für ein beliebiges System materieller Punkte, die einander nach dem Newton'schen Gesetz anziehen, unter der Annahme, daß niemals ein Zusammentreffen zweier Punkte stattfinde, die Koordinaten jedes einzelnen Punktes in unendliche, aus bekannten Funktionen der Zeit zusammengesetzte und für einen Zeitraum von unbegrenzter Dauer gleichmäßig konvergente Reihen entwickelt werden.

Daß die Lösung dieser Aufgabe, durch deren Erledigung unsere Einsicht in den Bau des Weltsystems auf das wesentlichste würde gefördert werden, nicht nur möglich, sondern auch mit den gegenwärtig uns zu Gebote stehenden analytischen Hilfsmitteln erreichbar sei, dafür spricht die Versicherung Lejeune-Dirichlet's, der kurz vor seinem Tode einem befreundeten Mathematiker* mitgeteilt hat, daß er eine allgemeine Methode zur Integration der Differentialgleichungen der Mechanik entdeckt habe, sowie auch, daß es ihm durch Anwendung dieser Methode gelungen sei, die Stabilität unseres Planetensystems in vollkommen strenger Weise festzustellen. Leider ist uns von diesen Untersuchungen Dirichlets, außer der Andeutung, daß zur Auffindung seiner Methode die Theorie der kleinen Schwankungen einen gewissen Anhalt biete, nichts erhalten worden; es darf aber als gewiß angenommen werden, daß sie nicht in schwierigen und verwickelten Rechnungen bestanden haben, sondern in der Durchführung eines einfachen Grundgedankens, den wiederaufzufinden ernster und beharrlicher Forschung wohl gelingen möchte.

Sollte indessen die gestellte Aufgabe Schwierigkeiten darbieten, die zur Zeit nicht zu überwinden wären, so könnte der Preis auch erteilt werden für eine Arbeit, in der irgendein anderes bedeutendes Problem der Mechanik in der oben angedeuteten Weise vollständig erledigt würde."

Aufgrund dieses letzten Absatzes konnte der Preis im Jahre

---

*Lejeune-Dirichlet (1805-1859), der befreundete Mathematiker war Kronecker (1823-1891).

1889 Poincaré (1854-1912) zuerkannt werden, obwohl er die gestellte Aufgabe nicht gelöst hatte. Doch enthielt seine Preisschrift [15] eine Fülle neuer Ideen, die für die weitere Entwicklung der Himmelsmechanik von großer Bedeutung waren und auch andere Teile der Mathematik befruchteten.

Aber die Frage, ob die Reihen der Störungsrechnung konvergieren, blieb nach wie vor offen.

Im Jahre 1942 gelang es C.L.Siegel (*1896), wenigstens ein ähnliches, aber einfacheres Problem aus der Funktionentheorie zu lösen [16]. Es handelte sich dabei um die Konvergenz einer Potenzreihe, deren Koeffizienten in verwickelter Weise solche "kleinen Nenner" enthalten, wie sie in den Reihen der Störungsrechnung auftreten und von Weierstraß in dem oben zitierten Brief an Sonja Kovalevski als Ursache aller Schwierigkeiten erwähnt wurden. Leider ließ sich Siegels Methode nicht auf die Differentialgleichungen der Himmelsmechanik übertragen.

Den entscheidenden Beitrag zur Lösung des Konvergenzproblems leistete Kolmogorov (*1903) im Jahre 1954. Er kompensierte den Einfluß der kleinen Nenner durch einen außerordentlich stark konvergierenden Iterationsprozeß, der beim Grenzübergang auch die Konvergenz der Reihen (1.1) liefert, sofern die Konstanten $\omega_1,\ldots,\omega_n$ gewissen Voraussetzungen genügen [17], [18]. Die Resultate Kolmogorovs wurden von seinem Schüler Arnold (*1938) wesentlich erweitert und auf das Planetensystem angewendet [19], [20]. Das Werk Kolmogorovs und Arnolds stellt die Lösung der Preisaufgabe dar. Die Frage, in welcher Weise die hierbei angewendete Methode mit der von Dirichlet gefundenen in Beziehung steht, muß natürlich dahingestellt bleiben.

Während sich die Untersuchungen Kolmogorovs und Arnolds hauptsächlich auf Hamiltonsche Systeme bezogen, stellte J.Moser (*1927) eine Theorie auf, nach der auch andere Systeme gewöhnlicher Differentialgleichungen konvergente trigonometrische Reihenentwicklungen der Form (1.1) besitzen [21], [22], [23]. Moser löste auch die entsprechende Aufgabe im differenzierbaren Fall, d.h. für Differentialgleichungssysteme, in denen die vorkommenden Funktionen nicht analytisch sondern nur endlich oft differenzierbar sind [24], [25], [26]. In diesem Fall hat man natürlich für die Lösung keine formalen Reihenentwicklungen (1.1) zur Verfügung, deren Konvergenz nur noch zu zeigen wäre. Dann geht es darum, die Existenz von Lösungen nachzuweisen, denen eine Fourierreihe der Form (1.1) zugeordnet werden kann. Mit diesem differenzierbaren Fall werden wir uns aber im folgenden nicht weiter beschäftigen.

In diesem Beitrag geben wir einen vollständigen Beweis für die Konvergenz der Reihen (1.1) bei gestörten Hamiltonschen Differentialgleichungen von n Freiheitsgraden. Der Beweis unterscheidet sich insofern von demjenigen Kolmogorovs und Arnolds, als bei diesen Autoren der zur Kompensation des Einflusses der kleinen Nenner notwendige rasch konvergierende Iterationsprozeß, von dem oben schon die Rede war, auf einer Gruppe von Koordinatentransformationen durchgeführt wird, während wir hier diesen Prozeß nach Art der bekannten Newtonschen Methode innerhalb eines linearen Raumes durchführen. Dadurch lassen sich die einzelnen Beweisschritte besser motivieren. Als Anwendung der allgemeinen Ergebnisse behandeln wir das restringierte Dreikörperproblem. Damit der Leser auch hierbei ausreichend motiviert ist, gehen wir den historischen Weg und beginnen mit der Behandlung des restringierten Dreikörperproblems. Danach bringen wir eine kurze Einführung in die Tranformationstheorie der Hamiltonschen Differentialgleichungen und die Grundlagen der klassischen Störungsrechnung, soweit dies zur Herleitung formaler Reihen der Form (1.1) erforderlich ist. Schließlich kommen wir zum Beweis für die Konvergenz der hergeleiteten Reihen.

Dieser Beitrag ist so elementar gehalten, wie es bei dieser Problemstellung nur möglich war. Trotzdem ist es unvermeidlich, daß der Leser einige Kenntnisse über gewöhnliche Differentialgleichungen und Funktionentheorie besitzen muß. Zum Nachschlagen sind die Taschenbücher [27] und [28] empfehlenswert, aber auch jedes andere einschlägige Lehrbuch wird ausreichen. Im folgenden werden wir hauptsächlich Dieudonne's "Foundations of Modern Analysis" [29] zitieren, weil dort die Beziehung zwischen den Begriffen "reell analytisch" und "komplex analytisch" = "holomorph" so klar herausgearbeitet ist, wie wir es in diesem Beitrag benötigen.

§ 2 Das restringierte Dreikörperproblem

Das n-Körperproblem besteht in der folgenden Aufgabe: Im dreidimensionalen euklidischen Raum befinden sich n Massenpunkte, die sich unter dem Newtonschen Gravitationsgesetz anziehen. Man beschreibe den Gesamtverlauf ihrer Bewegung, wenn ihre Positionen und ihre Geschwindigkeiten für einen bestimmten Zeitpunkt $t = t_o$ beliebig vorgegeben sind.
Dieses Problem ist bekanntlich im Fall $n = 2$ vollständig lösbar (Keplerproblem). In den Fällen $n \geq 3$ dagegen ist bis heute trotz der Anstrengungen vieler Mathematiker seit über 200 Jahren eine vollständige Lösung noch nicht gelungen. Die weitreichendsten Resultate wurden bisher mit Hilfe der Störungstheorie aufgrund der in der Einleitung erwähnten Leistungen von Komogorov, Arnold und Moser erzielt.
Es ist uns hier leider nicht möglich, die in den folgenden Abschnitten darzulegende Störungstheorie auf das allgemeine Drei- oder Mehrkörperproblem anzuwenden. Das liegt daran, daß nach der Theorie gewisse Determinanten nicht verschwinden dürfen, deren Berechnung in diesem Fall ziemlich langwierig ist. Daher wollen wir uns mit einem wichtigen Grenzfall des Dreikörperproblems befassen, bei dem kein derartiger Rechenaufwand nötig ist. Es handelt sich um das scgenannte *restringierte Dreikörperproblem*:

Zwei Massenpunkte P_1 und P_2 bewegen sich in einer Ebene auf Kreisbahnen mit gleichförmiger Geschwindigkeit um ihren gemeinsamen Schwerpunkt S aufgrund ihrer gegenseitigen Anziehung nach dem Newtonschen Gravitationsgesetz. Ein dritter Massenpunkt P bewegt sich in derselben Ebene. Seine Masse wird als verschwindend klein angenommen, so daß er die Kreisbewegung der Punkte P_1 und P_2 nicht beeinflußt. Das restringierte Dreikörperproblem besteht dann in der Aufgabe, die Bewegung des Punktes P zu beschreiben.

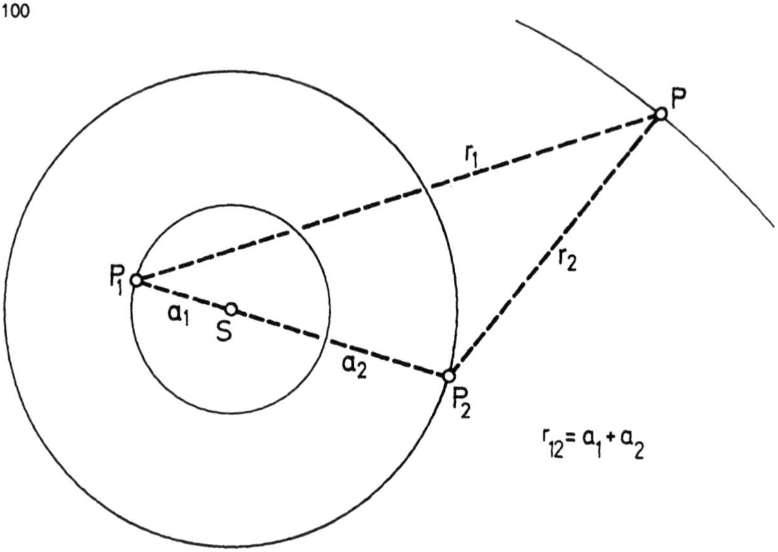

Figur 1. Zum restringierten Dreikörperproblem

Auch dieses viel einfachere Problem ist bis heute nicht vollständig gelöst in dem obigen Sinn, zu beliebig vorgegebener Anfangsposition und Anfangsgeschwindigkeit den Gesamtverlauf der Bewegung von P zu beschreiben.

Wir nennen einige Beispiele, in denen das restringierte Dreikörperproblem wenigstens angenähert Zustände wiedergibt, die in der Natur vorkommen:

1. Die Bewegung des Mondes P, dessen Masse klein ist gegenüber den Massen der Sonne P_1 und der Erde P_2.
2. Die Bewegung eines Planetoiden P, z.B. der Ceres um die Sonne P_1, der von dem größten Planeten Jupiter P_2 gestört wird.
3. Die Bewegung eines Raumschiffes oder Satelliten P im Kraftfeld der Erde P_1 und des Mondes P_2.

Um nun die Differentialgleichungen für die Bewegung von P aufzustellen, führen wir in der Bewegungsebene der drei Massenpunkte ein sog. Inertialsystem ein.

Es seien x_1, x_2 bzw. x_{1j}, x_{2j} die Koordinaten von P bzw. P_j relativ zu diesem System und

$$r_{12} = [(x_{11} - x_{12})^2 + (x_{21} - x_{22})^2]^{1/2} ,$$
$$r_j = [(x_1 - x_{1j})^2 + (x_2 - x_{2j})^2]^{1/2}$$

die Abstände von P_1 und P_2 bzw. P und P_j $(j = 1,2)$. Dann lauten die Differentialgleichungen für die Koordinaten von P nach den Newtonschen Gesetzen

$$\begin{aligned} \frac{d^2x_k}{dt^2} &= \frac{\partial U}{\partial x_k} \qquad (k = 1,2) , \\ U :&= f\left(\frac{m_1}{r_1} + \frac{m_2}{r_2}\right) , \end{aligned} \tag{2.1}$$

wobei wir mit f die Gravitationskonstante und mit m_1,m_2 die Massen von P_1,P_2 bezeichnen.

Für die Koordinaten von P_1 und P_2 erhalten wir einfach

$$m_j \frac{d^2x_{kj}}{dt^2} = f \frac{\partial}{\partial x_{kj}}\left(\frac{m_1m_2}{r_{12}}\right) \qquad (j,k = 1,2) , \tag{2.2}$$

weil ja P massenlos ist.

Nun sollen sich P_1 und P_2 auf Kreisbahnen mit gleichförmiger Geschwindigkeit um ihren gemeinsamen Schwerpunkt S bewegen. Diese Forderung rechtfertigt den Ansatz

$$\begin{aligned} x_{1j} &= (-1)^j\, a_j \cos \nu t \\ x_{2j} &= (-1)^j\, a_j \sin \nu t \end{aligned} \qquad (j = 1,2) \tag{2.3}$$

mit positiven Zahlen a_1,a_2 und ν, wenn wir den Schwerpunkt in den Ursprung des Koordinatensystems legen. Setzen wir (2.3) in (2.2) ein, so folgt

$$\frac{a_1}{m_2} = \frac{a_2}{m_1} = \frac{f}{\nu^2(a_1+a_2)^2} \tag{2.4}$$

als notwendige und hinreichende Bedingung dafür, daß (2.3) eine Lösung von (2.2) ist.

Zur Vereinfachung der Formeln wählt man üblicherweise die Einheiten von Masse, Länge und Zeit so, daß

$$m_1 + m_2 = 1 \,, \quad a_1 + a_2 = 1 \,, \quad f = 1$$

wird. Schreiben wir noch $m_2 = \mu$, also $m_1 = 1 - \mu$, so ergibt sich aus (2.4)

$$a_1 = \mu \,, \quad a_2 = 1 - \mu \,, \quad \nu = 1 \,,$$

und wir erhalten aus (2.1) und (2.3)

$$\left.\begin{aligned}
&\frac{d^2x_k}{dt^2} = \frac{\partial U}{\partial x_k} \qquad (k = 1,2)\\
&U = \frac{1-\mu}{r_1} + \frac{\mu}{r_2}\\
&r_1 = [(x_1 + \mu \cos t)^2 + (x_2 + \mu \sin t)^2]^{1/2}\\
&r_2 = [(x_1 - (1-\mu)\cos t)^2 + (x_2 - (1-\mu)\sin t)^2]^{1/2}.
\end{aligned}\right\} \quad (2.5)$$

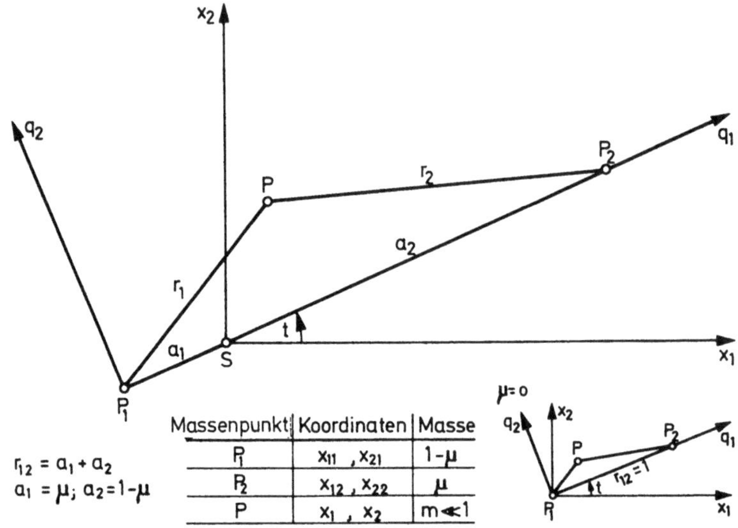

Massenpunkt	Koordinaten	Masse
P_1	x_{11} , x_{21}	$1-\mu$
P_2	x_{12} , x_{22}	μ
P	x_1 , x_2	$m \ll 1$

Figur 2. Koordinatenwechsel beim restringierten Dreikörperproblem

Aus diesen Differentialgleichungen für die Koordinaten von P können wir die explizit vorkommende Zeit t noch eliminieren, wenn wir ein rotierendes kartesisches q_1-q_2-Koordinatensystem einführen, dessen q_1-Achse durch P_1 und P_2 hindurchgeht. Die q_2-Achse legen wir durch P_1 (vgl. Figur 2). Dann stehen die alten mit den neuen Koordinaten von P in der Beziehung

$$\begin{aligned} x_1 &= (q_1-\mu)\cos t - q_2 \sin t\,, \\ x_2 &= (q_1-\mu)\sin t + q_2 \cos t\,, \end{aligned} \tag{2.6}$$

und man rechnet leicht nach, daß die Differentialgleichungen (2.5) vermöge (2.6) in

$$\left.\begin{aligned} &\frac{d^2q_1}{dt^2} - 2\,\frac{dq_2}{dt} - (q_1-\mu) = \frac{\partial U}{\partial q_1}\,, \\ &\frac{d^2q_2}{dt^2} + 2\,\frac{dq_1}{dt} - q_2 = \frac{\partial U}{\partial q_2}\,, \\ &U = (1-\mu)(q_1^2+q_2^2)^{-1/2} + \mu[(q_1-1)^2 + q_2^2]^{-1/2} \end{aligned}\right\} \tag{2.7}$$

übergehen. Dies sind die Differentialgleichungen des restringierten Dreikörperproblems, die zum erstenmal 1772 in der Mondtheorie von Euler (1707-1783) auftauchen. Später hat Jacobi (1804-1851) sie wiederentdeckt und bemerkt, daß sie sich auch als Hamiltonsches System

$$\frac{dq_k}{dt} = \frac{\partial H(q,p)}{\partial p_k}\,, \quad \frac{dp_k}{dt} = -\frac{\partial H(q,p)}{\partial q_k} \quad (k = 1,2) \tag{2.8}$$

mit der Hamiltonfunktion

$$H = K - F + \mu V$$

schreiben lassen, wobei die Funktionen rechter Hand durch

$$K(q,p) = \frac{1}{2}(p_1^2 + p_2^2) - (q_1^2 + q_2^2)^{-1/2} ,$$

$$F(q,p) = q_1p_2 - q_2p_1$$

und

$$V(q,p) = q_1 + (q_1^2 + q_2^2)^{-1/2} - [(q_1-1)^2 + q_2^2]^{-1/2}$$

definiert werden. In der Tat prüft man leicht nach, daß die Systeme (2.7) und (2.8) äquivalent sind in dem Sinne, daß jede Lösung

$$q_1 = q_1(t) , \quad q_2 = q_2(t) \tag{2.9}$$

von (2.7) zu einer Lösung

$$q_1 = q_1(t) , \quad p_1 = p_1(t) = \frac{dq_1(t)}{dt} - q_2(t) ,$$

$$q_2 = q_2(t) , \quad p_2 = p_2(t) = \frac{dq_2(t)}{dt} + q_1(t)$$

von (2.8) führt und umgekehrt jede Lösung

$$q_k = q_k(t) , \quad p_k = p_k(t) \qquad (k = 1,2)$$

von (2.8) zu einer Lösung (2.9) von (2.7). Somit können wir von nun an (2.8) anstelle von (2.7) für die Beschreibung der Bewegung von P verwenden.

Ein Blick auf unsere drei Beispiele zeigt uns, daß jedesmal die Masse $m_2 = \mu$ von P_2 klein ist gegenüber der Masse $m_1 = 1 - \mu$ von P_1. Wenn wir daher Lösungen von (2.8) finden wollen, die der Situation in den Beispielen gerecht werden, ist es zweckmäßig P_2 als störenden Körper, also μ in (2.8) als Störungsparameter zu betrachten. Dabei muß man allerdings zwei Fälle unterscheiden (Figur 3):

Fall I: P bewegt sich um den kleinen Körper P_2 wie in Beispiel 1 oder in Beispiel 3, wenn ein Raumschiff den Mond umkreist.

Fall II: P bewegt sich um den großen Körper P_1 wie in Beispiel 2 oder in Beispiel 3, wenn ein Raumschiff oder ein Satellit die Erde umkreist.

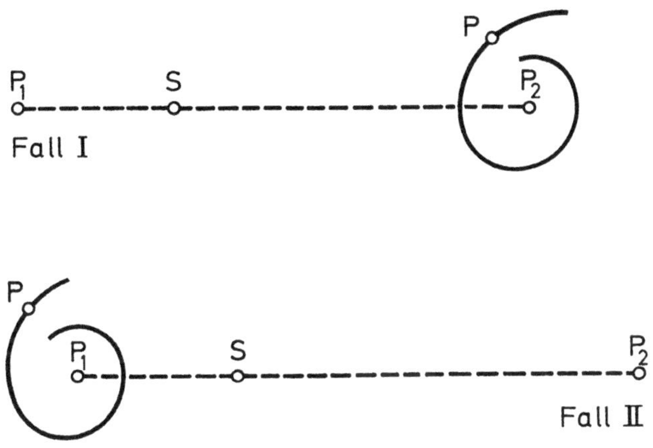

Figur 3. Spezielle Bewegungen von P im restringierten Dreikörperproblem

Wir wollen in diesem Beitrag nur Fall II behandeln, da Fall I komplizierter ist, aber im Prinzip genauso verläuft wie Fall II.

Im Fall II besteht das ungestörte Problem, das wir für $\mu = 0$ erhalten, in der Beschreibung von P um den im Ursprung des x_1-x_2-Koordinatensystems ruhenden Zentralkörper P_1 der Masse 1. Es handelt sich also um ein Keplerproblem, das man bekanntlich lösen kann und auf das wir in § 4 zurückkommen werden. Fassen wir daher einmal eine Keplerellipse als Ausgangslösung ins Auge. Relativ zu dem rotierenden q_1-q_2-Koordinatensystem geht natürlich die Ellipseneigenschaft verloren, aber nichtsdestoweniger bekommen wir eine Lösung von (2.7) und damit von (2.8) für $\mu = 0$. Unser Ziel ist es, aus dieser Lösung eine Lösung von (2.8) für kleine $\mu > 0$ zu gewinnen, und zwar in der Form unendlicher trigonometrischer Reihen, wie sie in der Einleitung erwähnt worden sind. Jedoch führt ein derartiger Reihenansatz erst zum Erfolg, nachdem man das System (2.8) in eine geeignete Normalform transformiert hat. Zur übersichtlichen Herleitung der hierzu erforderlichen Transformation wollen wir uns im folgenden mit einigen wichtigen Tatsachen über Hamiltonsche Differentialgleichungen vertraut machen.

§ 3 Hamilton'sche Differentialgleichungen und kanonische Transformationen

Zur formalen Durchdringung der Mechanik haben vornehmlich Lagrange (1736-1813), Jacobi (1804-1851) und Hamilton (1805 -1865) beigetragen. Nach Hamilton sind die Differentialgleichungssysteme benannt, von denen wir soeben eines kennengelernt haben. Wir wollen jetzt die von Jacobi so genannten *kanonischen* Transformationen untersuchen, welche die Eigenschaft haben, jedes Hamiltonsche Differentialgleichungssystem invariant zu lassen.

Wir betrachten zunächst ganz allgemein ein Differentialgleichungssystem

$$\frac{dx_j}{dt} = f_j(x_1,\dots,x_m) \qquad (j = 1,\dots,m) ,$$

dem wir mit Hilfe der Spalten

$$x = \begin{pmatrix} x_1 \\ \vdots \\ x_m \end{pmatrix}, \qquad f = \begin{pmatrix} f_1 \\ \vdots \\ f_m \end{pmatrix}$$

die vektorielle Form

$$\frac{dx}{dt} = f(x) \tag{3.1}$$

geben können. Dabei sei

$$x \mapsto f(x) = \begin{pmatrix} f_1(x) \\ \vdots \\ f_m(x) \end{pmatrix}$$

eine auf einer offenen Teilmenge D des m-dimensionalen reellen Zahlraumes $\mathbb{R}^m$ definierte und dort stetige Abbildung in den $\mathbb{R}^m$.

Eine Abbildung

$$\left.\begin{array}{l} \xi = \begin{pmatrix} \xi_1 \\ \vdots \\ \xi_m \end{pmatrix} \mapsto X(\xi) = \begin{pmatrix} X_1(\xi) \\ \vdots \\ X_m(\xi) \end{pmatrix} \in \mathbb{R}^m , \\ \qquad \xi \in \Delta \ , \ \Delta \subseteq \mathbb{R}^m \text{ offen} \end{array}\right\} \tag{3.2}$$

nennen wir eine Transformation, wenn sie stetige partielle Ableitungen

$$\frac{\partial X}{\partial \xi_j} = X_{\xi_j} = \begin{pmatrix} X_{1\xi_j} \\ \vdots \\ X_{m\xi_j} \end{pmatrix} \qquad (j = 1,\dots,m)$$

in Δ besitzt und ihre Funktionalmatrix

$$X_\xi = (X_{\xi_1},\dots,X_{\xi_m})$$

nicht singulär ist:

$$\det X_\xi(\xi) \neq 0 \qquad (\xi \in \Delta) . \tag{3.3}$$

Gilt außerdem noch

$$X(\Delta) \subseteq D , \tag{3.4}$$

so können wir (3.1) vermöge (3.2) in die Differentialgleichung

$$\frac{d\xi}{dt} = X_\xi(\xi)^{-1} f(X(\xi)) \tag{3.5}$$

transformieren, deren rechte Seite stetig ist. Es ist offensichtlich, daß jede Lösung $\xi = \xi(t)$ von (3.5) zu einer Lösung

$$x = x(t) = X(\xi(t))$$

von (3.1) führt. Wir erinnern: Lösung von (3.1) ist jede differenzierbare Abbildung

$$x : i \to \mathbb{R}^m$$

eines Intervalles i in den $\mathbb{R}^m$, für die

$$x(t) \in D$$

und

$$\frac{dx}{dt}(t) = f(x(t))$$

für alle $t \in i$ gilt.

Wir bemerken noch, daß aufgrund der Kettenregel und des Multiplikationssatzes für Determinanten die Komposition zweier Transformationen wieder eine Transformation liefert, sofern nur der Wertebereich der ersten Transformation in den Definitionsbereich der zweiten fällt. Aufgrund des Theorems über implizite Funktionen ist auch die inverse Abbildung

$$X^{-1} : X(\Delta) \to \mathbb{R}^m$$

einer injektiven Transformation (3.2) wieder eine Transformation.

Sei nun ein Hamiltonsches Differentialgleichungssystem von n Freiheitsgraden

$$\frac{dx_k}{dt} = H_{x_{k+n}}(x) \ , \qquad \frac{dx_{k+n}}{dt} = -H_{x_k}(x) \qquad (k = 1,\ldots n) \quad (3.6)$$

gegeben, wobei die Hamiltonfunktion

$$H : D \to \mathbb{R}$$

wenigstens stetige partielle Ableitungen erster Ordnung besitzt. Die Bezeichnung der abhängigen Veränderlichen $x_1,\ldots,$ x_{2n} wurde gleich so gewählt, daß (3.6) als Spezialfall von (3.1) für $m = 2n$ erscheint. Dem Leser werden vermutlich andere Bezeichnungen von der Mechanik her geläufig sein, etwa

$$q_k = x_k \ , \quad p_k = x_{k+n} \qquad (k = 1,\ldots,n) \ ,$$

so daß (3.6) die Gestalt

$$\frac{dq_k}{dt} = \frac{\partial H(q,p)}{\partial p_k} \ , \qquad \frac{dp_k}{dt} = -\frac{\partial H(q,p)}{\partial q_k} \qquad (k = 1,\ldots,n)$$

erhält, wie sie uns ja im letzten Abschnitt begegnet ist. In diesem Fall sind $q_1,\dots,q_n$ die verallgemeinerten Lagekoordinaten und $p_1,\dots,p_n$ die verallgemeinerten Impulskoordinaten des dynamischen Systems, das durch diese Differentialgleichungen beschrieben wird. Jedoch ist für die folgenden Überlegungen die in (3.6) gewählte Bezeichnungsweise vorzuziehen.

Um das System (3.6) derart in die vektorielle Form (3.1) zu bringen, daß sein Hamiltonscher Charakter sichtbar bleibt, benötigen wir noch die 2n-reihige quadratische Matrix

$$J = \left(\begin{array}{c|c} 0 & \begin{matrix} 1 & & 0 \\ & \ddots & \\ 0 & & 1 \end{matrix} \\ \hline \begin{matrix} -1 & & 0 \\ & \ddots & \\ 0 & & -1 \end{matrix} & 0 \end{array}\right) \begin{matrix} \}\, n \\ \}\, n \end{matrix}$$

für die man leicht die Beziehung

$$J^{-1} = J^T = -J \tag{3.7}$$

nachrechnet. Hierbei bedeutet T das Transponieren einer Matrix. Mit der Abkürzung

$$H_x = (H_{x_1},\dots,H_{x_{2n}})$$

bekommt dann (3.6) die gewünschte Form

$$\frac{dx}{dt} = J\, H_x(x)^T \; . \tag{3.8}$$

Da J wegen (3.7) schiefsymmetrisch ist, gilt

$$w^T J w = 0 \; , \qquad w = \begin{pmatrix} w_1 \\ \vdots \\ w_{2n} \end{pmatrix} \in \mathbb{R}^{2n} \; .$$

Hieraus ziehen wir für eine beliebige Lösung

$$x : i \to \mathbb{R}^{2n}\ , \quad i \subseteq \mathbb{R} \text{ Intervall}$$

von (3.8) die Folgerung

$$\frac{dH(x(t))}{dt} = H_x(x(t))\,\frac{dx(t)}{dt}$$

$$= H_x(x(t))\, J\, H_x(x(t))^T = 0 \qquad (t \in i)$$

und erhalten daher

$$H(x(t)) = H(x(t_o)) \qquad (t, t_o \in i)\ ,$$

d.h. es gilt

<u>SATZ 3.1</u>: *Die Hamiltonfunktion* H *ist konstant längs jeder Lösung der durch sie definierten Hamiltonschen Differentialgleichung* (3.8).

Dies ist die allgemeine Formulierung des aus der elementaren Mechanik bekannten Satzes von der Erhaltung der Energie.

Nun wenden wir auf die Hamiltonsche Differentialgleichung (3.8) eine Transformation (3.2) mit m = 2n an, für die noch (3.4) gilt. Aus der Kettenregel folgt

$$(H\circ X)_\xi = \left((H\circ X)_{\xi_1}, \ldots, (H\circ X)_{\xi_{2n}}\right) = (H_x \circ X) X_\xi\ ,$$

so daß sich wegen (3.1), (3.5) und (3.8) die transformierte Differentialgleichung

$$\frac{d\xi}{dt} = X_\xi(\xi)^{-1} J (X_\xi(\xi)^{-1})^T (H\circ X)_\xi(\xi)^T$$

ergibt. Hierbei handelt es sich offenbar wieder um eine Hamiltonsche Differentialgleichung, und zwar mit der Hamiltonfunktion $H\circ X$, vorausgesetzt daß

$$X_\xi(\xi)^{-1} J (X_\xi(\xi)^{-1})^T = J$$

gilt, oder was zufolge (3.7) auf dasselbe hinausläuft, daß

die Bedingung

$$X_\xi(\xi)^T J\, X_\xi(\xi) = J \qquad (\xi \in \Delta) \tag{3.9}$$

erfüllt ist.

DEFINITION 3.1: *Eine Abbildung*

$$\xi \mapsto X(\xi)$$

einer offenen Menge $\Delta \subseteq \mathbb{R}^{2n}$ *in den* $\mathbb{R}^{2n}$ *mit stetigen partiellen Ableitungen erster Ordnung heißt eine kanonische Transformation, wenn für ihre Funktionalmatrix* X_ξ *die Gleichung* (3.9) *erfüllt ist.*

Vielleicht wundert sich der Leser, daß wir in dieser Definition von Transformationen sprechen, ohne (3.3) zu fordern. Aber diese Bedingung ist eine Folge von (3.9); denn aufgrund von (3.7) ist det $J \neq 0$, so daß man

$$\det X_\xi(\xi) = \pm 1$$

aus (3.9) erhält. Es gilt hier übrigens stets das positive Vorzeichen, was sich aber nicht ganz so einfach beweisen läßt. Unser obiges Resultat fassen wir kurz zusammen in

SATZ 3.2: *Seien* Δ *und* D *offene Teilmengen des* $\mathbb{R}^{2n}$ *und*

$$H : D \to \mathbb{R}\,, \qquad X : \Delta \to \mathbb{R}^{2n}$$

Abbildungen mit stetigen partiellen Ableitungen. Ist dann

$$\xi \mapsto x = X(\xi) \tag{3.10}$$

eine kanonische Transformation mit

$$X(\Delta) \subseteq D\,,$$

so geht die Hamiltonsche Differentialgleichung

$$\frac{dx}{dt} = J\, H_x(x)^T$$

vermöge (3.10) *über in die Hamiltonsche Differentialgleichung*

$$\frac{d\xi}{dt} = J(H \circ X)_\xi(\xi)^T .$$

Aus diesem Satz geht der rechnerische Vorteil, den kanonische Transformationen bieten, klar hervor: Man braucht nur eine einzige Funktion, nämlich die Hamiltonfunktion auf die neuen Variablen $\xi_1,\ldots,\xi_{2n}$ umzurechnen, um das transformierte Differentialgleichungssystem zu erhalten.

Verweilen wir noch kurz bei Matrizen, welche wie die Funktionalmatrix einer kanonischen Transformation (3.2) die Gleichung (3.9) befriedigen.

DEFINITION 3.2: *Eine reelle* $2n\times 2n$-*Matrix* M *heißt symplektisch, wenn sie der Gleichung*

$$M^T JM = J \tag{3.11}$$

genügt.

Nach Definition 3.1 ist also eine Abbildung (3.2) mit stetigen partiellen Ableitungen genau dann eine kanonische Transformation, wenn ihre Funktionalmatrix symplektisch ist für alle $\xi \in \Delta$.

SATZ 3.3: *Die symplektischen* $2n\times 2n$-*Matrizen bilden bezüglich der Multiplikation eine Gruppe. Mit* M *ist auch* M^T *symplektisch. Insbesondere ist* J *symplektisch.*

Aus diesem Satz folgt, daß die Komposition kanonischer Transformationen sowie die Inverse einer kanonischen Transformation wieder kanonisch sind, sofern diese Abbildungen existieren.

BEWEIS VON SATZ 3.3: Seien M und N symplektische $2n\times 2n$-Matrizen. Dann ist zufolge (3.11)

$$(MN)^T J(MN) = N^T(M^T JM)N = N^T JN = J ,$$

also auch MN symplektisch. Nach (3.7) ist $\det J \neq 0$, folglich ergibt (3.11), daß $\det M \neq 0$ und somit M^{-1} existiert. Außerdem ist

$$(M^{-1})^T J M^{-1} = (M^{-1})^T [M^T J M] M^{-1} = J \qquad (3.12)$$

und daher auch M^{-1} symplektisch. Die Gruppeneigenschaft haben wir also gezeigt.
Aus (3.12) bekommt man durch Bildung der Inversen noch

$$M J^{-1} M^T = J^{-1} \ ,$$

woraus nach (3.7) folgt, daß M^T symplektisch ist. Schließlich ergibt (3.7), daß $J^T J J = J$ und somit auch J symplektisch ist. □

Die Verifikation von (3.11) für $M = X_\xi(\xi)$, d.h. von (3.9) kann im konkreten Fall äußerst mühselig werden, weshalb wir noch eine äquivalente, einfacher zu handhabende Bedingung herleiten wollen. Dazu setzen wir voraus, daß X stetige partielle Ableitungen bis zur zweiten Ordnung besitzt, und betrachten die Abbildung

$$\xi \mapsto \Phi(\xi) := X_\xi(\xi)^T J \, X(\xi) - J\xi$$

von Δ in $\mathbb{R}^{2n}$. Letztere hat stetige partielle Ableitungen erster Ordnung in Δ, und ihre Funktionalmatrix lautet

$$\Phi_\xi(\xi) = \left(\frac{\partial^2 X(\xi)^T}{\partial \xi_j \partial \xi_k} JX(\xi) \right) + X_\xi(\xi)^T J \, X_\xi(\xi) - J \ .$$

Der erste Summand auf der rechten Seite dieser Gleichung ist symmetrisch, die beiden anderen Summanden sind wegen (3.7) schiefsymmetrisch. Daher ist (3.9) gleichbedeutend mit

$$\Phi_\xi(\xi)^T = \Phi_\xi(\xi) \qquad (\xi \in \Delta) \ . \qquad (3.13)$$

Diese Bedingung können wir noch anders formulieren, wenn wir Differentialformen verwenden. Bekanntlich heißt eine in Δ definierte Differentialform

$$\alpha = \sum_{j=1}^{2n} f_j d\xi_j$$

geschlossen, wenn ihre Komponenten

$$f_j : \Delta \to \mathbb{R} \qquad (j = 1,\dots,2n)$$

stetige partielle Ableitungen besitzen und die Gleichungen

$$\frac{\partial f_j}{\partial \xi_k} = \frac{\partial f_k}{\partial \xi_j} \qquad (j,k = 1,\dots,2n)$$

in Δ erfüllen. Insbesondere ist natürlich das totale Differential

$$dF = \sum_{j=1}^{2n} \frac{\partial F}{\partial \xi_j} d\xi_j$$

einer Funktion

$$F: \Delta \to \mathbb{R}$$

mit stetigen partiellen Ableitungen bis zur zweiten Ordnung geschlossen. Folglich ist mit α auch die Differentialform

$$\beta = \frac{1}{2}\alpha + \frac{1}{2}dF$$

geschlossen. Nun setzen wir speziell

$$f_j = \Phi_j \qquad (j = 1,\dots,2n)$$

und

$$F = \sum_{k=1}^{n} (X_{k+n}X_k - \xi_{k+n}\xi_k) \; . \tag{3.14}$$

Dann besagt (3.13) gerade, daß α und somit auch β geschlossen ist, und diese Bedingung ist mit (3.9) äquivalent, wie wir oben bewiesen haben. Aufgrund der Definition von Φ ist

$$\alpha = \sum_{j=1}^{2n} \Phi_j d\xi_j$$

$$= \sum_{k=1}^{n} (\xi_k d\xi_{k+n} - \xi_{k+n} d\xi_k - X_k dX_{k+n} + X_{k+n} dX_k) \; ,$$

so daß sich mit Rücksicht auf (3.14)

$$\beta = \frac{1}{2}\alpha + \frac{1}{2}dF = \sum_{k=1}^{n} (X_{k+n} dX_k - \xi_{k+n} d\xi_k)$$

ergibt. Wir haben daher

<u>SATZ 3.4</u>: *Sei* Δ *eine offene Teilmenge des* $\mathbb{R}^{2n}$ *und*

$$X : \Delta \to \mathbb{R}^{2n}$$

eine Abbildung mit stetigen partiellen Ableitungen bis zur zweiten Ordnung. Dann gilt: Die Abbildung

$$\xi = \begin{pmatrix} \xi_1 \\ \vdots \\ \xi_{2n} \end{pmatrix} \mapsto X(\xi) = \begin{pmatrix} X_1(\xi) \\ \vdots \\ X_{2n}(\xi) \end{pmatrix} \qquad (\xi \in \Delta)$$

ist genau dann eine kanonische Transformation, wenn die in Δ *definierte Differentialform*

$$\sum_{k=1}^{n} (X_{k+n} dX_k - \xi_{k+n} d\xi_k)$$

geschlossen ist.

Bei Kenntnis des Kalküls der alternierenden Differentialformen ist der Beweis von Satz 3.4 natürlich mit der Bemerkung erledigt, daß die Geschlossenheit der obigen Differentialform β gleichbedeutend ist mit $d\beta = 0$, d.h. mit

$$\sum_{k=1}^{n} (dX_{k+n} \wedge dX_k - d\xi_{k+n} \wedge d\xi_k) = 0 ,$$

also mit der Tatsache, daß $X_\xi(\xi)$ in Δ symplektisch ist.

Zum Schluß dieses Paragraphen betrachten wir eine gewisse Verallgemeinerung Hamiltonscher Differentialgleichungen, die für uns deshalb interessant ist, weil das in § 4 zu besprechende Keplerproblem auf ein solches verallgemeinertes System Hamiltonscher Differentialgleichungen führt.

Es handelt sich um ein System partieller Differentialgleichungen

$$\frac{\partial x}{\partial t_\rho} = J\ H_{\rho x}(x)^T \qquad (\rho = 1,\ldots,r) \tag{3.15}$$

mit r Hamiltonfunktionen

$$H_\rho : D \to \mathbb{R} \qquad (\rho = 1,\ldots,r)\ ,$$

die auf einer offenen Menge $D \subseteq \mathbb{R}^{2n}$ stetige partielle Ableitungen besitzen. Für $r = 1$ haben wir den bisher behandelten Fall einer Hamiltonschen Differentialgleichung (3.8). Für $r > 1$ brauchen nicht notwendig Lösungen zu existieren. Man kann zeigen, daß die Bedingungen

$$H_{\rho x}(x) J\ H_{\sigma x}(x)^T = 0 \qquad (\rho,\sigma = 1,\ldots,r; x \in D) \tag{3.16}$$

hinreichend für die Existenz von Lösungen des Systems (3.15) sind, falls die H_ρ stetige partielle Ableitungen bis zur zweiten Ordnung haben. Wir wollen das aber hier nicht weiter ausführen, sondern nur zwei Sätze formulieren, die uns im nächsten Paragraphen nützlich sein werden und auch sonst Interesse verdienen.

Zur besseren Formulierung führen wir die Bezeichnungen

$$t = \begin{pmatrix} t_1 \\ \vdots \\ t_r \end{pmatrix}\ , \qquad H = \begin{pmatrix} H_1 \\ \vdots \\ H_r \end{pmatrix}\ ,$$

$$\frac{\partial}{\partial t} = \left(\frac{\partial}{\partial t_1},\ldots,\frac{\partial}{\partial t_r}\right)$$

ein, so daß wir (3.15) in der Matrixform

$$\frac{\partial x}{\partial t} = J\ H_x(x)^T \tag{3.17}$$

schreiben können und statt (3.16) die Gleichung

$$H_x(x)J\,H_x(x)^T = 0 \qquad (x \in D) \tag{3.18}$$

erhalten. Eine Funktion

$$X = \begin{pmatrix} X_1 \\ \vdots \\ X_{2n} \end{pmatrix} : \; I \to \mathbb{R}^{2n} \tag{3.19}$$

bezeichnen wir als Lösung von (3.17), wenn I eine offene und zusammenhängende Teilmenge des $\mathbb{R}^r$ ist, X stetige partielle Ableitungen in I besitzt und die Relationen

$$X(I) \subseteq D\,,$$

$$\frac{\partial X}{\partial t}(t) = J\,H_x(X(t))^T \qquad (t \in I)$$

erfüllt sind.

Als Verallgemeinerung des Energiesatzes 3.1 bekommen wir

<u>SATZ 3.5</u>: *Unter der Bedingung* (3.18) *gilt*

$$H(X(t)) = H(X(t_o)) \qquad (t,t_o \subseteq I)$$

für jede Lösung (3.19) *von* (3.17).

<u>BEWEIS</u>: Es ist

$$\begin{aligned}\frac{\partial}{\partial t}\Big(H(X(t))\Big) &= H_x(X(t))\,\frac{\partial X}{\partial t}(t)\\ &= H_x(X(t))JH_x(X(t))^T = 0\end{aligned}$$

für alle $t \in I$ wegen (3.18). Hieraus folgt die Behauptung, weil I zusammenhängend, also auch bogenweise zusammenhängend ist. □

Von fundamentaler Bedeutung für die Störungstheorie ist noch

<u>SATZ 3.6</u>: *Sei eine Schar von Lösungen der Differentialgleichung* (3.17) *mit* $r = n$ *und der Eigenschaft* (3.18) *gegeben, wobei die Energiekonstanten* $h_1,\dots,h_n$ *Scharparameter sind, d.h. sei eine Abbildung*

$$X : I \times B \to \mathbb{R}^{2n},$$

$$I \subseteq \mathbb{R}^n \text{ offen und zusammenhängend,}$$

$$B \subseteq \mathbb{R}^n \text{ offen}$$

mit stetigen partiellen Ableitungen bis zur zweiten Ordnung gegeben, derart daß

$$X(I \times B) \subseteq D,$$

$$\left.\begin{aligned} &\frac{\partial X}{\partial t}(t,h) = JH_x(X(t,h))^T, \\ &H(X(t,h)) = h = \begin{pmatrix} h_1 \\ \vdots \\ h_n \end{pmatrix} \end{aligned}\right\} \qquad (t \in I,\ h \in B)$$

gilt. Dann ist die Abbildung

$$\begin{pmatrix} t \\ h \end{pmatrix} \longmapsto X(t,h) \qquad (t \in I,\ h \in B) \tag{3.20}$$

eine kanonische Transformation, falls ein $t_o \in I$ *existiert mit*

$$\sum_{k=1}^{n} X_{k+n}(t_o,h)X_{kh}(t_o,h) = 0 \qquad (h \in B).$$

<u>BEWEIS</u>: Aus $H(X(t,h)) = H$ folgt durch Differentiation

$$\left.\begin{aligned} &H_x(X(t,h))X_t(t,h) = 0 \\ &H_x(X(t,h))X_h(t,h) = E_n \end{aligned}\right\} \qquad (t \in I,\ h \in B)$$

mit der n-reihigen Einheitsmatrix

$$E_n = \begin{pmatrix} 1 & & 0 \\ & \ddots & \\ 0 & & 1 \end{pmatrix} .$$

Daher ergeben sich wegen

$$\frac{\partial X}{\partial t}(t,h) = X_t(t,h) = JH_x(X(t,h))^T$$

die Gleichungen

$$\left.\begin{aligned} X_t(t,h)^T J X_t(t,h) &= 0 \\ X_t(t,h)^T J X_h(t,h) &= E_n \end{aligned}\right\} \quad (t \in I,\ h \in B) .$$

Setzen wir

$$U = \begin{pmatrix} X_1 \\ \vdots \\ X_n \end{pmatrix} , \qquad V = \begin{pmatrix} X_{n+1} \\ \vdots \\ X_{2n} \end{pmatrix} ,$$

so lassen sich diese beiden Gleichungen in die Form

$$U_t{}^T V_t - V_t{}^T U_t = 0 , \tag{3.21}$$

$$U_t{}^T V_h - V_t{}^T U_h = E_n \tag{3.22}$$

bringen, wobei wir das Argument $(t,h) \in I \times B$ weggelassen haben. Aus der Gleichung (3.21) ergibt sich, daß die $n \times n$-Matrix

$$(U_t{}^T V)_t = U_t{}^T V_t + \sum_{\mu=1}^{n} V_\mu (U_{\mu t})^T{}_t$$

symmetrisch ist, daß also

$$t \mapsto V^T(t,h) U_t(t,h) dt$$

bei festem $h \in B$ eine geschlossene Differentialform ist. Hierbei haben wir zur Abkürzung

$$dt = \begin{pmatrix} dt_1 \\ \vdots \\ dt_n \end{pmatrix}, \quad a^T dt = \sum_{k=1}^{n} a_k dt_k \quad \text{für} \quad a = \begin{pmatrix} a_1 \\ \vdots \\ a_n \end{pmatrix}$$

gesetzt. Wir bilden nun

$$W(t,h) := \int_{t_o}^{t} (V^T U_t)(\tau,h)d\tau$$

längs irgendeines Weges in I von t_o nach $t \in I$. W ist dann jedenfalls lokal in einer ganzen Umgebung von $t \in I$, $h \in B$ definiert und besitzt dort stetige partielle Ableitungen nach $t_1,\ldots,t_n,h_1,\ldots,h_n$. Es ist

$$dW(t,h) = (V^T U_t)(t,h)dt + \frac{\partial}{\partial h}\left\{\int_{t_o}^{t} (V^T U_t)(\tau,h)d\tau\right\} dh$$

$$= V^T(t,h)dU(t,h) + \left\{\int_{t_o}^{t} \frac{\partial}{\partial h}(V^T U_t)(\tau,h)d\tau - (V^T U_h)(t,h)\right\} dh.$$

Nun folgt aus (3.22)

$$(U_t{}^T V)_h = E_n + (U_h{}^T V)_t{}^T ,$$

so daß wir

$$\int_{t_o}^{t} \frac{\partial}{\partial h}(V^T U_t)(\tau,h)d\tau = \int_{t_o}^{t} d\tau^T \frac{\partial}{\partial h}(U_t{}^T V)(\tau,h)$$

$$= \int_{t_o}^{t} d\tau^T \left\{ E_n + (U_h{}^T V)_t{}^T \right\}(\tau,h)$$

$$= (t-t_o)^T + (V^T U_h)(t,h) - (V^T U_h)(t_o,h)$$

erhalten. Nach Voraussetzung ist

$$(V^T U_h)(t_o,h) = \sum_{k=1}^{n} X_{k+n}(t_o,h)X_{kh}(t_o,h) = 0 ,$$

also

$$dW(t,h) = (V^T dU)(t,h) + (t-t_o)^T dh$$

oder

$$V^T(t,h)dU(t,h) - h^T dt = d\left(W(t,h) - (t-t_o)^T h\right) ,$$

so daß die Differentialform auf der linken Seite geschlossen ist in einer Umgebung von $(t,h) \in I\times B$. Da dieser Punkt beliebig war, ist (3.20) kanonisch, w.z.b.w. □

§ 4 Die Delaunay'sche kanonische Transformation in der Ebene

In diesem Paragraphen wollen wir eine in der Himmelsmechanik fundamentale kanonische Transformation konstruieren, mit deren Hilfe wir dann das Hamiltonsche Differentialgleichungssystem (2.8) des restringierten Dreikörperproblems in eine für die Durchführung der Störungsrechnung geeignete Form bringen werden. Diese Transformation wurde erstmals von dem Astronomen Delaunay (1816-1878) in seiner Mondtheorie verwendet. Die Konstruktion basiert auf der Lösung des Keplerproblems, die dem Leser bekannt sein dürfte. Wir halten uns daher mit der Herleitung der allgemeinen Lösung nicht auf, sondern verifizieren einfach die schon von Kepler auf empirischem Wege gefundenen Formeln.

Wir gehen aus von den Differentialgleichungen (2.5) für $\mu = 0$, d.h. von

$$\frac{d^2x_k}{dt^2} = -x_k(x_1^2 + x_2^2)^{-3/2} \qquad (k = 1,2) . \qquad (4.1)$$

Wie wir schon am Ende von § 2 bemerkt haben, handelt es sich hier um die Differentialgleichungen eines Keplerproblems, bei dem sich der massenlose Körper P mit den Koordinaten x_1,x_2 um den im Ursprung des x_1-x_2-Koordinatensystems ruhenden Zentralkörper P_1 mit der Masse 1 bewegt. Die Gravitationskonstante war dabei zu 1 normiert worden. Durch Einführung neuer Veränderlicher

$$x_{k+2} = \frac{dx_k}{dt} \qquad (k = 1,2)$$

gelangen wir von (4.1) zu dem Hamiltonschen Differentialgleichungssystem

$$\frac{dx_k}{dt} = \frac{\partial K}{\partial x_{k+2}} \,, \quad \frac{dx_{k+2}}{dt} = - \frac{\partial K}{\partial x_k} \qquad (k = 1,2) \,,$$
$$K(x) = \frac{1}{2}(x_3^2 + x_4^2) - (x_1^2 + x_2^2)^{-1/2} \,, \tag{4.2}$$

aus dem (4.1) durch Elimination von x_3 und x_4 wieder zurückgewonnen werden kann.

Man rechnet nun leicht nach, daß durch die Formeln

$$x_k = \varphi_k(u,g,a,e) \qquad (k = 1,2,3,4) \,, \tag{4.3}$$

$$\left.\begin{aligned} \varphi_1(u,g,a,e) &:= a(\cos u - e)\cos g \\ &\quad - a\sqrt{1-e^2} \sin u \sin g \,, \\ \varphi_2(u,g,a,e) &:= a(\cos u - e)\sin g \\ &\quad + a\sqrt{1-e^2} \sin u \cos g \,, \\ \varphi_{k+2}(u,g,a,e) &:= a^{-3/2}(1 - e \cos u)^{-1} \frac{\partial \varphi_k}{\partial u} (u,g,a,e) \\ &\qquad (k = 1,2) \,, \end{aligned}\right\} \tag{4.4}$$

$$l = u - e \sin u \tag{4.5}$$

und

$$t = a^{3/2} l \tag{4.6}$$

eine Lösungsschar von (4.2) und daher auch von (4.1) mit den Scharparametern g,a und e definiert wird. Wir wollen uns diese Lösungen genauer ansehen.

Zunächst einmal beschreibt ein Punkt P mit den Koordinaten

$$x_1 = \varphi_1(u,g,a,e) \,, \quad x_2 = \varphi_2(u,g,a,e)$$

bei festen Parameterwerten g,a,e mit

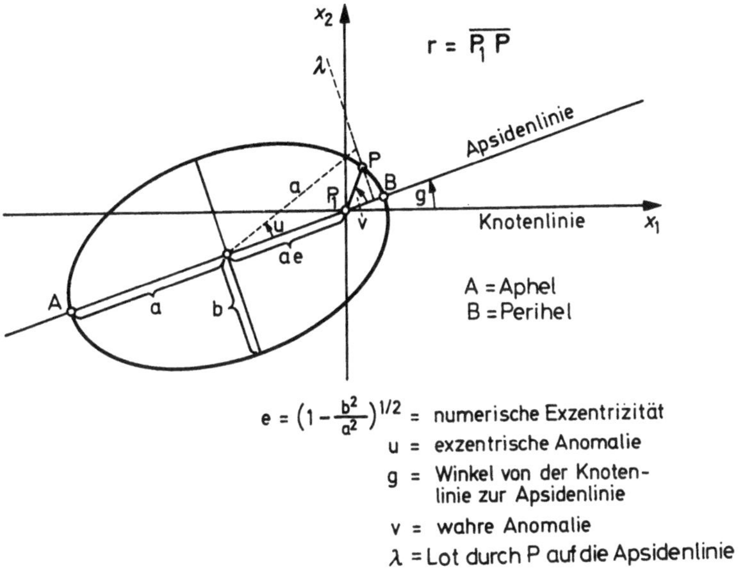

Figur 4. Die Keplerellipse

$g \in \mathbb{R}$, $a \in A := \{a \in \mathbb{R} \mid a > 0\}$,

$e \in E := \{e \in \mathbb{R} \mid 0 < e < 1\}$

im kartesischen x_1-x_2-Koordinatensystem eine Keplerellipse, deren Daten aus Figur 4 ersichtlich sind. Je nach der Wahl des Wurzelzeichens -

$$\sqrt{1-e^2} = \varepsilon(1-e^2)^{1/2} \qquad (\varepsilon = \pm 1)$$

- wird die Ellipse im oder entgegen dem Uhrzeigersinn mit wachsendem u durchlaufen. Den Kreisfall e = 0 haben wir hier gleich ausgeschlossen, da er für die Konstruktion der Delaunayschen Transformation nicht in Frage kommt.

Weiter ist die *mittlere Anomalie* l vermöge der Keplerschen

Gleichung (4.5) eine reell analytische Funktion der Variablen $u, e \in \mathbb{R}$. Beschränken wir auch hier die numerische Exzentrizität e auf das Intervall E, so ist

$$\frac{\partial l}{\partial u} = 1 - e \cos u > 0 \qquad (e \in E,\ u \in \mathbb{R}),$$

also (4.5) nach u eindeutig auflösbar. Die Auflösung kann man in der Form

$$u = l + U(l,e) \qquad (l \in \mathbb{R},\ e \in E) \tag{4.7}$$

schreiben, wobei die Funktion

$$U : \mathbb{R} \times E \to \mathbb{R}$$

reell analytisch ist (aufgrund des Theorems über implizite Funktionen, vgl. [29], Kap.IX und X). Außerdem besitzt diese Funktion die Periode 2π, d.h. es gilt

$$U(l+2\pi,e) = U(l,e) \qquad (l \in \mathbb{R},\ e \in E) . \tag{4.8}$$

Die Periodizität ergibt sich aus der Eindeutigkeit der Auflösung von (4.5) nach u; denn aus (4.5) folgt

$$(l+2\pi) = (u+2\pi) - e \sin(u+2\pi),$$

also auch

$$u+2\pi = (l+2\pi) + U(l+2\pi,e) \qquad (l \in \mathbb{R},\ e \in E) .$$

Daneben haben wir aber noch (4.7), so daß sich (4.8) ergibt.

Setzen wir (4.7) in (4.3) ein, so bekommen wir

$$x_k = \psi_k(l,g,a,e) \qquad (k = 1,2,3,4) \tag{4.9}$$

mit Funktionen ψ_1, ψ_2, ψ_3 und ψ_4, die auf der offenen Teilmenge

$$\mathbb{R}^2 \times A \times E$$

des $\mathbb{R}^4$ reell analytisch sind und dort mit Rücksicht auf (4.4), (4.5), (4.7) und (4.8) die Gleichungen

$$\psi_k(l+2\pi,g,a,e) = \psi_k(l,g+2\pi,a,e) = \psi_k(l,g,a,e) \qquad (4.10)$$
$$(k = 1,2,3,4;\ l \in \mathbb{R},\ g \in \mathbb{R},\ a \in A,\ e \in E)$$

und

$$\left.\begin{aligned} &\psi_1(0,0,a,e) = a(1-e) \\ &\psi_2(0,0,a,e) = \psi_3(0,0,a,e) = 0 \qquad (a \in A,\ e \in E) \\ &\psi_4(0,0,a,e) = \sqrt{\frac{1+e}{a(1-e)}} \end{aligned}\right\} \qquad (4.11)$$

erfüllen. Die durch (4.3), (4.4), (4.5) und (4.6) definierte Lösungsschar der Differentialgleichungen (4.2) erhält man jetzt durch Einsetzen von l aus (4.6) in (4.9), also in der Form

$$x_k = \tilde{X}_k(t,g,a,e) := \psi_k(a^{-3/2}t,g,a,e) \qquad (4.12)$$
$$(k = 1,2,3,4) ,$$

wobei die $\tilde{X}_k$ ebenfalls auf $\mathbb{R}^2 \times A \times E$ definiert und reell analytisch sind.

Nun wollen wir noch die Abhängigkeit der Lösungen von dem Parameter g studieren. Das ist sehr einfach, da die Funktionen ψ_1, ψ_2, ψ_3 und ψ_4 zufolge (4.4) linear von sin g und cos g abhängen. Man rechnet leicht nach, daß (4.12) Lösungen der Differentialgleichungen

$$\frac{\partial x_k}{\partial g} = - x_{k+1} , \quad \frac{\partial x_{k+1}}{\partial g} = x_k \qquad (k = 1,3)$$

sind. Diese Differentialgleichungen kann man auch als Hamiltonsches System

$$\frac{\partial x_k}{\partial g} = \frac{\partial F(x)}{\partial x_{k+2}} , \quad \frac{\partial x_{k+2}}{\partial g} = - \frac{\partial F(x)}{\partial x_k} \qquad (k = 1,2) \qquad (4.13)$$
$$F(x) := x_1x_4 - x_2x_3$$

schreiben. Außerdem gilt

$$K_xJF_x^T = \sum_{k=1}^{2} (K_{x_k}F_{x_{k+2}} - K_{x_{k+2}}F_{x_k}) = 0 ,$$

so daß (4.2) und (4.13) ein verallgemeinertes Hamiltonsches Differentialgleichungssystem der Form (3.15) bilden, für das auch die Bedingungen (3.16) erfüllt sind. Um die hiesigen Bezeichnungen mit den dortigen in Einklang zu bringen, müssen wir nur

$$r = 2,\ t = t_1,\ g = t_2,\ K = H_1,\ F = H_2\ ,$$
$$D = \left\{ x = \begin{pmatrix} x_1 \\ \vdots \\ x_4 \end{pmatrix} \in \mathbb{R}^4 \,\middle|\, 0 < x_1^2 + x_2^2 \right\} \tag{4.14}$$

schreiben. Als Lösungen von (3.15) haben wir in diesem Fall also nach den obigen Ausführungen die Schar (4.12) mit den Scharparametern a und e. Satz 3.5 liefert uns dann die unter dem Namen Energiesatz bzw. Flächensatz bekannten Gleichungen

$$(K\circ\tilde{X})(t,g,a,e) = (K\circ\tilde{X})(0,0,a,e) = -\frac{1}{2a}\ ,$$
$$(F\circ\tilde{X})(t,g,a,e) = (F\circ\tilde{X})(0,0,a,e) = \sqrt{a(1-e^2)}\ , \tag{4.15}$$

wobei sich die Energiekonstante

$$h_1 = -\frac{1}{2a} \tag{4.16}$$

und die Flächenkonstante

$$h_2 = \sqrt{a(1-e^2)} = \varepsilon[a(1-e^2)]^{1/2} \tag{4.17}$$

bei Beachtung von (4.2), (4.11), (4.12), (4.13) leicht berechnen lassen. ε bedeutet hier dasselbe Vorzeichen, das wir für die Wurzel in (4.4) gewählt haben.

Zu der gesuchten kanonischen Transformation von Delaunay gelangen wir nun ganz zwangsläufig durch Anwendung von Satz 3.6. Die dort vorausgesetzte Lösungsschar mit den Scharparametern h_1,h_2 haben wir zur Verfügung, sobald wir die Gleichungen (4.16), (4.17) nach a und e auflösen und das Resultat in (4.12) einsetzen.

Die Inverse der durch (4.16), (4.17) in $A\times E$ definierten Abbildung $(a,e) \mapsto (h_1,h_2)$ ist gegeben durch

$$a(h) := -\frac{1}{2h_1} \quad , \quad e(h) := \quad (1 + 2h_1h_2^2)^{1/2}$$

und definiert in

$$B := \left\{ h = \begin{pmatrix} h_1 \\ h_2 \end{pmatrix} \in \mathbb{R}^2 \,|\, 0 < \varepsilon h_2, \; -h_2^{-2} < 2h_1 < 0 \right\} .$$

Wir bekommen daher mit

$$\begin{aligned} x_k &= X_k(t,h) := \tilde{X}_k(t_1,t_2,a(h),e(h)) \\ &(k = 1,2,3,4;\; t \in I := \mathbb{R}^2,\; h \in B) \end{aligned} \tag{4.18}$$

eine Lösungsschar, welche die in Satz 3.6 geforderten Eigenschaften besitzt. Die Bedingung

$$\left(X_3\frac{\partial X_1}{\partial h} + X_4\frac{\partial X_2}{\partial h} \right)(t_o,h) = 0 \qquad (h \in B)$$

ist für $t_o = 0$ wegen (4.12), (4.18) und der Kettenregel eine Folge der Gleichungen

$$\begin{aligned} &\left(\psi_3\frac{\partial \psi_1}{\partial a} + \psi_4\frac{\partial \psi_2}{\partial a} \right)(0,0,a,e) = 0 \\ & \qquad\qquad\qquad\qquad\qquad\qquad\qquad (a \in A,\; e \in E) \;, \\ &\left(\psi_3\frac{\partial \psi_1}{\partial e} + \psi_4\frac{\partial \psi_2}{\partial e} \right)(0,0,a,e) = 0 \end{aligned}$$

die sich unmittelbar aus (4.11) ergeben.

Satz 3.6 behauptet nun, daß die Abbildung

$$\begin{pmatrix} t \\ h \end{pmatrix} \mapsto X(t,h) = \begin{pmatrix} X_1 \\ \vdots \\ X_4 \end{pmatrix}(t,h) \qquad (t \in I,\; h \in B) \;,$$

also wegen (4.12), (4.18) auch die Abbildung

$$\begin{aligned} \begin{pmatrix} t \\ h \end{pmatrix} &\mapsto \begin{pmatrix} \psi_1 \\ \vdots \\ \psi_4 \end{pmatrix}\Big((-2h_1)^{3/2}t_1, t_2, a(h), e(h) \Big) \\ &(t \in \mathbb{R}^2,\; h \in B) \end{aligned} \tag{4.19}$$

eine kanonische Transformation darstellt. Diese Transformation ist periodisch in t_1 und t_2 mit der Periode 2π in t_2, während die Periode in t_1 von h_1 abhängt. Um auch in t_1 die Periode 2π zu erhalten, führen wir wieder die alten Variablen

$$l = (-2h_1)^{3/2} t_1 \ , \quad g = t_2 \tag{4.20}$$

ein und versuchen diese Gleichungen durch zwei weitere Gleichungen

$$L = L(h_1) \ , \quad G = h_2 \tag{4.21}$$

zu einer kanonischen Transformation zu ergänzen. Dazu muß die auf $\mathbb{R}^2 \times B$ definierte Differentialform

$$\begin{aligned} & Ldl + Gdg - h_1 dt_1 - h_2 dt_2 \\ = \ & L(h_1) dl(h_1,t_1) - h_1 dt_1 \\ = \ & d\Big(L(h_1) l(h_1,t_1) - h_1 t_1 \Big) \\ & + t_1 \Big(1 - (-2h_1)^{3/2} L'(h_1) \Big) dh_1 \end{aligned}$$

nach Satz 3.4 geschlossen sein, was offensichtlich für

$$L(h_1) = (-2h_1)^{-1/2} \tag{4.22}$$

der Fall ist. Daher liefern (4.20), (4.21), (4.22) eine auf $\mathbb{R}^2 \times B$ definierte kanonische Transformation, deren Inverse

$$\begin{pmatrix} l \\ g \\ L \\ G \end{pmatrix} \mapsto \begin{pmatrix} t_1 \\ t_2 \\ h_1 \\ h_2 \end{pmatrix} = \begin{pmatrix} L^3 l \\ g \\ -\dfrac{1}{2L^2} \\ G \end{pmatrix}$$

auf der Menge

$$\{(l,g,L,G) \in \mathbb{R}^4 \,|\, l,g \in \mathbb{R} \,,\ 0 < \varepsilon G < L\} \tag{4.23}$$

definiert und natürlich ebenfalls kanonisch ist. Setzen wir

diese Transformation mit (4.19) zusammen, so erhalten wir eine kanonische Transformation

$$\chi: \begin{pmatrix} l \\ g \\ L \\ G \end{pmatrix} \longmapsto \begin{pmatrix} \chi_1 \\ \chi_2 \\ \chi_3 \\ \chi_4 \end{pmatrix} (l,g,L,G) \ , \tag{4.24}$$

wobei sich

$$a = L^2 \ , \quad e = (1 - \frac{G^2}{L^2})^{1/2} \tag{4.25}$$

ergibt und folglich

$$\chi_k: (l,g,L,G) \to \psi_k\left(l,g,L^2,(1-\frac{G^2}{L^2})^{1/2}\right) \qquad (k = 1,2,3,4) \tag{4.26}$$

definiert werden muß in der offenen Teilmenge (4.23) des $\mathbb{R}^4$. Dies ist die gesuchte kanonische Transformation von Delaunay. Die Variablen l,g,L,G heißen die *Delaunayschen Bahnelemente*. Die beiden Fälle $\varepsilon = \pm 1$ unterscheiden sich formelmäßig gar nicht, weil die durch die Wurzeln in (4.4) verursachte Zweideutigkeit zufolge (4.17) und (4.21) eliminiert wird:

$$\sqrt{1-e^2} = \varepsilon(1-e^2)^{1/2} = \varepsilon\frac{|G|}{L} = \frac{G}{L} \ . \tag{4.27}$$

Daher können wir die beiden Fälle zu einem einzigen zusammenfassen, indem wir feststellen, daß durch (4.24), (4.26) eine kanonische Transformation definiert wird, die in der offenen Teilmenge

$$\{(l,g,L,G) \in \mathbb{R}^4 \mid l,g \in \mathbb{R} \ , \ 0 < |G| < L\} \tag{4.28}$$

des $\mathbb{R}^4$ reell analytisch ist und nach (4.10) in den Variablen l und g die Periode 2π hat, d.h. es gilt

$$\chi_k(l+2\pi,g,L,G) = \chi_k(l,g+2\pi,L,G) = \chi_k(l,g,L,G) \qquad (k = 1,2,3,4) \ . \tag{4.29}$$

Wir fassen zusammen: Die in der Teilmenge (4.28) des $\mathbb{R}^4$ definierte Delaunaysche kanonische Transformation

$$x_k = \chi_k(l,g,L,G) \qquad (k = 1,2,3,4)$$

entsteht aus der allgemeinen Lösung (4.3), (4.4), (4.5) und (4.6) des ebenen Keplerproblems (4.2), indem man in den Funktionen φ_1, φ_2, φ_3, φ_4 die Variablen u,a und e vermittels der Gleichungen (4.5), (4.25) und (4.27) durch die Variablen l,L und G ausdrückt.

In derselben Weise kann man die Delaunaysche kanonische Transformation im Raum aus der allgemeinen Lösung des räumlichen Keplerproblems ableiten. Man kann aber auch das räumliche auf das ebene Problem zurückführen, wie wir in § 5 darlegen werden.

Wir wenden jetzt die Delaunaysche Transformation auf die Differentialgleichungen (2.8) des restringierten Dreikörperproblems an. Dazu setzen wir

$$\begin{aligned} q_k &= \chi_k(l,g,L,G) \\ p_k &= \chi_{k+2}(l,g,L,G) \end{aligned} \qquad (k = 1,2) \tag{4.30}$$

und berechnen nach Satz 3.2 die Hamiltonfunktion

$$\tilde{H} := H\circ\chi = (K - F + \mu V)\circ\chi$$

des transformierten Systems

$$\begin{aligned} \frac{dl}{dt} &= \frac{\partial\tilde{H}}{\partial L}, \qquad & \frac{dL}{dt} &= -\frac{\partial\tilde{H}}{\partial l}, \\ \frac{dg}{dt} &= \frac{\partial\tilde{H}}{\partial G}, \qquad & \frac{dG}{dt} &= -\frac{\partial\tilde{H}}{\partial g}. \end{aligned} \tag{4.31}$$

Mit Rücksicht auf (4.15), (4.25) und (4.27) erhalten wir

$$\begin{aligned} (K\circ\chi)(l,g,L,G) &= -\frac{1}{2L^2}, \\ (F\circ\chi)(l,g,L,G) &= G. \end{aligned} \tag{4.32}$$

Von der Funktion

$$\tilde{V} := V \circ \chi$$

wollen wir nun die folgenden Eigenschaften bestätigen:

I. $\tilde{V}$ ist reell analytisch,

II. $\tilde{V}(l+2\pi,g,L,G) = \tilde{V}(l,g+2\pi,L,G) = \tilde{V}(l,g,L,G)$,

d.h. $\tilde{V}$ hat die Periode 2π in den Variablen l und g.

Um die erste Eigenschaft zu gewährleisten, müssen wir die Variablen L und G derart einschränken, daß die Ausdrücke

$$q_1^2 + q_2^2 \, , \qquad (q_1-1)^2 + q_2^2$$

in V nicht verschwinden. Eine hinsichtlich unserer Anwendungsbeispiele aus § 2, Fall II angemessene Beschränkung der Variablen q_1, q_2 ist

$$0 < q_1^2 + q_2^2 < 1 \tag{4.33}$$

(vgl. Figur 2 für $\mu = 0$), also der punktierte offene Einheitskreis. Nach der Konstruktion der Transformation (4.30) beschreiben die Gleichungen

$$q_k = \chi_k(l,g,L,G) \qquad (k = 1,2;\ l \in \mathbb{R})$$

für feste g,L,G eine Keplerellipse, deren Perihel und Aphel den Abstand $a(1 - e)$ bzw. $a(1 + e)$ vom Ursprung haben (vgl. Figur 4 mit q_1, q_2 statt x_1, x_2). Um (4.33) zu genügen, fordern wir daher

$$a(1 + e) < 1 \qquad (a \in A,\ e \in E) \ .$$

Diese Forderung ist wegen

$$a = L^2 \ , \qquad e = \left(1 - \frac{G^2}{L^2}\right)^{1/2} \qquad (0 < |G| < L)$$

gleichbedeutend mit

$$L < 1 \ , \qquad 2 < L^{-2} + G^2 \qquad (0 < |G| < L) \ .$$

Daher ist

$$\tilde{B} = \Big\{ (l,g,L,G) \in \mathbb{R}^4 \,|\, 0 < |G| < L < 1, \quad 2 < L^{-2} + G^2 \Big\} \tag{4.34}$$

eine offene Teilmenge des $\mathbb{R}^4$, in der $\tilde{V}$ reell analytisch ist. Die Eigenschaft II folgt unmittelbar aus (4.29), (4.30) und der Definition von V im Anschluß an (2.8).

Unsere soeben angestellten Überlegungen zeigen, daß die Hamiltonfunktion des transformierten Systems (4.31) die Gestalt

$$\tilde{H} = \tilde{H}(l,g,L,G) = -\frac{1}{2L^2} - G + \mu\tilde{V}(l,g,L,G) \tag{4.35}$$

hat, wobei die Funktion

$$\tilde{V} : \tilde{B} \to \mathbb{R}$$

die oben formulierten Eigenschaften I und II besitzt.

Die Hamiltonfunktion des ungestörten Systems

$$\tilde{H}|_{\mu=0} = -\frac{1}{2L^2} - G$$

hängt nur von den Impulsvariablen L und G ab. Daher läßt sich das ungestörte System (4.31) sofort integrieren; denn es ist

$$\frac{dL}{dt} = 0 , \qquad \frac{dG}{dt} = 0 ,$$

also

$$L = L_0 , \qquad G = G_0 ,$$

und

$$\frac{dl}{dt} = \frac{1}{L^3} = \frac{1}{L_0^3} , \qquad \frac{dg}{dt} = -1 ,$$

also

$$l = \frac{t}{L_0^3} + l_0 , \qquad g = -t + g_0$$

mit vier Integrationskonstanten l_o, g_o, L_o, G_o. Setzt man diese Lösungen von (4.31) in (4.30) ein, so ergeben sich die Lösungen von (2.8) für $\mu = 0$, also die Lösungen des Keplerproblems im rotierenden q_1-q_2-Koordinatensystem.

Unser Ziel ist es, die Differentialgleichungen des restringierten Dreikörperproblems derart zu transformieren, daß wir einen Teil der Lösungen des neuen Systems von Differentialgleichungen in trigonometrische Reihen entwickeln können, um dann durch Rücktransformation schließlich auf Reihen der Form (1.1) für einen Teil der Lösungen des restringierten Dreikörperproblems zu kommen. Dieses Ziel haben wir nun mit Hilfe der Delaunayschen Transformation fast erreicht. Das System (4.31), (4.35) hat nur noch den Nachteil, daß die Determinante

$$\det \begin{pmatrix} \dfrac{\partial^2 \tilde{H}}{\partial L^2} & \dfrac{\partial^2 \tilde{H}}{\partial L \partial G} \\ \dfrac{\partial^2 \tilde{H}}{\partial G \partial L} & \dfrac{\partial^2 \tilde{H}}{\partial G^2} \end{pmatrix}\Bigg|_{\mu=0} \tag{4.36}$$

verschwindet, was zu Schwierigkeiten bei der Berechnung der Koeffizienten der trigonometrischen Reihen führt. Doch mit Hilfe eines Kunstgriffs von Poincaré kann man diese Schwierigkeit leicht beseitigen, wie wir in § 6 sehen werden.

§ 5 Die Delaunay'sche kanonische Transformation im Raum

Der Vollständigkeit halber besprechen wir auch noch die Delaunaysche Transformation für den Raum. Der Inhalt dieses Paragraphen wird aber in den nachfolgenden Ausführungen nicht gebraucht.

Unser Denken und Handeln spielt sich im dreidimensionalen Raum unserer Anschauung ab. Naturgemäß stellen wir uns daher ein ebenes Problem der Mechanik, wie etwa das in den vorangegangenen Paragraphen behandelte restringierte Dreikörperproblem, in einer Ebene vor, die irgendwie in den dreidimensionalen Raum eingebettet ist. Diese Einbettung einer Bewegungsebene in den Anschauungsraum wollen wir formelmäßig mit Hilfe einer kanonischen Transformation erfassen. Die Delaunaysche kanonische Transformation für den Raum ergibt sich dann einfach als Komposition der in § 4 konstruierten Delaunayschen Transformation für die Ebene und der im folgenden herzuleitenden "Einbettungstransformation".

Wir legen im dreidimensionalen Anschauungsraum ein kartesiches z_1-z_2-z_3-Koordinatensystem fest und betrachten eine durch den Ursprung O gehende Ebene, in der sich ein Körper P bewegt. Die Lage dieses Körpers beschreiben wir durch ein kartesisches x_1-x_2-Koordinatensystem, dessen Ursprung mit O zusammenfällt (vgl. Figur 5).

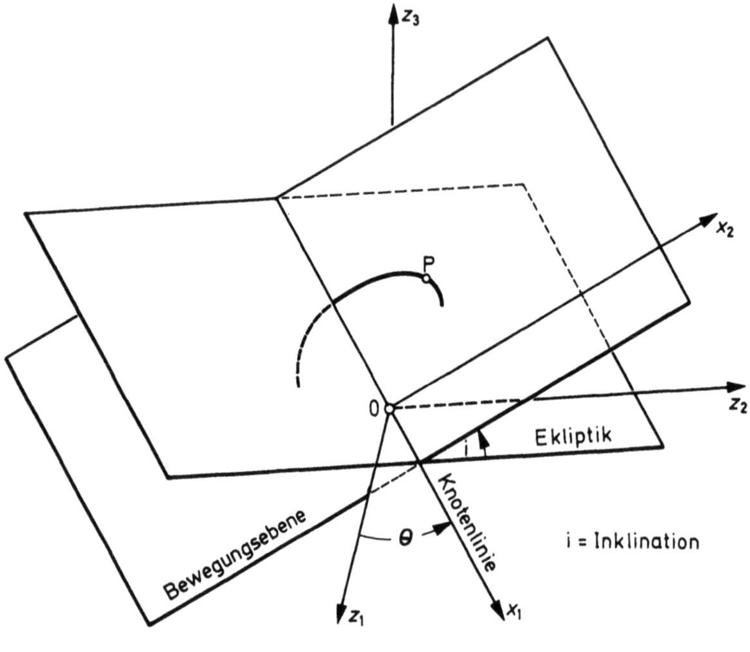

Figur 5. Einbettung der x_1-x_2-Ebene in den z_1-z_2-z_3-Raum

Als x_1-x_2-Ebene können wir uns z.B. die Ebene mit der Keplerellipse aus Figur 4 vorstellen. Dann können wir den Körper P als Mond, den Ursprung O als Erde und die z_1-z_2-Ebene als Erdbahnebene betrachten. Die astronomische Bezeichnung für die Erdbahnebene ist *Ekliptik*. Die Schnittlinie von Bewegungsebene und Ekliptik heißt *Knotenlinie*, der Neigungswinkel i von der Ekliptik zur Bewegungsebene heißt *Inklination*. Den Winkel von der z_1-Achse zur Knotenlinie in der Ekliptik bezeichnen wir mit θ.

Das z_1-z_2-Koordinatensystem der Ekliptik läßt sich in das x_1-x_2-Koordinatensystem der Bewegungsebene überführen, indem man zuerst die z_1-Achse in der Ekliptik um den Winkel θ in die x_1-Achse und dann die z_2-Achse bei festgehaltener $z_1 = x_1$-Achse um den Winkel i in die x_2-Achse dreht. Aufgrund dieser Überlegung ist klar, daß der Körper P mit den Koordinaten x_1, x_2 in der Bewegungsebene im Raum die Koordinaten

$$\left.\begin{aligned} z_1 &= x_1 \cos\theta - x_2 \sin\theta \cos i \,, \\ z_2 &= x_1 \sin\theta + x_2 \cos\theta \cos i \,, \\ z_3 &= x_2 \sin i \end{aligned}\right\} \qquad (5.1)$$

besitzt. Bezeichnen wir die Komponenten des in der Bewegungsebene liegenden Impulsvektors des Körpers P relativ zum x_1-x_2-Koordinatensystem mit x_4, x_5 und relativ zum z_1-z_2-z_3-Koordinatensystem mit z_4, z_5, z_6, so erhalten wir entsprechend

$$\left.\begin{aligned} z_4 &= x_4 \cos\theta - x_5 \sin\theta \cos i \,, \\ z_5 &= x_4 \sin\theta + x_5 \cos\theta \cos i \,, \\ z_6 &= x_5 \sin i \,. \end{aligned}\right\} \qquad (5.2)$$

Es handelt sich nun darum, aus (5.1) und (5.2) eine kanonische Transformation zu machen. Dazu müssen wir noch zwei Variabeln x_3, x_6 einführen, am einfachsten natürlich durch die Gleichungen

$$\theta = x_3 \,, \qquad i = x_6 \,.$$

Aber auf diese Weise gelangen wir leider zu keiner kanonischen Transformation. Daher bleibt uns nichts anderes übrig, als θ und i als unbestimmte Funktionen der Variabeln $x_1,\ldots,x_6$ anzusetzen und den Differentialausdruck

$$z_4dz_1 + z_5dz_2 + z_6dz_3 - x_4dx_1 - x_5dx_2 - x_6dx_3 \tag{5.3}$$

zu untersuchen, der ja zufolge Satz 3.4 geschlossen sein muß, soll (5.1), (5.2) eine kanonische Transformation ergeben. Nach leichter Rechnung erhalten wir mit (5.1) und (5.2)

$$\begin{aligned} &z_4dz_1 + z_5dz_2 + z_6dz_3 - x_4dx_1 - x_5dx_2 - x_6dx_3 \\ &= (x_1x_5 - x_2x_4)\cos i\, d\theta - x_6dx_3 , \end{aligned}$$

so daß die Differentialform (5.3) geschlossen ist, ja sogar verschwindet, wenn wir

$$\theta = x_3 , \qquad \cos i = \frac{x_6}{x_1x_5 - x_2x_4} \tag{5.4}$$

setzen. Hierbei müssen wir uns natürlich auf die offene Punktmenge

$$x_1 \in \mathbb{R},\ldots,x_6 \in \mathbb{R} , \qquad |x_6| < |x_1x_5 - x_2x_4| \tag{5.5}$$

im $\mathbb{R}^6$ beschränken. In (5.4) ist die Inklination i nur bis auf das Vorzeichen bestimmt. Wenn wir letzteres durch das Vorzeichen der Wurzel in der Gleichung

$$\sin i = \sqrt{1 - \left(\frac{x_6}{x_1x_5 - x_2x_4}\right)^2} \tag{5.6}$$

festlegen, so liefern (5.1), (5.2), (5.4) und (5.6) die gesuchte kanonische "Einbettungstransformation" von (5.5) in den $\mathbb{R}^6$, die wir mit

$$\mathcal{E} : x = \begin{pmatrix} x_1 \\ \vdots \\ x_6 \end{pmatrix} \mapsto z = \begin{pmatrix} z_1 \\ \vdots \\ z_6 \end{pmatrix} = \mathcal{E}(x)$$

bezeichnen. Sie ist auf ihrem Definitionsbereich (5.5) offenbar reell analytisch.

Nun transformieren wir die Lagekoordinaten x_1, x_2 und die Impulskoordinaten x_4, x_5 des Körpers P auf die Delaunayschen Bahnelemente l,g,L,G, wir setzen also gemäß (4.24)

$$x_1 = \chi_1(l,g,L,G) \ , \qquad x_4 = \chi_3(l,g,L,G) \ ,$$
$$x_2 = \chi_2(l,g,L,G) \ , \qquad x_5 = \chi_4(l,g,L,G) \ .$$

Es folgt

$$x_1 x_5 - x_2 x_4 = (F \circ \chi)(l,g,L,G) = G \ , \tag{5.7}$$

wobei F in (4.13) definiert und $F \circ \chi$ in (4.32) berechnet worden ist.

Um eine räumliche Transformation zu bekommen, fügen wir noch zwei Gleichungen hinzu:

$$x_3 = \theta \ , \qquad x_6 = \Theta \ .$$

Θ ist die zu der Winkelvariablen θ gehörige Impulsvariable, oder wie die Physiker auch sagen: Θ ist die zu der Winkelvariablen θ gehörige Wirkungsvariable. Somit erhalten wir eine Abbildung

$$\begin{pmatrix} l \\ g \\ \theta \\ L \\ G \\ \Theta \end{pmatrix} \longmapsto x = \begin{pmatrix} x_1 \\ \vdots \\ x_6 \end{pmatrix} = \begin{pmatrix} \chi_1(l,g,L,G) \\ \chi_2(l,g,L,G) \\ \theta \\ \chi_3(l,g,L,G) \\ \chi_4(l,g,L,G) \\ \Theta \end{pmatrix} \ , \tag{5.8}$$

welche eine kanonische Transformation darstellt; denn es ist

$$\chi_3 d\chi_1 + \chi_4 d\chi_2 + \Theta d\theta - (Ldl + Gdg + \Theta d\theta)$$
$$= \chi_3 d\chi_1 + \chi_2 d\chi_2 - (Ldl + Gdg) \ ,$$

und der Ausdruck auf der rechten Seite dieser Gleichung ist geschlossen, da die Delaunaysche Transformation der Ebene kanonisch ist.

Den Definitionsbereich der Transformation (5.8) beschränken

wir wegen (4.28), (5.5) und (5.7) auf

$$l,g,\theta,L,G,\Theta \in \mathbb{R}\ ; \qquad |\Theta| < |G| < L\ , \tag{5.8}$$

so daß wir (5.8) und $\mathcal{E}$ zu einer kanonischen Transformation

$$\begin{pmatrix} l \\ g \\ \theta \\ L \\ G \\ \Theta \end{pmatrix} \to z = Z(l,g,\theta,L,G,\Theta) = \begin{pmatrix} Z_1(l,g,\theta,L,G,\Theta) \\ \cdot \\ \vdots \\ \cdot \\ Z_6(l,g,\theta,L,G,\Theta) \end{pmatrix} \tag{5.9}$$

komponieren können (vgl. Bemerkung im Anschluß an Satz 3.3). Diese Transformation ist auf der offenen Teilmenge (5.8) des $\mathbb{R}^6$ definiert und reell analytisch. Ihre Komponenten $Z_1,\ldots$ $.,Z_6$ haben nach Konstruktion die Form

$$\left.\begin{aligned} Z_1(l,g,\theta,L,G,\Theta) &= \chi_1(l,g,L,G)\cos\theta \\ &\quad - \chi_2(l,g,L,G)\sin\theta\cos i\ , \\ Z_2(l,g,\theta,L,G,\Theta) &= \chi_1(l,g,L,G)\sin\theta \\ &\quad + \chi_2(l,g,L,G)\cos\theta\cos i\ , \\ Z_3(l,g,\theta,L,G,\Theta) &= \chi_2(l,g,L,G)\sin i\ , \\ Z_4(l,g,\theta,L,G,\Theta) &= \chi_3(l,g,L,G)\cos\theta \\ &\quad - \chi_4(l,g,L,G)\sin\theta\cos i\ , \\ Z_5(l,g,\theta,L,G,\Theta) &= \chi_3(l,g,L,G)\sin\theta \\ &\quad + \chi_4(l,g,L,G)\cos\theta\cos i\ , \\ Z_6(l,g,\theta,L,G,\Theta) &= \chi_4(l,g,L,G)\sin i\ , \end{aligned}\right\} \tag{5.10}$$

wobei die Inklination durch die Gleichungen

$$\cos i = \frac{\Theta}{G}\ , \qquad \sin i = \sqrt{1 - \left(\frac{\Theta}{G}\right)^2} \tag{5.11}$$

festgelegt wird. Diese letzte Formel ergibt sich bei Beachtung von (5.4), (5.6) und (5.7).

Die Abbildung (5.9) mit (5.10) und (5.11) stellt die Delaunaysche Transformation für den Raum dar. Die Variablen l,g,θ,L,G,Θ heißen die *Delaunayschen Bahnelemente*. Die geometrische Bedeutung der Winkelvariablen l,g,θ geht aus Figur 5 hervor, wenn man sich für die x_1-x_2-Ebene die Ebene von Figur 4 eingelegt denkt. Die geometrische Bedeutung der zugehörigen Impuls- oder Wirkungsvariablen L,G,Θ geht aus (4.25) und (5.11) hervor.

Mit Hilfe der Delaunayschen Transformation für den Raum läßt sich das räumliche Keplerproblem sofort integrieren. Dieses Problem wird entsprechend zum ebenen Problem (4.2) durch das Hamiltonsystem

$$\frac{dz_k}{dt} = \frac{\partial H(z)}{\partial z_{k+3}} , \quad \frac{dz_{k+3}}{dt} = - \frac{\partial H(z)}{\partial z_k} \qquad (k = 1,2,3) ,$$
$$H(z) = \tfrac{1}{2}(z_4^2 + z_5^2 + z_6^2) - (z_1^2 + z_2^2 + z_3^2)^{-1/2} \tag{5.12}$$

beschrieben, falls die Masse des im Ursprung O ruhenden Zentralkörpers sowie die Gravitationskonstante gleich 1 gesetzt werden. Die transformierte Hamiltonfunktion lautet mit Rücksicht auf (5.10), (4.2) und (4.32)

$$(H\circ Z)(l,g,\theta,L,G,\Theta) = (K\circ\chi)(l,g,L,G) = - \frac{1}{2L^2} .$$

Daher hat das transformierte Hamiltonsystem die Form

$$\frac{dl}{dt} = \frac{1}{L^3} , \qquad \frac{dL}{dt} = 0 ,$$
$$\frac{dg}{dt} = 0 , \qquad \frac{dG}{dt} = 0 ,$$
$$\frac{d\theta}{dt} = 0 , \qquad \frac{d\Theta}{dt} = 0 ,$$

so daß wir als Lösung des räumlichen Keplerproblems

$$z = Z(l,g,\theta,L,G,\Theta)$$

mit (5.10), (5.11) und

$$l = \frac{t}{L_o^3} + l_o\,, \qquad g = g_o\,, \qquad \theta = \theta_o\,,$$

$$L = L_o\,, \qquad G = G_o\,, \qquad \Theta = \Theta_o$$

bekommen, wobei $l_o, g_o, \theta_o, L_o, G_o, \Theta_o$ Integrationskonstanten sind, die wegen (5.9) der Bedingung

$$|\Theta_o| < |G_o| < L_o$$

genügen müssen. Tatsächlich darf man in den obigen Formeln aber auch $|\Theta_o| = |G_o|$ und $|G_o| = L_o$ setzen, um Lösungen des Keplerproblems zu bekommen. Aber für $|\Theta| = |G|$ bzw. $|G| = L$ ist die Delaunaysche Transformation nicht mehr reell analytisch. Um die Analytizität auch in diesen Fällen zu bewahren, muß man regularisierende Variablen einführen, die im Fall $|G| = L$ als Poincarésche Variablen bekannt sind (vgl. [1]). Wir gehen hier aber auf diese Regularisierung der Delaunayschen Transformation nicht weiter ein.

§ 6 Ein Kunstgriff von Poincaré

Wenn man Systeme von gewöhnlichen Differentialgleichungen mit Hilfe von formalen Potenzreihen oder trigonometrischen Reihen lösen will, so hat man im wesentlichen abzählbar unendlich viele lineare Gleichungssysteme mit ein und derselben Matrix zu lösen, deren Determinante nicht verschwinden darf, sollen sich die in den Reihen auftretenden Koeffizienten rekursiv eindeutig aus diesen linearen Gleichungssystemen bestimmen lassen. Im Falle des restringierten Dreikörperproblems handelt es sich gerade um die in (4.36) angeführte Matrix, deren Determinante sogar identisch verschwindet, wie wir schon festgestellt haben. Diese Schwierigkeit kann man aber leicht mit Hilfe eines Kunstgriffs beheben, den schon Poincaré in seiner Preisschrift (vgl. § 1) angewandt hat.

Der Kunstgriff besteht einfach darin, die gegebene Hamiltonfunktion $\tilde{H}$ des restringierten Dreikörperproblems in

(4.35) mit einer geeigneten reellen zweimal stetig differenzierbaren Funktion

$$f: j \to \mathbb{R}, \qquad j \subseteq \mathbb{R} \text{ offenes Intervall}$$

mit nicht-verschwindenden Ableitungen

$$\begin{aligned} f'(s) &\neq 0 \\ f''(s) &\neq 0 \end{aligned} \qquad (s \in j) \tag{6.1}$$

zu komponieren. Das Hamiltonsche System mit der neuen Hamiltonfunktion

$$\hat{H} := f \circ \tilde{H}$$

steht, wie wir gleich sehen werden, in sehr einfachem Zusammenhang mit dem ursprünglichen System und hat darüber hinaus den Vorteil, daß die entsprechende Determinante nicht verschwindet. Da diese Determinante zufolge (4.36) nur für den Parameterwert $\mu = 0$ berechnet werden muß, betrachten wir eine Funktion

$$\tilde{H}_0: B_0 \to \mathbb{R}, \qquad B_0 \subseteq \mathbb{R}^2 \text{ offen}$$

mit stetigen partiellen Ableitungen bis zur zweiten Ordnung, welche der Gleichung

$$\det \begin{pmatrix} \dfrac{\partial^2 \tilde{H}_0}{\partial L^2} & \dfrac{\partial^2 \tilde{H}_0}{\partial L \partial G} \\ \dfrac{\partial^2 \tilde{H}_0}{\partial G \partial L} & \dfrac{\partial^2 \tilde{H}_0}{\partial G^2} \end{pmatrix} (L,G) = 0 \qquad ((L,G) \in B_0) \tag{6.2}$$

genügen. Wir setzen noch

$$\hat{H}_0 = f \circ \tilde{H}_0 ,$$

wobei natürlich

$$\tilde{H}_0(B_0) \subseteq j \tag{6.3}$$

vorausgesetzt wird. Dann folgt mit Rücksicht auf (6.2)

$$\left.\begin{aligned}
&\det\begin{pmatrix} \dfrac{\partial^2\hat{H}_o}{\partial L^2} & \dfrac{\partial^2\hat{H}_o}{\partial L\partial G} \\[2ex] \dfrac{\partial^2\hat{H}_o}{\partial G\partial L} & \dfrac{\partial^2\hat{H}_o}{\partial G^2} \end{pmatrix}(L,G) \\
&= f'(\tilde{H}_o(L,G))f''(\tilde{H}_o(L,G))\left[\frac{\partial^2\tilde{H}_o}{\partial G^2}\left(\frac{\partial\tilde{H}_o}{\partial L}\right)^2\right. \\
&\quad\left. - 2\,\frac{\partial^2\tilde{H}_o}{\partial L\partial G}\,\frac{\partial\tilde{H}_o}{\partial L}\,\frac{\partial\tilde{H}_o}{\partial G} + \frac{\partial^2\tilde{H}_o}{\partial L^2}\left(\frac{\partial\tilde{H}_o}{\partial G}\right)^2\right](L,G) \\
&((L,G)\in B_o)\ ,
\end{aligned}\right\} \qquad (6.4)$$

wie der Leser leicht bestätigen wird. Diese Determinante verschwindet nun offenbar nicht in dem von uns betrachteten Fall des restringierten Dreikörperproblems, weil wir aufgrund von (4.34) und (4.35) für $\mu = 0$

$$B_o = \{(L,G) \in \mathbb{R}^2 \mid 0 < |G| < L < 1,\ 2 < L^{-2}+G^2\} \qquad (6.5)$$

und

$$\tilde{H}_o(L,G) = \tilde{H}(l,g,L,G)\big|_{\mu=0} = -\frac{1}{2L^2} - G \qquad ((L,G) \in B_o)$$

zu setzen haben, so daß das Verschwinden der Determinante (4.36) mit (6.2) identisch ist, und weil wir (6.1) und (6.3) vorausgesetzt hatten.

Poincaré hat für seine Untersuchungen $f(s) = s^2$ gewählt. Wir ziehen hier jedoch

$$f(s) = e^s\ , \qquad \mathcal{J} = \mathbb{R}$$

vor, um (6.1) und (6.3) ohne weitere Bemühungen garantieren zu können. Daher benützen wir für das restringierte Dreikörperproblem zufolge (4.34) und (4.35) die neue Hamiltonfunktion

$$\begin{aligned}
&\hat{H}(l,g,L,G,\mu) := e^{-\frac{1}{2L^2} - G + \mu\tilde{V}(l,g,L,G)} \\
&(l,g,\mu \in \mathbb{R}\,;\ (L,G) \in B_o)\ ,
\end{aligned} \qquad (6.6)$$

in der wir den Störungsparameter μ im Gegensatz zu (4.35) jetzt als Variable explizit berücksichtigen. Die wichtigsten

Eigenschaften von $\hat{H}$ ergeben sich aus (4.34), (4.35), (6.5), (6.6) und den Eigenschaften I,II von $\tilde{V}$ sowie aus den obigen Ausführungen über die Determinante (6.4), wobei nach Konstruktion

$$\hat{H}_o(L,G) = \hat{H}(l,g,L,G,0) \qquad (l,g \in \mathbb{R}\,,\ (L,G) \in B_o) \tag{6.7}$$

ist. Es gilt

I. $B_o \subseteq \mathbb{R}^2$ ist offen, und $\hat{H}$: $\mathbb{R}^2 \times B_o \times \mathbb{R} \to \mathbb{R}$ ist reell analytisch.

II. $\hat{H}(l+2\pi,g,L,G,\mu) = \hat{H}(l,g+2\pi,L,G,\mu) = \hat{H}(l,g,L,G,\mu)$ für alle $l,g,\mu \in \mathbb{R}$, $(L,G) \in B_o$.

III. Für $\mu = 0$ hängt $\hat{H}$ nur von L und G ab, und es ist

$$\det\begin{pmatrix} \dfrac{\partial^2\hat{H}_o}{\partial L^2} & \dfrac{\partial^2\hat{H}_o}{\partial L\partial G} \\[2ex] \dfrac{\partial^2\hat{H}_o}{\partial G\partial L} & \dfrac{\partial^2\hat{H}_o}{\partial G^2} \end{pmatrix}(L,G) \neq 0 \qquad ((L,G) \in B_o)\ ,$$

wobei $\hat{H}_o$ in (6.7) definiert ist.

Mit diesen drei Eigenschaften besitzt die Hamiltonfunktion $\hat{H}$ die für die Anwendung der Störungsrechnung notwendige Normalform. In § 8 werden wir einen Teil der Lösungen von Hamiltonschen Systemen mit einer Hamiltonfunktion in derartiger Normalform in trigonometrische Reihen entwickeln. Der Rest dieses Beitrags wird dann dem Beweis der Konvergenz dieser Reihen gewidmet sein, wie wir dies ja in § 1 angekündigt haben.

Natürlich wird den Leser, der den Ausführungen dieses Paragraphen bis jetzt vermutlich mühelos hat folgen können, allmählich die Frage quälen, in welcher Beziehung denn nun eigentlich die Lösungen des Hamiltonschen Systems

$$\frac{dl}{dt} = \frac{\partial \hat{H}}{\partial L}, \qquad \frac{dL}{dt} = -\frac{\partial \hat{H}}{\partial l},$$

$$\frac{dg}{dt} = \frac{\partial \hat{H}}{\partial G}, \qquad \frac{dG}{dt} = -\frac{\partial \hat{H}}{\partial g} \tag{6.8}$$

mit dieser neuen Hamiltonfunktion $\hat{H}$ aus (6.6) für festes $\mu \geq 0$ zu den Lösungen des von uns für das restringierte Dreikörperproblem hergeleiteten Systems (4.31) mit der Hamiltonfunktion $\tilde{H}$ aus (4.35) stehen. Diese Frage klärt der folgende Satz, in dem wir die Bezeichnungen aus § 3 verwenden.

SATZ 6.1: *Gegeben seien eine stetig differenzierbare Funktion*

$$\varphi : k \to \mathbb{R}, \qquad k \subseteq \mathbb{R} \textit{ offenes Intervall}$$

mit

$$\varphi'(s) \neq 0 \qquad (s \in k)$$

und eine Funktion

$$H : D \to \mathbb{R}, \qquad D \subseteq \mathbb{R}^{2n} \textit{ offen}$$

mit stetigen partiellen Ableitungen, so daß

$$H(D) \subseteq k$$

gilt. Ist dann

$$x : i \to \mathbb{R}^{2n}, \qquad i \subseteq \mathbb{R} \textit{ offenes Intervall}$$

eine Lösung des Hamiltonschen Systems

$$\dot{x} = JH_x(x)^T$$

mit der Energiekonstante

$$h = H(x(t)) \qquad (t \in i), \tag{6.9}$$

so ist

$$t \to x(\varphi'(h)t) \qquad (t \in \frac{1}{\varphi'(h)}\, i)$$

eine Lösung des Hamiltonschen Systems

$$\dot{x} = J(\varphi \circ H)_x(x)^T .$$

<u>BEWEIS</u>: Die Bezeichnung $\frac{1}{\varphi'(h)}i = \{\frac{t}{\varphi'(h)} | t \in i\}$ dürfte einleuchten. Gleichung (6.9) ist nichts anderes als der Energiesatz 3.1. Im übrigen ergibt sich die Behauptung des Satzes aus der Gleichungskette

$$\frac{dx(\varphi'(h)t)}{dt} = \varphi'(h)\dot{x}(\varphi'(h)t)$$

$$= \varphi'(h)J\,H_x(x(\varphi'(h)t))^T = \varphi'(H(x(\varphi'(h)t)))J\,H_x(x(\varphi'(h)t))^T$$

$$= J(\varphi\circ H)_x(x(\varphi'(h)t)^T \qquad (t \in \frac{1}{\varphi'(h)}\,i)\ . \ \square$$

Nach diesem Satz macht sich also der Übergang von einer Hamiltonfunktion H zu der Hamiltonfunktion $\varphi\circ H$ bei den Lösungen der zugehörigen Differentialgleichungssysteme nur dadurch bemerkbar, daß die Zeit t mit einer von der betreffenden Lösung abhängigen Konstanten multipliziert werden muß.

Die Beziehung zwischen den Lösungen der Systeme (4.31) und (6.8) wird hergestellt, indem wir aufgrund von (4.35) und (6.6)

$$k =]0,\infty[\ , \quad \varphi = \log\ , \quad D = \mathbb{R}^2 \times B_0\ ,$$

$$H = \hat{H}|_{\mu=\text{konst.}}\ , \text{ also } \tilde{H} = \varphi\circ H = \log\circ\hat{H}|_{\mu=\text{konst.}}$$

und $x^T = (l,g,L,G)$ setzen. Satz 6.1 liefert dann die

<u>BEMERKUNG 6.1</u>: *Sei* $\mu \geq 0$ *fest gewählt. Dann führt jede Lösung*

$$l = l(t)\ , \quad g = g(t)\ , \quad L = L(t)\ , \quad G = G(t) \quad (t \in i)$$

des Hamiltonschen Systems (6.6), (6.8) *mit der Energiekonstante*

$$h = \hat{H}(l(t),g(t),L(t),G(t),\mu) \qquad (t \in i)$$

zu einer Lösung

$$l = l(\tfrac{t}{h})\ , \quad g = g(\tfrac{t}{h})\ , \quad L = L(\tfrac{t}{h})\ , \quad G = G(\tfrac{t}{h}) \qquad (t \in hi)$$

des Hamiltonschen Systems (4.31), (4.35).

§ 7 Die Erzeugung kanonischer Transformationen und die partielle Differentialgleichung von Hamilton und Jacobi

Wir wollen jetzt in Ergänzung zu § 3 noch einen Formalismus darstellen, der in der im nächsten Paragraphen zu behandelnden Störungsrechnung eine wichtige Rolle spielen wird und der im übrigen besonders gut dazu geeignet ist, einfache Aufgaben aus der Mechanik systematisch zu lösen.

Wenn in Lehrbüchern der Mechanik oder der theoretischen Physik von Hamiltonschen Differentialgleichungen und kanonischen Transformationen die Rede ist, dann handelt es sich im wesentlichen um diesen auf Hamilton und Jacobi zurückgehenden Formalismus.

Wir verändern in diesem Paragraphen etwas die Bezeichnungen von § 3, indem wir hier die Impulskoordinaten gegenüber den Lagekoordinaten mit eigenen Symbolen versehen. Beispielsweise setzen wir

$$y_k = x_{n+k}\,, \quad Y_n = X_{n+k}\,, \quad \eta_k = \xi_{n+k} \qquad (k = 1,\dots,n)$$

so daß eine Abbildung, die in § 3 die Form

$$\xi = \begin{pmatrix} \xi_1 \\ \vdots \\ \xi_{2n} \end{pmatrix} \mapsto X(\xi) = \begin{pmatrix} X_1(\xi_1,\dots,\xi_{2n}) \\ \vdots \\ X_{2n}(\xi_1,\dots,\xi_{2n}) \end{pmatrix}$$

hatte, jetzt die Form

$$\begin{pmatrix} \xi \\ \eta \end{pmatrix} = \begin{pmatrix} \xi_1 \\ \vdots \\ \xi_n \\ \eta_1 \\ \vdots \\ \eta_n \end{pmatrix} \mapsto \begin{pmatrix} X(\xi,\eta) \\ Y(\xi,\eta) \end{pmatrix} = \begin{pmatrix} X_1(\xi_1,\dots,\eta_n) \\ \vdots \\ Y_n(\xi_1,\dots,\eta_n) \end{pmatrix}$$

bekommt. Natürlich schreiben wir hier wie in § 3 Gradienten als Zeilen, z.B.

$$\frac{\partial X}{\partial \xi} = X_\xi = (X_{\xi_1},\ldots,X_{\xi_n}) , \qquad \frac{\partial X}{\partial \eta} = X_\eta = (X_{\eta_1},\ldots,X_{\eta_n}) .$$

Weitere Konsequenzen aus der Bezeichnungsänderung wird der Leser im gegebenen Fall leicht selber ziehen können.

Wir beginnen den angekündigten Formalismus mit der Erzeugung einer kanonischen Transformation durch eine einzige Funktion, ähnlich der Beschreibung eines Hamiltonschen Differentialgleichungssystems mit Hilfe einer Hamiltonfunktion.

Gegeben sei eine Funktion

$$S : A \to \mathbb{R} , \qquad A \subseteq \mathbb{R}^n \times \mathbb{R}^n \text{ offen} \tag{7.1}$$

in den 2n Veränderlichen $x_1,\ldots,x_n,\eta_1,\ldots,\eta_n$ mit stetigen partiellen Ableitungen bis zur dritten Ordnung, derart daß die Ungleichung

$$\det\left(\frac{\partial^2 S}{\partial \eta_k \partial x_j}\right)(x,\eta) = \det S_\eta{}^T{}_x(x,\eta) \neq 0 , \qquad (x,\eta) \in A \tag{7.2}$$

erfüllt ist. Dann können die Gleichungen

$$y = S_x(x,\eta)^T , \tag{7.3a}$$

$$\xi = S_\eta(x,\eta)^T \tag{7.3b}$$

aufgrund des Theorems über implizite Funktionen lokal in der Nähe eines beliebigen Punktes $(x_o,\eta_o) \in A$ nach x und y aufgelöst werden. Genauer gesagt braucht nur Gleichung (7.3b) nach x aufgelöst und das Ergebnis in (7.3a) eingesetzt zu werden. Es stellt sich nun heraus, daß die Auflösung von (7.3) nach x und y eine kanonische Transformation liefert. Das ist die Aussage von

<u>SATZ 7.1</u>: *Unter den obigen Voraussetzungen über die Funktion* S *sei*

$$\begin{aligned} x &= X(\xi,\eta) , \\ y &= Y(\xi,\eta) \end{aligned} \tag{7.4}$$

eine Auflösung von (7.3), d.h. wir haben eine Abbildung

$$X : \Delta \to \mathbb{R}^n , \quad \Delta \subseteq \mathbb{R}^n \times \mathbb{R}^n \text{ offen}$$

mit stetigen partiellen Ableitungen bis zur 2.Ordnung, derart daß

$$(X(\xi,\eta),\eta) \in A , \quad \xi = S_\eta(X(\xi,\eta),\eta)^T , \quad (\xi,\eta) \in \Delta \tag{7.5}$$

gilt, und definieren

$$Y(\xi,\eta) := S_x(X(\xi,\eta),\eta)^T , \qquad (\xi,\eta) \in \Delta . \tag{7.6}$$

Dann stellt die Abbildung

$$\begin{pmatrix} \xi \\ \eta \end{pmatrix} \mapsto \begin{pmatrix} X(\xi,\eta) \\ Y(\xi,\eta) \end{pmatrix}$$

von Δ in den $\mathbb{R}^{2n} = \mathbb{R}^n \times \mathbb{R}^n$ eine kanonische Transformation dar.

<u>BEWEIS</u>: Aufgrund von Satz 3.4 haben wir zu zeigen, daß die Differentialform

$$\left(\sum_{k=1}^{n} Y_k dX_k \right)(\xi,\eta) - \sum_{k=1}^{n} \eta_k d\xi_k \tag{7.7}$$

geschlossen ist. Dazu betrachten wir das Differential der in Δ definierten Funktion

$$(\xi,\eta) \mapsto S(X(\xi,\eta),\eta)$$

und bekommen mit Hilfe der Kettenregel und der Formeln (7.5) und (7.6)

$$dS(X(\xi,\eta),\eta)$$

$$= \sum_{k=1}^{n} \frac{\partial S}{\partial x_k}(X(\xi,\eta),\eta) dX_k(\xi,\eta) + \sum_{k=1}^{n} \frac{\partial S}{\partial \eta_k}(X(\xi,\eta),\eta) d\eta_k$$

$$= \sum_{k=1}^{n} Y_k(\xi,\eta) dX_k(\xi,\eta) + \sum_{k=1}^{n} \xi_k d\eta_k ,$$

so daß die Differentialform (7.7) gleich

$$d\left(S(X(\xi,\eta),\eta) - \sum_{k=1}^{n} \xi_k \eta_k \right) ,$$

also geschlossen ist. □

Nun denken wir uns ein Hamiltonsches Differentialgleichungssystem

$$\dot{x} = H_y(x,y)^T , \qquad \dot{y} = - H_x(x,y)^T \tag{7.8}$$

gegeben, in dem die Hamiltonfunktion

$$H : D \to \mathbb{R} , \qquad D \subseteq \mathbb{R}^n \times \mathbb{R}^n \text{ offen}$$

stetige partielle Ableitungen in D besitzt. Um dieses System zu lösen, halten wir nach einer geeigneten kanonischen Transformation

$$\begin{pmatrix} \xi \\ \eta \end{pmatrix} \mapsto \begin{pmatrix} x \\ y \end{pmatrix} = \begin{pmatrix} X(\xi,\eta) \\ Y(\xi,\eta) \end{pmatrix} \tag{7.9}$$

Ausschau, so daß das transformierte Differentialgleichungssystem

$$\dot{\xi} = K_\eta(\xi,\eta)^T , \qquad \dot{\eta} = - K_\xi(\xi,\eta)^T , \tag{7.10}$$

dessen Hamiltonfunktion $K : \Delta \to \mathbb{R}$ nach Satz 3.2 durch

$$K(\xi,\eta) = H(X(\xi,\eta),Y(\xi,\eta))$$

definiert ist, unmittelbar integriert werden kann. Dies ist z.B. der Fall, wenn K nur von den neuen Impulskoordinaten $\eta_1,\ldots,\eta_n$ abhängt. Dann folgt aus (7.10)

$$\dot{\xi} = K_\eta(\eta)^T , \qquad \dot{\eta} = - K_\xi(\eta)^T = 0 ,$$

also

$$\xi = (t-t_o)K_\eta(\eta_o)^T + \xi_o , \quad \eta = \eta_o , (\xi_o,\eta_o)\in\Delta . \tag{7.11}$$

Somit bekommen wir eine Lösung von (7.8) durch den beliebigen Punkt $(\xi_o,\eta_o) \in \Delta$ in der Form

$$\begin{aligned} x &= X\left((t-t_o)K_\eta(\eta_o)^T + \xi_o,\eta_o \right) , \\ y &= Y\left((t-t_o)K_\eta(\eta_o)^T + \xi_o,\xi_o \right) , \end{aligned} \tag{7.12}$$

wobei t natürlich auf ein offenes Intervall beschränkt werden muß, das t_o enthält und von (ξ_o, η_o) abhängt.

Eine in vielen Fällen erfolgreiche Methode zur Auffindung der gesuchten kanonischen Transformation (7.9) besteht darin, diese Transformation aufgrund von Satz 7.1 mit Hilfe einer erzeugenden Funktion (7.1) zu konstruieren. Zur übersichtlichen Formulierung dieser Konstruktion sind die folgenden Definitionen nützlich.

DEFINITION 7.1: *Sei* $\eta \to K(\eta)$ *eine auf einer offenen Menge* $C \subseteq \mathbb{R}^n$ *definierte reelle Funktion mit stetigen partiellen Ableitungen. Dann nennen wir*

$$H(x, S_x{}^T) = K(\eta) \tag{7.13}$$

eine zu dem Hamiltonsystem (7.8) *gehörige partielle Differentialgleichung von Hamilton und Jacobi.*

DEFINITION 7.2: *Eine Funktion* (7.1) *mit stetigen partiellen Ableitungen bis zur 3.Ordnung heißt vollständige Lösung der partiellen Differentialgleichung* (7.13) *von Hamilton und Jacobi, wenn*

$$A \subseteq \mathbb{R}^n \times C \qquad (C \textit{ Definitionsbereich von } K)$$

ist und (7.2) *sowie die Relationen*

$$(x, S_x(x,\eta)^T) \subseteq D$$

und $\qquad\qquad (x,\eta) \in A$

$$H(x, S_x(x,\eta)^T) = K(\eta)$$

erfüllt sind.

Der Formalismus von Hamilton und Jacobi besteht nun einfach in folgendem:

(i) Zur Lösung des gegebenen Hamiltonsystems (7.8) wähle man eine passende Funktion $K : C \to \mathbb{R}$.

(ii) Dann suche man eine vollständige Lösung der partiellen Differentialgleichung (7.13) von Hamilton und Jacobi.

(iii) Schließlich löse man die Gleichungen (7.3) nach x und

y auf, um gemäß Satz 7.1 zu einer kanonischen Transformation (7.9) zu gelangen. Die Gleichungen (7.12) liefern dann Lösungen von (7.8).

In vielen Fällen kann man $K(\eta) = \eta_n = h$, also eine der transformierten Impulsvariablen gleich der Energiekonstanten setzen. Doch sollte man sich nicht von vornherein auf dieses spezielle K festlegen, um unnötige Asymmetrien zu vermeiden. Meistens wird die Differentialgleichung (7.13) mit diesem speziellen K als "die" zu (7.8) gehörige partielle Differentialgleichung von Hamilton und Jacobi bezeichnet.

Wir bringen zwei Beispiele.

BEISPIEL 7.1: *Der harmonische Oszillator.*
Hier haben wir $n = 1$, $D = \mathbb{R}^2$ und in (7.8) als Hamiltonfunktion

$$H(x,y) = \frac{1}{2}(y^2 + a^2x^2) , \qquad a > 0 \tag{7.14}$$

zu nehmen. Wir setzen $K(\eta) = \eta > 0$ und bekommen die partielle Differentialgleichung von Hamilton und Jacobi in der Form

$$\frac{1}{2} S_x^2 + \frac{1}{2} a^2x^2 = \eta . \tag{7.15}$$

Die Auflösung dieser Gleichung nach S_x und anschließende Integration führen zu der vollständigen Lösung

$$S(x,\eta) = \int_0^x \sqrt{2\eta - a^2u^2}\, du , \qquad |x| < \frac{\sqrt{2\eta}}{a} ,$$

da

$$\frac{\partial^2 S}{\partial x \partial \eta}(x,\eta) = \frac{1}{\sqrt{2\eta - a^2x^2}} \neq 0$$

ist. Die Gleichungen (7.3) lauten jetzt

$$\begin{aligned} y &= S_x(x,\eta) = \sqrt{2\eta - a^2x^2} , \\ \xi &= S_\eta(x,\eta) = \int_0^x \frac{du}{\sqrt{2\eta - a^2u^2}} = \frac{1}{a} \arcsin \frac{ax}{\sqrt{2\eta}} , \end{aligned} \tag{7.16}$$

und ihre Auflösung nach x,y ergibt

$$x = \frac{\sqrt{2\eta}}{a} \sin a\xi \; , \quad y = \sqrt{2\eta} \cos a\xi \; , \tag{7.17}$$

wobei die Variable ξ zunächst auf das Intervall $]-\frac{\pi}{2a},\frac{\pi}{2a}[$ zu beschränken ist, wenn wir nur den Hauptzweig des arcsin ins Auge fassen und die Wurzel stets mit positivem Vorzeichen versehen. Nachdem wir aber in (7.17) Funktionen erhalten haben, die für alle $\xi \in \mathbb{R}$ definiert werden können, lohnt es sich nicht mehr, mit Hilfe der Mehrdeutigkeit des arcsin und der Quadratwurzel noch weitere Definitionsintervalle für die Auflösung (7.17) von (7.16) anzuschreiben. Vielmehr kontrollieren wir nach, ob (7.17) eine kanonische Transformation definiert, was ja zufolge Satz 7.1 wenigstens für $\xi \in]-\frac{\pi}{2a},\frac{\pi}{2a}[$ und $\eta > 0$ der Fall sein muß, wenn wir uns nicht verrechnet haben. In der Tat ist

$$\begin{aligned} ydx - \eta d\xi &= \sqrt{2\eta} \cos a\xi d(\frac{\sqrt{2\eta}}{a} \sin a\xi) - \eta d\xi \\ &= d(\frac{\eta}{a} \sin a\xi \cos a\xi) \; , \end{aligned}$$

so daß also die Gleichungen (7.17) für festes $a > 0$ eine für alle $\xi \in \mathbb{R}$, $\eta > 0$ definierte kanonische Transformation liefern.

Setzen wir (7.17) in (7.14) ein, so erhalten wir wie vorgesehen $K(\eta) = \eta$, und nach (7.12) ergeben sich daher Lösungen von (7.8), (7.14) in der Form

$$x = \frac{\sqrt{2\eta_o}}{a} \sin a(t-t_o+\xi_o) \; , \quad y = \sqrt{2\eta_o} \cos a(t-t_o+\xi_o) \; .$$

Es handelt sich hier um sämtliche nicht identisch verschwindenden Lösungen des Differentialgleichungssystems (7.8), (7.14), wenn (t_o,ξ_o,η_o) die Menge $\mathbb{R} \times \mathbb{R} \times]0,\infty[$ durchläuft. Dies folgt aus den Existenz- und Eindeutigkeitssätzen für gewöhnliche Differentialgleichungen.

Wir bemerken noch, daß im Falle $a = 1$ die Gleichungen (7.17) die Gestalt

$$x = \sqrt{2\eta} \sin \xi \; , \quad y = \sqrt{2\eta} \cos \xi$$

annehmen. Die hierdurch für alle $\xi \in \mathbb{R}$, $\eta > 0$ definierte kanonische Transformation heißt *Poincarésche Transformation.*

Sie spielt in der Himmelsmechanik eine große Rolle.

BEISPIEL 7.2: *Bewegung eines Einheitspartikels in der* x_1-x_2-*Ebene unter der Einwirkung der Schwerkraft.*

Hier haben wir $n = 2$, $D = \mathbb{R}^4$ und in (7.8) als Hamiltonfunktion

$$H(x,y) = \frac{1}{2}(y_1^2 + y_2^2) + gx_2 , \tag{7.18}$$

wobei g die Gravitationskonstante bezeichnet.

Da in dieser Hamiltonfunktion die Variable x_1 nicht auftritt, also eine sog. "zyklische" oder "ignorierbare" Veränderliche ist, lautet die Differentialgleichung (7.8) für y_1

$$\dot{y}_1 = - \frac{\partial H}{\partial x_1}(x,y) = 0 ,$$

so daß y_1 = konst. gilt. Wir können diese Konstante gleich η_1 setzen. Damit dann in (7.3a) tatsächlich die Gleichung $y_1 = \eta_1$ vorkommt, machen wir den Ansatz

$$S(x,\eta) = x_1\eta_1 + U(x_2,\eta_2) .$$

Gehen wir mit diesem Ansatz in die partielle Differentialgleichung (7.13), (7.18) ein, so wird die entstehende Differentialgleichung für U offensichtlich am einfachsten, wenn wir

$$K(\eta) = \frac{1}{2}\eta_1^2 + \eta_2 \tag{7.19}$$

setzen. Dann ergibt sich

$$\frac{1}{2}U_{x_2}^2 + gx_2 = \eta_2 ,$$

und wir erhalten als eine Lösung dieser Differentialgleichung sofort

$$U(x_2,\eta_2) = - \frac{1}{3g}\sqrt{2(\eta_2 - gx_2)}^3 , \qquad \eta_2 - gx_2 > 0 .$$

Daher ist

$$S(x,\eta) = x_1\eta_1 - \frac{1}{3g}\sqrt{2(\eta_2 - gx_2)}^3 , \qquad \eta_2 - gx_2 > 0$$

eine Lösung der partiellen Differentialgleichung (7.13), (7.18), (7.19) von Hamilton und Jacobi, d.h. von

$$\frac{1}{2}\left(\frac{\partial S}{\partial x_1}\right)^2 + \frac{1}{2}\left(\frac{\partial S}{\partial x_2}\right)^2 + gx_2 = \frac{1}{2}\eta_1^2 + \eta_2 .$$

Diese Lösung ist vollständig wegen

$$\det S_{\eta}{}^{T}{}_{x}(x,\eta) = \frac{1}{\sqrt{2(\eta_2 - gx_2)}} \neq 0 .$$

Die Gleichungen (7.3) lauten hier

$$y_1 = S_{x_1}(x,\eta) = \eta_1 ,$$

$$y_2 = S_{x_2}(x,\eta) = \sqrt{2(\eta_2 - gx_2)} ,$$

$$\xi_1 = S_{\eta_1}(x,\eta) = x_1 ,$$

$$\xi_2 = S_{\eta_2}(x,\eta) = -\frac{1}{g}\sqrt{2(\eta_2 - gx_2)} ,$$

und ihre Auflösung nach x,y ergibt

$$\begin{aligned} x_1 &= \xi_1 , & y_1 &= \eta_1 , \\ x_2 &= \frac{1}{g}\eta_2 - \frac{1}{2}g\xi_2^2 , & y_2 &= -g\xi_2 , \end{aligned} \tag{7.20}$$

wobei wir als Definitionsbereich zunächst

$$\xi_1,\eta_1,\eta_2 \in \mathbb{R} , \quad \xi_2 \in]-\infty,0[\text{ bzw. } \xi_2 \in]0,\infty[$$

erhalten, je nachdem wir die Quadratwurzel mit positivem oder negativem Vorzeichen versehen. In jedem dieser beiden Definitionsbereiche stellt (7.20) nach Satz 7.1 eine kanonische Transformation dar. Aber (7.20) liefert offensichtlich eine auf dem ganzen $\mathbb{R}^4$ definierte Abbildung, welche ebenfalls eine kanonische Transformation darstellt; denn man verifiziert ohne Mühe

$$y_1dx_1 + y_2dx_2 - \eta_1 d\xi_1 - \eta_2 d\xi_2 = d\left(\frac{1}{3}g^2\xi_2^3 - \xi_2\eta_2\right) .$$

Setzen wir (7.20) in (7.18) ein, so erhalten wir wie vorgesehen (7.19), so daß sich aufgrund von (7.12) Lösungen von

(7.8), (7.18) in der Form

$$x_1 = \eta_{1o}(t-t_o) + \xi_{1o}\ , \qquad y_1 = \eta_{1o}\ ,$$
$$x_2 = \frac{1}{g}\,\eta_{2o} - \frac{1}{2}g(t-t_o+\xi_{2o})^2\ , \qquad y_2 = -g(t-t_o+\xi_{2o})$$

ergeben. Es handelt sich dabei um sämtliche Lösungen des Differentialgleichungssystems (7.8), (7.18), wenn (t_o,ξ_o,η_o) die Menge $\mathbb{R} \times \mathbb{R}^2 \times \mathbb{R}^2$ durchläuft. Dies folgt aus den Existenz- und Eindeutigkeitssätzen für gewöhnliche Differentialgleichungen.

Bis jetzt haben wir kanonische Transformationen mit Funktionen

$$(x,\eta) \mapsto S(x,\eta)$$

in x und η erzeugt. Genauso gut kann man die anderen Kombinationen von alten und neuen Variablen nehmen, nämlich

$$(y,\xi) \mapsto S(y,\xi)\ , \tag{7.21}$$
$$(x,\xi) \mapsto S(x,\xi) \quad \text{oder} \quad (y,\eta) \mapsto S(y,\eta)\ .$$

Die (7.3) entsprechenden Gleichungen lauten dann

$$x = S_y(y,\xi)^T\ , \qquad \eta = S_\xi(y,\xi)^T\ , \tag{7.22}$$
$$y = S_x(x,\xi)^T\ , \qquad \eta = -\,S_\xi(x,\xi)^T\ ,$$

bzw.

$$x = S_y(y,\eta)^T\ , \qquad \xi = -\,S_\eta(y,\eta)^T\ .$$

Die Auflösung dieser Gleichungen nach x,y ist lokal möglich, wenn die Determinante der Matrix

$$S_\xi{}^T{}_y\ , \quad S_\xi{}^T{}_x \quad \text{bzw.} \quad S_\eta{}^T{}_y$$

nicht verschwindet. Ist eine solche Auflösung

$$x = X(\xi,\eta)\ , \quad y = Y(\xi,\eta) \tag{7.23}$$

gegeben, so stellt diese eine kanonische Transformation dar. Den exakten Wortlaut dieser dem Satz 7.1 entsprechenden Behauptung formulieren wir für den Fall (7.22), den wir in der Störungsrechnung noch benötigen werden. Mit den anderen beiden Fällen wird der Leser leicht selbst zurechtkommen. Es handelt sich ja um eine wörtliche Übertragung, bei der nur einige Symbole ausgetauscht werden.

Gegeben sei also eine Funktion

$$S : A \to \mathbb{R} \ , \qquad A \subseteq \mathbb{R}^n \times \mathbb{R}^n \ \text{offen}$$

in den 2n Veränderlichen $y_1, \ldots, y_n, \xi_1, \ldots, \xi_n$ mit stetigen partiellen Ableitungen bis zur dritten Ordnung, derart daß die Ungleichung

$$\det S_{\xi}{}^{T}{}_{y}(y,\xi) \neq 0 \ , \qquad (y,\xi) \in A$$

erfüllt ist. Dann gilt

<u>SATZ 7.2</u>: *Unter den soeben gemachten Voraussetzungen über die Funktion* S *sei* (7.23) *eine Auflösung von* (7.22), *d.h. wir haben eine Abbildung*

$$Y : \Delta \to \mathbb{R}^n \ , \qquad \Delta \subseteq \mathbb{R}^n \times \mathbb{R}^n \ \textit{offen}$$

mit stetigen partiellen Ableitungen bis zur zweiten Ordnung, derart daß

$$(Y(\xi,\eta),\xi) \in A \ , \qquad \eta = S_{\xi}(Y(\xi,\eta),\xi)^T \ , \qquad (\xi,\eta) \in \Delta$$

gilt, und wir definieren

$$X(\xi,\eta) := S_y(Y(\xi,\eta),\xi)^T \ , \qquad (\xi,\eta) \in \Delta.$$

Dann stellt die Abbildung

$$\begin{pmatrix} \xi \\ \eta \end{pmatrix} \mapsto \begin{pmatrix} X(\xi,\eta) \\ Y(\xi,\eta) \end{pmatrix}$$

von Δ *in den* $\mathbb{R}^{2n} = \mathbb{R}^n \times \mathbb{R}^n$ *eine kanonische Transformation dar.*

Der Beweis dieses Satzes verläuft analog zum Beweis von Satz 7.1 und sei dem Leser als Übungsaufgabe empfohlen.

Als Anwendung von Satz 7.2 betrachten wir eine Abbildung

mit stetigen partiellen Ableitungen bis zur dritten Ordnung und mit

$$\det X_\xi(\xi) \neq 0 , \qquad \xi \in \Gamma .$$

Wir suchen nach einer Abbildung

$$Y : \Gamma \times \mathbb{R}^n \to \mathbb{R}^n ,$$

derart, daß die Gleichungen

$$x = X(\xi) , \quad y = Y(\xi,\eta)$$

eine kanonische Transformation ergeben. Dazu machen wir den Ansatz

$$S(y,\xi) = y^T X(\xi) + f(\xi) ,$$

wobei

$$f : \Gamma \to \mathbb{R}$$

eine beliebige Funktion mit stetigen Abbildungen bis zur dritten Ordnung ist. Die so definierte Funktion S erfüllt die Voraussetzungen von Satz 7.2; denn es ist

$$\det S_{\xi}{}^T{}_y(y,\xi) = \det X_\xi(\xi) \neq 0 , \qquad (y,\xi) \in \mathbb{R}^n \times \Gamma .$$

Die Gleichungen (7.23) lauten jetzt

$$x = X(\xi) , \qquad \eta = X_\xi(\xi)^T y + f_\xi(\xi)^T$$

und haben als Auflösung

$$x = X(\xi) , \quad y = Y(\xi,\eta) := (X_\xi(\xi)^T)^{-1}(\eta - f_\xi(\xi)^T) .$$

Diese Gleichungen ergeben die gesuchte kanonische Transformation, wobei f ganz beliebig gewählt werden kann. Beispielsweise wird der Übergang zu Polarkoordinaten

$$x_1 = \xi_1 \cos \xi_2 , \qquad x_2 = \xi_1 \sin \xi_2 , \qquad \Gamma =]0,\infty[\times \mathbb{R}$$

durch die Gleichungen

$$y_1 = \eta_1 \cos \xi_2 - \frac{\eta_2}{\xi_1} \sin \xi_2 , \quad y_2 = \eta_1 \sin \xi_2 + \frac{\eta_2}{\xi_1} \cos \xi_2$$

zu einer kanonischen Transformation ergänzt. Hierbei haben wir $f = 0$ gesetzt.

§ 8 STÖRUNGSRECHNUNG

Wir betrachten jetzt das Differentialgleichungssystem

$$\dot{x} = \frac{\partial H}{\partial y}(x,y,\mu)^T , \quad \dot{y} = - \frac{\partial H}{\partial x}(x,y,\mu)^T , \tag{8.1}$$

in dem die Hamiltonfunktion H folgende drei Eigenschaften hat:

I. $H : \mathbb{R}^n \times B \times M \to \mathbb{R}$ ist reell analytisch, wobei B eine offene Teilmenge des $\mathbb{R}^n$ und M ein den Nullpunkt enthaltendes offenes Intervall aus $\mathbb{R}$ ist.

II. Es gilt

$$H(x+2\pi e_j,y,\mu) = H(x,y,\mu) , \qquad (x,y,\mu) \in \mathbb{R}^n \times B \times M$$

wobei $e_j = (0,\ldots,0,\overset{\longleftarrow j \longrightarrow}{1},0,\ldots,0)^T$, $j=1,\ldots,n$ die n Einheitsvektoren des $\mathbb{R}^n$ bezeichnen, d.h. H ist 2π-periodisch in $x_1,\ldots,x_n$.

III. Für $\mu = 0$ hängt H nur von y ab:

$$\overset{0}{H}(y) := H(x,y,0) , \qquad y \in B , \tag{8.2}$$

und es gilt

$$\det(\overset{0}{H}{}_y^T)_y(y) \neq 0 , \qquad y \in B . \tag{8.3}$$

Offensichtlich läßt sich H in der Form

$$H(x,y,\mu) = \overset{0}{H}(y) + \mu\overset{1}{H}(x,y,\mu) \tag{8.4}$$

schreiben, wobei $\overset{1}{H}$ die Eigenschaften I und II mit $\overset{1}{H}$ statt H besitzt.

Die Formeln (8.1), (8.4) zusammen mit den genannten Eigenschaften von H stellen eines der wichtigsten Differentialgleichungssysteme dar, wie sie in der Störungstheorie der Himmelsmechanik betrachtet werden. Als Beispiel haben wir das restringierte Dreikörperproblem nach längeren Vorbereitungen in § 6 in dieses System transformiert. Der Leser wird das beim Vergleich der Eigenschaften von $\hat{H}$ in (6.6) mit der obigen Hamiltonfunktion H leicht bestätigen.

Da H für verschwindenden Störungsparameter μ nicht von x abhängt, läßt sich das ungestörte System $(8.1)_{\mu=0}$ sofort integrieren mit den für alle $t \in \mathbb{R}$ definierten Lösungen

$$\begin{aligned} x &= t \overset{0}{H}_y(b)^T + \overset{0}{x} , \qquad \overset{0}{x} \in \mathbb{R}^n , b \in B , \\ y &= b . \end{aligned} \tag{8.5}$$

Es geht nun darum, diese Lösungen zu Lösungen des gestörten Systems (8.1), (8.4) für kleine $\mu \neq 0$ fortzusetzen. Aufgrund der analytischen Abhängigkeit der rechten Seite des Systems (8.1) von μ läßt sich jede Lösung (8.5) in einem beliebigen aber endlichen Zeitintervall $|t| \leq T$ für alle hinreichend kleinen μ , etwa für $|\mu| < \mu_0(T)$, zu einer Lösung von (8.1) fortsetzen. Das ist eine Folge der Sätze aus der Theorie der gewöhnlichen Differentialgleichungen über die Abhängigkeit von Parametern.

In der Himmelsmechanik interessieren jedoch in der Regel nur Lösungen, die für alle Zeiten definiert sind. Mit der Existenz solcher Lösungen beschäftigt man sich in der Störungstheorie. Eine der wichtigsten Aussagen der Störungstheorie ist ein Resultat von Kolmogorov aus dem Jahre 1954, das wir bereits in der Einleitung erwähnt haben und das wir im letzten Paragraphen dieses Artikels beweisen werden.

Im folgenden wollen wir uns mit einigen wesentlichen Schwierigkeiten der Störungstheorie auseinandersetzen und dann Störungsrechnung treiben. Als Störungsrechnung bezeichnet man die Behandlung der formalen Aspekte, die bei der Entwicklung von für alle Zeiten definierten Lösungen gestörter Systeme in trigonometrische Reihen auftreten, z.B. die explizite Berechnung der Glieder solcher Reihen. Wir wollen in diesem Paragraphen speziell diejenigen Lösungen des Systems (8.1), (8.4) in trigonometrische Reihen entwickeln, deren Existenz durch das Resultat von Kolmogorov gesichert ist.

Zunächst bemerken wir, daß das System (8.1), (8.4) invariant bleibt gegenüber kanonischen Transformationen der Form

$$x = X(\xi,\eta,\mu) = \xi + \mu \overset{1}{X}(\xi,\eta,\mu)$$
$$y = Y(\xi,\eta,\mu) = \eta + \mu \overset{1}{Y}(\xi,\eta,\mu) \qquad (8.6)$$

falls die Funktionen

$$\overset{1}{X}\ ,\ \overset{1}{Y} : \mathbb{R}^n \times \hat{B} \times \hat{M} \to \mathbb{R}^n\ , \qquad \hat{B} \subseteq B,\ \hat{B} \text{ offen},\ 0 \in \hat{M} \subseteq M,\ \hat{M} \text{ offenes Intervall}$$

in ihrem Definitionsbereich reell analytisch sind und in $\xi_1,\ldots,\xi_n$ die Periode 2π besitzen. Außerdem nehmen wir

$$Y(\xi,\eta,\mu) \in B\ , \qquad (\xi,\eta,\mu) \in \mathbb{R}^n \times \hat{B} \times \hat{M}$$

an, damit die neue Hamiltonfunktion

$$K(\xi,\eta,\mu) := H(X(\xi,\eta,\mu),Y(\xi,\eta,\mu),\mu) = \overset{0}{H}(\eta) + \mu \overset{1}{K}(\xi,\eta,\mu) \qquad (8.7)$$

des transformierten Systems

$$\dot{\xi} = \frac{\partial K}{\partial \eta}(\xi,\eta,\mu)^T\ , \qquad \dot{\eta} = -\frac{\partial K}{\partial \xi}(\xi,\eta,\mu)^T \qquad (8.8)$$

in ganz $\mathbb{R}^n \times \hat{B} \times \hat{M}$ definiert ist. Der Leser wird leicht nachprüfen, daß das transformierte System (8.7), (8.8) die gleichen Eigenschaften hat wie das System (8.1), (8.4).

Wir können nun versuchen, die Transformation (8.6) derart zu bestimmen, daß die neue Hamiltonfunktion nicht mehr von ξ abhängt, daß wir also

$$K(\xi,\eta,\mu) = K(\eta,\mu)\ , \qquad (\xi,\eta,\mu) \in \mathbb{R}^n \times \hat{B} \times \hat{M}$$

haben. In diesem Fall ist das System (8.8) vollständig lösbar mit den Lösungen

$$\xi = t\, K_\eta(b,\mu)^T + \overset{0}{\xi}\ , \qquad \eta = b \in \hat{B},\ \overset{0}{\xi} \in \mathbb{R}^n,\ \mu \in \hat{M}, \qquad (8.9)$$

welche in (8.6) eingesetzt zu Lösungen von (8.1) führen.

Zur Bestimmung einer solchen Transformation (8.6) ist es

naheliegend, den in § 7 dargelegten Formalismus von Hamilton und Jacobi zu verwenden. Dazu ist die partielle Differentialgleichung

$$H(x, S_x^T(x,\eta,\mu), \mu) = K(\eta,\mu) \tag{8.10}$$

von Hamilton und Jacobi mit reell analytischen Funktionen

$$S : \mathbb{R}^n \times \hat{B} \times \hat{M} \to \mathbb{R} , \quad K : \hat{B} \times \hat{M} \to \mathbb{R} \tag{8.11}$$

zu lösen, wobei wir an S noch die Forderung

$$\left.\begin{array}{l} S(x,\eta,\mu) = x^T\eta + \mu \overset{1}{S}(x,\eta,\mu) \\ \overset{1}{S} : \mathbb{R}^n \times \hat{B} \times \hat{M} \to \mathbb{R} \text{ reell analytisch} \\ \overset{1}{S}_x, \overset{1}{S}_\eta \quad 2\pi\text{-periodisch in } x_1,\ldots,x_n \end{array}\right\} \tag{8.12}$$

stellen, damit die Auflösung der Gleichungen

$$\begin{aligned} \xi &= S_\eta(x,\eta,\mu)^T = x + \mu \overset{1}{S}_\eta(x,\eta,\mu)^T \\ y &= S_x(x,\eta,\mu)^T = \eta + \mu \overset{1}{S}_x(x,\eta,\mu)^T \end{aligned} \tag{8.13}$$

nach x und y zu einer kanonischen Transformation (8.6) mit den gewünschten Eigenschaften führt. Leider stellt sich nun aber heraus, daß die partielle Differentialgleichung (8.10) im allgemeinen keine reell analytische Lösung (8.11) mit den Eigenschaften (8.12) zuläßt. Für das Verständnis der weiteren Überlegungen ist es nützlich, diesem Sachverhalt etwas näher auf den Grund zu gehen.

Dazu differenzieren wir (8.10) nach μ und setzen $\mu = 0$. Es ergibt sich dann mit Rücksicht auf (8.4), (8.7) und (8.13) die Gleichung

$$\overset{1}{S}_x(x,\eta,0)\overset{0}{H}_y(\eta)^T + \overset{1}{H}(x,\eta,0) = K_\mu(\eta,0) . \tag{8.14}$$

Zur Untersuchung dieser Gleichung fassen wir einen speziellen Wert $\eta = b \in \hat{B}$ ins Auge und setzen zur Abkürzung

$$\begin{aligned} f(x) &= -\overset{1}{H}(x,b,0) , \qquad & \omega &= \overset{0}{H}_y(b)^T , \\ v(x) &= \overset{1}{S}(x,b,0) , & c &= -K_\mu(b,0) . \end{aligned} \tag{8.15}$$

Dann ist statt (8.14) die lineare partielle Differentialgleichung

$$v_x(x)\omega + c = f(x) \tag{8.16}$$

zu lösen. Dabei ist f eine gegebene reell analytische Funktion mit der Periode 2π in allen Variablen $x_1,\ldots,x_n$ und ω ein gegebener Vektor aus $\mathbb{R}^n$. Gesucht sind wegen (8.12) und (8.15) eine Zahl $c \in \mathbb{R}$ und eine Funktion v mit den Eigenschaften

$$\begin{aligned} &v : \mathbb{R} \to \mathbb{R} \quad \text{reell analytisch} ,\\ &v_x \quad 2\pi\text{-periodisch in } x_1,\ldots,x_n , \end{aligned} \tag{8.17}$$

so daß die Gleichung (8.16) erfüllt ist. Die Behandlung dieser Gleichung wird uns erleichtert durch das folgende

<u>LEMMA 8.1</u>: *Zu jeder Funktion* v *mit den Eigenschaften* (8.17) *gibt es einen Vektor* $d \in \mathbb{R}^n$*, so daß die Funktion*

$$u(x) = v(x) - d^T x$$

die Periode 2π *in* $x_1,\ldots,x_n$ *besitzt.*

<u>BEWEIS</u>: Wir definieren

$$d_j = \frac{1}{2\pi}\left\{ v(x+2\pi e_j) - v(x) \right\} , \qquad j = 1,\ldots,n ,$$

wobei $e_j = (0,\ldots,\overset{\longleftarrow j \longrightarrow}{1},\ldots,0)^T$ den j-ten Einheitsvektor des $\mathbb{R}^n$ bezeichnet. Die $d_1,\ldots,d_n$ hängen nicht von x ab; denn es ist

$$d_{jx} = \frac{1}{2\pi}\left\{ v_x(x+2\pi e_j) - v_x(x) \right\} = 0$$

für alle $x \in \mathbb{R}^n$ und $j = 1,\ldots,n$ aufgrund von (8.17). Setzen wir noch $d = (d_1,\ldots,d_n)^T$, so erhalten wir

$$u(x+2\pi e_j) - u(x) = v(x+2\pi e_j) - v(x) - d^T 2\pi e_j = 0$$

für alle $x \in \mathbb{R}^n$ und $j = 1,\ldots,n$. □

Nun multiplizieren wir die Gleichung (8.16), in die wir uns eine Funktion v mit den Eigenschaften (8.17) eingesetzt denken, mit $e^{-ik^T x}$, $k = (k_1,\ldots,k_n)^T \in \mathbb{Z}^n$, $\mathbb{Z}$ = Menge der ganzen Zahlen und integrieren über den Würfel

$$W = \left\{ x = \begin{pmatrix} x_1 \\ \vdots \\ x_n \end{pmatrix} \in \mathbb{R}^n \middle| -\pi \le x_j \le \pi,\ j = 1,\dots,n \right\}.$$

Unter Verwendung von Lemma 8.1 und partieller Integration bekommen wir dann für $k \neq 0$

$$\int_W f(x) e^{-ik^Tx} dx = \int_W u_x(x)\omega e^{-ik^Tx} dx + (d^T\omega + c) \int_W e^{-ik^Tx} dx$$

$$= \sum_{j=1}^n \int_{-\pi}^{\pi} \dots \int_{-\pi}^{\pi} u_{x_j}(x)\omega_j e^{-i(k_1x_1+\dots+k_nx_n)} dx_1 \dots dx_n$$

$$= \sum_{j=1}^n i\omega_j k_j \int_W u(x) e^{-ik^Tx} dx ,$$

also $\int_W f(x) e^{-ik^Tx} dx = 0$, falls $k \in \mathbb{Z}^n \setminus \{0\}$ und $k^T\omega = 0$ ist.

Mit Rücksicht auf (8.15) können wir dieses Resultat zusammenfassen in

LEMMA 8.2: *Wenn die partielle Differentialgleichung* (8.10), (8.4) *von Hamilton und Jacobi eine reell analytische Lösung* (8.11), (8.12) *besitzt, dann gilt*

$$\int_{-\pi}^{\pi} \dots \int_{-\pi}^{\pi} \overset{1}{H}(x,\eta,0) e^{-ik^Tx} dx_1 \dots dx_n = 0$$

für alle $\eta \in \hat{B}$, $k \in \mathbb{Z}^n \setminus \{0\}$, *welche die Gleichung*

$$\overset{0}{H}_y(\eta)k = 0 \qquad (8.18)$$

erfüllen.

Um aus diesem Lemma eine Aussage über die Nichtexistenz von Lösungen der Gleichung (8.10) zu erhalten, müssen wir noch die Menge derjenigen $\eta \in \hat{B}$ untersuchen, die (8.18) mit gewissem $k \in \mathbb{Z}^n \setminus \{0\}$ erfüllen. Dazu bezeichnen wir zunächst mit

$$\Omega := \left\{ \omega \in \mathbb{R}^n \middle| k^T\omega \neq 0,\ k \in \mathbb{Z}^n \setminus \{0\} \right\}$$

die Menge aller Vektoren $\omega = (\omega_1,\dots,\omega_n)^T \in \mathbb{R}^n$, deren Komponenten $\omega_1,\dots,\omega_n$ über dem Körper $\mathbb{Q}$ der rationalen Zahlen linear unabhängig sind. Wir sprechen auch einfach von den rational unabhängigen Vektoren oder Punkten $\omega \in \Omega$. Die Komplementärmenge der rational abhängigen Vektoren

$$\Omega^c = \mathbb{R}^n \setminus \Omega = \bigcup_{k \in \mathbb{Z}^n \setminus \{0\}} \left\{ \omega \in \mathbb{R}^n \mid k^T\omega = 0 \right\}$$

ist als Vereinigung von abzählbar unendlich vielen Hyperebenen des $\mathbb{R}^n$ eine Nullmenge im Sinne des n-dimensionalen Lebesgueschen Maßes. Jedoch liegt Ω^c dicht in $\mathbb{R}^n$; denn jeder Vektor $p \in \mathbb{R}^n$ läßt sich bekanntlich beliebig genau durch rationale Vektoren $\omega \in \mathbb{Q}^n \subseteq \Omega^c$ approximieren. Daher liegt aufgrund von (8.3) und des Theorems über implizite Funktionen auch die Menge

$$\tilde{B} := \{\omega \in B \mid \overset{0}{H}_y(\eta)^T \in \Omega^c\} \subseteq B$$

dicht in B.

Wenn wir nun beispielsweise die Hamiltonfunktion (8.4) so wählen, daß die Ungleichungen

$$\int_{-\pi}^{\pi} \cdots \int_{-\pi}^{\pi} \overset{1}{H}(x,\eta,0) e^{-ik^T x} dx_1 \ldots dx_n \neq 0 , \qquad \eta \in B,\ k \in \mathbb{Z}^n \setminus \{0\} \tag{8.19}$$

gelten, dann kann es offensichtlich keine Lösung (8.11), (8.12) von (8.10) geben, wie klein auch immer die offene Menge $\hat{B} \subseteq B$ sein mag; denn andernfalls käme man mit Lemma 8.2 wegen $\hat{B} \cap \tilde{B} \neq \emptyset$ zu einem Widerspruch. Wir fassen dieses Ergebnis zusammen in

<u>SATZ 8.1</u>: *Wenn die Hamiltonfunktion* (8.4) *die Eigenschaft* (8.19) *hat, dann existiert keine reell analytische Lösung* (8.11), (8.12) *der partiellen Differentialgleichung* (8.10) *von Hamilton und Jacobi, wie auch immer die offene Menge* $\hat{B} \subseteq B$ *und das offene Intervall* $\hat{M}$ *mit* $0 \in \hat{M} \subseteq M$ *gewählt sein mögen.*

Natürlich drängt sich hier die Frage auf, ob es Funktionen (8.4) mit der Eigenschaft (8.19) überhaupt gibt. Die Antwort lautet ja, und wir konstruieren ein Beispiel. Zu diesem

$$g(t) := \sum_{l=-\infty}^{\infty} e^{ilt-2|l|} \quad .$$

Die Glieder dieser Reihe sind holomorph für alle $t \in \mathbb{C}$. Die Reihe konvergiert absolut und gleichmäßig im Streifen

$$\{t \in \mathbb{C} \mid |\mathrm{Im}\, t| < 1\} \tag{8.20}$$

als Folge der Abschätzung

$$\sum_{l=-\infty}^{\infty} |e^{ilt-2|l|}| \le \sum_{l=-\infty}^{\infty} e^{-|l|} \le \frac{2e}{e-1}$$

und stellt somit eine in (8.20) holomorphe Funktion dar, die überdies die Periode 2π hat und reell ist für reelle t. Außerdem gilt

$$\int_{-\pi}^{\pi} g(t) e^{-il_o t} dt = 2\pi e^{-2|l_o|} \neq 0 \,, \qquad l_o \in \mathbb{Z} \,. \tag{8.21}$$

Nun definieren wir

$$\overset{1}{H}(x,y,\mu) = \overset{1}{H}(x) := \prod_{j=1}^{n} g(x_j) \,.$$

$\overset{1}{H}$ hängt gar nicht von y und μ ab und ist reell analytisch bezüglich x in $\mathbb{R}^n$ mit der Periode 2π in $x_1,\ldots,x_n$. Daher dürfen wir mit diesem $\overset{1}{H}$ die Hamiltonfunktion (8.4) bilden. Schließlich folgt aus (8.21)

$$\int_{-\pi}^{\pi} \ldots \int_{-\pi}^{\pi} \overset{1}{H}(x) e^{-ik^T x} dx = \prod_{j=1}^{n} \int_{-\pi}^{\pi} g(x_j) e^{-ik_j x_j} \neq 0 \,,$$

$$k = \begin{pmatrix} k_1 \\ \vdots \\ k_n \end{pmatrix} \in \mathbb{Z}^n$$

also (8.19), und das Beispiel ist komplett.

Durch Verfeinerung der zu Satz 8.1 führenden Argumentation erhält man eine große Klasse von Hamiltonfunktionen (8.4), für die keine Lösung S,K von (8.10) der verlangten Art und folglich auch keine kanonische Transformation (8.6) von (8.1) in (8.8) mit $K(\xi,\eta,\mu) = K(\eta,\mu)$ existiert. Poincaré hat in seiner Preisschrift [15] einen ziemlich allgemeinen Satz in dieser Richtung bewiesen, der sogar das restringierte Dreikörperproblem (6.6),(6.8) umfaßt. Jedoch hat schon Weierstraß erkannt [13,S.56], daß der Poincarésche Beweis die Existenz von Lösungen des Systems (8.1) der Form (8.6), (8.9) nicht ausschließt, wenn man $\eta = b$ auf eine gewisse Teilmenge von B mit leerem offenen Kern beschränkt.

In der Tat beruht ja auch der Beweis von Satz 8.1 darauf, daß η in einer offenen Menge $\hat{B} \subseteq B$ und daher auch in einem Teil von $\tilde{B}$ variiert. Beschränkt man η aber auf eine Teilmenge von $B\setminus\tilde{B}$, dann läßt sich so ohne weiteres kein Widerspruch zur Existenz einer Lösung S,K von (8.10) erzeugen. Allerdings müssen wir uns fragen, was wir mit Funktionen S und K anfangen sollen, die bezüglich η nur auf einer Teilmenge von $B\setminus\tilde{B}$, ja vielleicht nur in einem einzigen Punkt $\eta = b \in B\setminus\tilde{B}$ definiert sind. Schließlich müssen wir ja S nach η differenzieren, um mit Hilfe von (8.13) zu einer kanonischen Transformation (8.6) zu gelangen.

Als Ausweg aus dieser Problematik bieten sich die folgenden heuristischen Überlegungen an:
Um zu einer einzelnen Lösung (8.6),(8.9) mit festem $\eta = b \in B\setminus\tilde{B}$ zu kommen, ist es nicht notwendig, daß die kanonische Transformation (8.6) eine von ξ unabhängige neue Hamiltonfunktion $K = K(\eta,\mu)$ liefert. Vielmehr genügt es, die Unabhängigkeit von ξ für $K(\xi,b,\mu)$ und $\frac{\partial K}{\partial \eta}(\xi,b,\mu)$, also

$$\begin{aligned} K(\xi,b,\mu) &= a(\mu) \ , \\ \frac{\partial K}{\partial \eta}(\xi,b,\mu)^T &= \omega(\mu) \ , \end{aligned} \qquad \xi \in \mathbb{R}^n \ , \quad \mu \in \hat{M} \tag{8.22}$$

mit reell analytischen Funktionen

$$a : \hat{M} \to \mathbb{R} \ , \qquad \omega : \hat{M} \to \mathbb{R}^n$$

zu fordern; denn dann hat (8.8) offensichtlich die Lösungen

$$\xi = t\omega(\mu) + \overset{0}{\xi} \ , \ \eta = b \ , \ \overset{0}{\xi} \in \mathbb{R}^n \ , \ \mu \in \hat{M} \ . \tag{8.23}$$

Die Forderung (8.22) bedeutet, daß wir statt (8.10) die beiden Gleichungen

$$H\left(x,S_x{}^T(x,b,\mu),\mu\right) = a(\mu) \ ,$$
$$H_y\left(x,S_x{}^T(x,b,\mu),\mu\right)S_x{}^T{}_\eta(x,b,\mu) = \omega(\mu)^T \tag{8.24}$$

zu lösen haben, wobei die zweite Gleichung durch Differentiation von (8.10) nach η entstanden ist. Die Gleichungen (8.24) sind aber erfüllt, wenn wir die Funktion S in (8.12) durch ihr Taylorpolynom ersten Grades bezüglich η im Punkt b, nämlich durch

$$S(x,\eta,\mu) = x^T\eta + \mu\overset{1}{S}(x,b,\mu) + \mu\overset{1}{S}_\eta(x,b,\mu)(\eta - b) \tag{8.25}$$

ersetzen und statt (8.10) nur

$$H\left(x,S_x{}^T(x,\eta,\mu),\mu\right) = a(\mu) + \omega(\mu)^T(\eta - b) + \frac{1}{2}(\eta - b)^T K_\eta{}^T{}_\eta(\xi,b,\mu)(\eta - b) + \dots \tag{8.26}$$

verlangen, wobei es auf die Beschaffenheit der Glieder höherer Ordnung in der Potenzreihenentwicklung nach Potenzen von $(\eta - b)_j$, $j = 1,\dots,n$ nicht ankommt.

Wenn wir mit (8.25) in (8.13) hineingehen, erhalten wir die Gleichungen

$$\left.\begin{aligned} y &= S_x(x,\eta,\mu)^T = \eta + \mu\overset{1}{S}_x(x,b,\mu)^T \\ &\qquad + \mu\overset{1}{S}_x{}^T{}_\eta(x,b,\mu)(\eta - b) \ , \\ \xi &= S_\eta(x,\eta,\mu)^T = x + \mu\overset{1}{S}_\eta(x,b,\mu)^T \ , \end{aligned}\right\} \tag{8.27}$$

deren Auflösung nach ξ,η jetzt statt (8.6) die speziellere Gestalt

$$\begin{aligned} x &= X(\xi,\mu) = \xi + \mu\overset{1}{X}(\xi,\mu) \ , \\ y &= Y(\xi,\eta,\mu) = \eta + \mu\overset{1}{Y}(\xi,\eta,\mu) \end{aligned} \tag{8.28}$$

besitzt, wobei Y eine (inhomogene) lineare Funktion von η ist. Diese kanonische Transformation liefert, wenn wir sie in (8.4) einsetzen, aufgrund von (8.26) und (8.27) die neue Hamiltonfunktion

$$\begin{aligned} K(\xi,\eta,\mu) &= H\left(X(\xi,\mu),Y(\xi,\eta,\mu),\mu\right) \\ &= a(\mu) + \omega(\mu)^T(\eta - b) + \dots \ , \end{aligned} \tag{8.29}$$

so daß wir das Resultat unserer heuristischen Überlegungen in folgende Aufgabe kleiden können:

Wir suchen ein $b \in B \setminus \tilde{B}$ und eine kanonische Transformation (8.28) mit den Eigenschaften

$$\left.\begin{array}{l} \overset{1}{X} : \mathbb{R}^n \times \hat{M} \to \mathbb{R}, \quad \overset{1}{Y} : \mathbb{R}^n \times \mathbb{R}^n \times \hat{M} \to \mathbb{R}^n \\ \text{reell analytisch und } 2\pi\text{-periodisch in} \\ \xi_1,\dots,\xi_n, \ \overset{1}{Y} \text{ inhomogen linear in } \eta, \end{array}\right\} \qquad (8.30)$$

derart daß die neue Hamiltonfunktion eine Potenzreihenentwicklung nach Potenzen von $\eta_1 - b_1,\dots,\eta_n - b_n$ der Form (8.29) gestattet. Das transformierte System (8.8) hat dann die Lösungen (8.23), welche in (8.28) eingesetzt zu Lösungen des gegebenen Hamiltonschen Systems (8.1) führen.

Um die Aussichten für eine Bewältigung dieser soeben formulierten Aufgabe zu ergründen, wollen wir einige Folgerungen aus der Existenz eines $b \in B \setminus \tilde{B}$ und einer kanonischen Transformation (8.28) mit den geforderten Eigenschaften ziehen. Insbesondere wollen wir untersuchen, inwieweit sich die Koeffizienten der Potenzreihenentwicklungen von X und Y nach Potenzen von μ eindeutig berechnen lassen.

Da die Transformation (8.28) kanonisch sein soll, muß ihre Funktionalmatrix symplektisch sein. Wir könnten diese Bedingung wie bisher in diesem Paragraphen dadurch erfüllt, daß wir (8.28) mit Hilfe einer Funktion $(x,\eta,\mu) \longmapsto S(x,\eta,\mu)$ durch Auflösung von (8.13) nach x und y erzeugen. Aufgrund ihrer speziellen Gestalt ist es jedoch vorteilhafter, die Transformation (8.28) mit einer Funktion $(y,\xi,\mu) \longmapsto S(y,\xi,\mu)$ durch die Gleichungen

$$x = S_y(y,\xi,\mu)^T , \qquad \eta = S_\xi(y,\xi,\mu)^T \qquad (8.31)$$

zu erzeugen, wie wir es am Ende von § 7 als Anwendung von Satz 7.2 vorgeführt haben; denn da y und η in (8.28) linear von einander abhängen, muß S als lineare Funktion in y angesetzt werden, so daß die Auflösung der zweiten Gleichung (8.31) nach y explizit und übersichtlich erfolgen kann.

Um den Bedingungen (8.30) Rechnung zu tragen, setzen wir

$$\left.\begin{aligned} S(y,\xi,\mu) &= \xi^T y + Z(y,\xi,\mu) \ , \\ Z(y,\xi,\mu) &= v(\xi,\mu) + w(\xi,\mu)^T(y - b), \\ v(\xi,\mu) &= d(\mu)^T\xi + u(\xi,\mu) \end{aligned}\right\} \quad (8.32)$$

mit

$$\left.\begin{aligned} &u : \mathbb{R}^n \times \hat{M} \to \mathbb{R}\ , \ w : \mathbb{R}^n \times \hat{M} \to \mathbb{R}^n \text{ reell} \\ &\text{analytisch und } 2\pi\text{-periodisch in } \xi_1,\dots,\xi_n \ , \\ &u(\xi,0) = 0 \ , \quad w(\xi,0) = 0 \ , \quad \xi \in \mathbb{R}^n \end{aligned}\right\} \quad (8.33)$$

und

$$d : \hat{M} \to \mathbb{R}^n \text{ reell analytisch, } d(0) = 0 \ . \quad (8.34)$$

Der Ansatz für v ist durch Lemma 8.1 motiviert, da nicht die Funktion Z selbst, sondern nur deren partielle Ableitungen nach y und ξ in (8.31) vorkommen und deshalb in $\xi_1,\dots,\xi_n$ die Periode 2π haben müssen. Die Auflösung von (8.31) nach x und y mit der in (8.32), (8.33) und (8.34) definierten Funktion S ergibt

$$\left.\begin{aligned} x &= X(\xi,\mu) = \xi + w(\xi,\mu) \ , \\ y &= Y(\xi,\eta,\mu) = \eta - (E+w_\xi(\xi,\mu)^T)^{-1} Z_\xi(\eta,\xi,\mu)^T \\ &= \eta - (E+w_\xi(\xi,\mu)^T)^{-1}\Big(v_\xi(\xi,\mu)^T \\ &\qquad + w_\xi(\xi,\mu)^T(\eta-b)\Big) \ , \end{aligned}\right\} \quad (8.35)$$

wobei E die n-reihige Einheitsmatrix bezeichnet, sie hat also in der Tat die Form (8.28) mit den Eigenschaften (8.30).

Wir nehmen nun an, es gäbe eine kanonische Transformation (8.35), welche die Hamiltonfunktion (8.4) in die Gestalt (8.29) bringt, und es seien

$$H(x,y,\mu) = \overset{0}{H}(y) + H^{(1)}(x,y)\mu + H^{(2)}(x,y)\mu^2 + \dots \ , \quad (8.36)$$

$$\begin{aligned} a(\mu) &= \overset{0}{H}(b) + a^{(1)}\mu + a^{(2)}\mu^2 + \dots \ , \\ \omega(\mu) &= \overset{0}{H}_y(b)^T + \omega^{(1)}\mu + \omega^{(2)}\mu^2 + \dots \ , \end{aligned} \quad (8.37)$$

$$\left.\begin{aligned} d(\mu) &= d^{(1)}\mu + d^{(2)}\mu^2 + \dots \ , \\ u(\xi,\mu) &= u^{(1)}(\xi)\mu + u^{(2)}(\xi)\mu^2 + \dots \ , \\ w(\xi,\mu) &= w^{(1)}(\xi)\mu + w^{(2)}(\xi)\mu^2 + \dots \end{aligned}\right\} \quad (8.38)$$

die entsprechenden konvergenten Potenzreihenentwicklungen nach Potenzen von μ. Setzen wir diese Reihen unter Verwendung von (8.35) in (8.29) ein und vergleichen die entstandenen Potenzreihen in μ auf beiden Seiten von (8.29), so erhalten wir Rekursionsformeln für die Koeffizienten der Reihen (8.37),(8.38).

Bei der Berechnung dieser Formeln sind die folgenden an sich trivialen und dem Leser sicherlich wohlbekannten Tatsachen über Potenzreihen zu beachten:
Wenn man zwei Potenzreihen

$$\begin{aligned} f(\mu) &= f_1\mu + f_2\mu^2 + \ldots \\ g(\mu) &= g_1\mu + g_2\mu^2 + \ldots \end{aligned} \qquad (f_l,\ g_l \in \mathbb{R},\ l = 1,2,\ldots)$$

in μ ohne konstante Glieder mit einander multipliziert, so entsteht eine Potenzreihe

$$f(\mu)g(\mu) = h_2\mu^2 + h_3\mu^3 + \ldots ,$$

deren Koeffizienten sich aus den Gleichungen

$$h_l = \sum_{\alpha=1}^{l-1} f_\alpha g_{l-\alpha} , \qquad l = 2,3,\ldots$$

ergeben. Entsprechend bekommen wir bei der Multiplikation von p Reihen

$$f_{(j)}(\mu) = f_{(j)1}\mu + f_{(j)2}\mu^2 + \ldots , \qquad j = 1,\ldots,p$$

ohne konstante Glieder den Koeffizienten der Potenz μ^l in der Reihe des Produkts

$$f_{(1)}(\mu) \cdots f_{(p)}(\mu) = f_{(1)1} \cdots f_{(p)1}\mu^p + \ldots \qquad (8.39)$$

als ein Polynom in den Koeffizienten

$$f_{(j)1},\ldots,f_{(j)l-1} , \qquad j = 1,\ldots,p$$

über dem Ring der ganzen Zahlen. Dabei kommt es nicht darauf an, wie diese Polynome im einzelnen aussehen. Wichtig ist im Hinblick auf Beweise mit vollständiger Induktion allein die Feststellung, daß der Koeffizient der Potenz μ^l in (8.39) keine $f_{(j)\alpha}$ mit $\alpha \geq l$ enthält.

Wir schreiben nun bei der Berechnung der Koeffizienten der Potenzreihen in μ nach Einsetzen von (8.38) in (8.35) bzw. (8.29) ein Glied $A_l \mu^l$ dann nicht explizit auf, wenn in A_l höchstens die Koeffizienten $d^{(\alpha)}$, $u^{(\alpha)}(\xi)$, $w^{(\alpha)}(\xi)$ der Reihen (8.38) mit $\alpha < l$ auftreten. Aufgrund der obigen Bemerkung dürfen wir dann z.B.

$$\begin{aligned}(E+w_\xi(\xi,\mu)^T)^{-1} &= E - w_\xi(\xi,\mu)^T + \ldots \\ &= E - \sum_{l=1}^{\infty} w_\xi^{(l)}(\xi)^T \mu^l + \ldots\end{aligned}$$

schreiben, weil in der Potenzreihenentwicklung

$$(w_\xi(\xi,\mu)^T)^p = \sum_{l=1}^{\infty} W_p^{(l)} \mu^l$$

der Koeffizient $W_p^{(l)}$ für $p \geq 2$ höchstens die Koeffizienten $w^{(\alpha)}$ mit $1 \leq \alpha \leq l-1$ enthält. Genauer gesagt ist $W_p^{(l)}$ ein Polynom in den Komponenten von $w_\xi^{(\alpha)}(\xi)$, $1 \leq \alpha \leq l-1$ mit ganzzahligen n-reihigen quadratischen Matrizen als Koeffizienten. Ebenso ergibt sich aus (8.35)

$$\left.\begin{aligned} x &= X(\xi,\mu) = \xi + w(\xi,\mu) , \\ y &= Y(\xi,\eta,\mu) = \eta - v_\xi(\xi,\mu)^T \\ &\qquad - w_\xi(\xi,\mu)^T(\eta-b) + \ldots \quad . \end{aligned}\right\} \quad (8.40)$$

Setzen wir diese Reihen in (8.29) ein, so erhalten wir mit Rücksicht auf (8.36) für $\eta = b$

$$\overset{0}{H}(b) - \overset{0}{H}_y(b) v_\xi(\xi,\mu)^T + \ldots = a(\mu) \quad . \qquad (8.41)$$

Nur das Glied $\overset{0}{H}(y)$ der Reihe (8.36) liefert also einen auszuschreibenden Beitrag. Für die übrigen Glieder ergibt die Taylorentwicklung nämlich

$$\begin{aligned}&H^{(l)}\Big(\xi+w(\xi,\mu), b-v_\xi(\xi,\mu)^T + \ldots\Big)\mu^l = \\ &H^{(l)}(\xi,b)\mu^l + H_x^{(l)}(\xi,b) w(\xi,\mu)\mu^l - H_y^{(l)}(\xi,b) v_\xi(\xi,\mu)^T \mu^l \\ &+ \ldots = \ldots \qquad (l \geq 1) \ .\end{aligned}$$

Wenn wir die Gleichung (8.29) noch nach η differenzieren, so bekommen wir in gleicher Weise nach Einsetzen von (8.40) für $\eta = b$

$$\overset{0}{H}_y(b) - \overset{0}{H}_y(b) w_\xi(\xi,\mu)^T - v_\xi(\xi,\mu) \overset{0}{H}_y{}^T{}_y(b) + \ldots = \omega(\mu)^T . \tag{8.42}$$

Durch Vergleich der Koeffizienten von μ^l in (8.41) und (8.42) ergeben sich nun mit Hilfe von (8.32),(8.37) und (8.38) im Fall $l = 0$ die Bestätigung, daß die konstanten Glieder der Reihen für $\alpha(\mu)$ und $\omega(\mu)$ richtig gewählt worden sind, und im Fall $l > 0$ die gewünschten Rekursionsformeln

$$u_\xi^{(l)}(\xi) \overset{0}{H}_y(b)^T + \overset{0}{H}_y(b) d^{(l)} + a^{(l)} = \ldots , \tag{8.43}$$

$$w_\xi^{(l)}(\xi) \overset{0}{H}_y(b)^T + \overset{0}{H}_y{}^T{}_y(b) \left\{ d^{(l)} + u_\xi^{(l)}(\xi)^T \right\} + \omega^{(l)} = \ldots , \tag{8.44}$$

wobei auf der rechten Seite von (8.43) und von jeder Zeile in (8.44) endliche Summen von Produkten stehen, deren endlich viele Faktoren unter den Komponenten von

$$d^{(\alpha)},\ u_\xi^{(\alpha)}(\xi),\ w^{(\alpha)}(\xi),\ w_\xi^{(\alpha)}(\xi) , \qquad \alpha = 1,\ldots,l-1 ,$$

unter den rationalen Zahlen und unter den partiellen Ableitungen der gegebenen Hamiltonfunktion (8.4),(8.36) nach $x_1,\ldots,x_n,y_1,\ldots,y_n,\mu$ bis zur l-ten Ordnung an der Stelle $x = \xi$, $y = b$, $\mu = 0$ zu suchen sind. Dies dürfte aufgrund der bisherigen Überlegungen klar sein. Genauer brauchen wir die rechten Seiten von (8.43) und (8.44) nicht zu analysieren; denn wir benötigen nur die auch so schon offensichtliche Tatsache, daß die rechten Seiten bekannte reell analytische Funktionen mit der Periode 2π in $\xi_1,\ldots,\xi_n$ darstellen, wenn

$$d^{(\alpha)} , \qquad \alpha = 1,\ldots,l-1$$

gegebene Vektoren aus $\mathbb{R}^n$ und

$$u^{(\alpha)}: \mathbb{R}^n \to \mathbb{R},\ w^{(\alpha)}: \mathbb{R}^n \to \mathbb{R}^n , \qquad \alpha = 1,\ldots,l-1$$

gegebene reell analytische Funktionen mit der Periode 2π in $\xi_1,\ldots,\xi_n$ sind, weil ja die Hamiltonfunktion H reell analytisch ist und die Periode 2π in $x_1,\ldots,x_n$ besitzt.

Wir untersuchen jetzt, inwieweit die Koeffizienten

$$a^{(\alpha)},\ \omega^{(\alpha)},\ d^{(\alpha)},\ u^{(\alpha)}(\xi),\ w^{(\alpha)}(\xi)$$

der Reihen (8.37),(8.38) für $\alpha = l$, $l \geq 1$ durch die Rekursionsformeln (8.43),(8.44) bestimmt sind, und nehmen an, sie seien für $\alpha = 1,\ldots,l-1$ bereits festgelegt, und zwar natürlich reell analytisch mit der Periode 2π in $\xi_1,\ldots,\xi_n$, soweit sie von ξ abhängen. Wir bezeichnen die rechten Seiten von (8.43) bzw. (8.44) mit $F(\xi)$ bzw. $G(\xi)$ und wissen dann aufgrund der oben festgestellten Tatsache, daß

$$F : \mathbb{R}^n \to \mathbb{R}\ , \qquad G : \mathbb{R}^n \to \mathbb{R}^n$$

wohldefinierte reell analytische Funktionen mit der Periode 2π in $\xi_1,\ldots,\xi_n$ sind. Bezeichnen wir ferner zur Abkürzung mit

$$[f] := \frac{1}{(2\pi)^n} \int_{-\pi}^{\pi} \cdots \int_{-\pi}^{\pi} f(\xi)\,d\xi_1 \ldots d\xi_n$$

den Mittelwert einer in $\mathbb{R}^n$ stetigen Funktion f mit der Periode 2π in $\xi_1,\ldots,\xi_n$, so ergibt die Mittelwertbildung über die obigen Rekursionsformeln

$$\overset{0}{H}_y(b)d^{(l)} + a^{(l)} = [F]\ , \tag{8.45}$$

$$\overset{0}{H}{}_y{}^T{}_y(b)d^{(l)} + \omega^{(l)} = [G]\ . \tag{8.46}$$

Aus diesen Gleichungen kann man $a^{(l)}$ und $\omega^{(l)}$ berechnen, wenn man $d^{(l)}$ als gegeben ansieht. Wegen (8.3) kann man aber auch $\omega^{(l)}$ vorschreiben und dann $a^{(l)}$ und $d^{(l)}$ berechnen. Wir betrachten hier den letzteren Fall und nehmen sogar an, daß $\omega(\mu)$ gar nicht von μ abhängt, daß also

$$\omega(\mu) \equiv \omega \equiv \overset{0}{H}_y(b)^T \tag{8.47}$$

gilt, und somit alle $\omega^{(l)}$, $l = 1,2,\ldots$ verschwinden. Setzen wir dann noch

$$Q := \overset{0}{H}_{y\,y}{}^{T}(b) \quad , \tag{8.48}$$

so bekommen wir

$$d^{(1)} = Q^{-1}[G], \qquad a^{(1)} = [F] - \omega^T Q^{-1}[G]$$

und aus (8.43),(8.44),(8.45),(8.46) die Gleichungen

$$u_\xi^{(1)}(\xi)\omega = F(\xi) - [F] \ , \tag{8.49}$$

$$w_\xi^{(1)}(\xi)\omega + Qu_\xi^{(1)}(\xi)^T = G(\xi) - [G] \ . \tag{8.50}$$

Aus diesen Gleichungen kann man offenbar $u^{(1)}$ und $w^{(1)}$ berechnen unter der Voraussetzung, daß die Gleichung

$$U_\xi(\xi)\omega = f(\xi) \tag{8.51}$$

bei beliebig gegebener reell analytischer Funktion $f : \mathbb{R}^n \to \mathbb{R}$ mit der Periode 2π in $\xi_1,\ldots,\xi_n$ und mit $[f] = 0$ eine reell analytische und 2π-periodische Lösung $U : \mathbb{R}^n \to \mathbb{R}$ besitzt, die wir ohne Beschränkung der Allgemeinheit durch $[U] = 0$ normieren können, weil mit U auch U + konst. Lösung von (8.51) ist. Ist diese Voraussetzung erfüllt, so berechnet sich $u^{(1)}$ aus (8.49) und $w^{(1)}$ zufolge (8.50) aus

$$w_\xi^{(1)}(\xi) = G(\xi) - [G] - Qu_\xi^{(1)}(\xi)^T$$

weil die rechte Seite reell analytisch und 2π-periodisch ist und den Mittelwert 0 besitzt. Falls U aus (8.51) und $[U] = 0$ eindeutig bestimmt ist, gilt dies auch für $u^{(1)}$ und $w^{(1)}$, wenn wir noch $[u^{(1)}] = 0$, $[w^{(1)}] = 0$ verlangen. Daher führen unsere bisherigen Überlegungen zu dem folgenden

SATZ 8.2: *Wenn* $b \in B\setminus\tilde{B}$ *so gewählt werden kann, daß die Gleichung* (8.51) *mit* (8.47) *zu jeder beliebig vorgegebenen Funktion*

$f : \mathbb{R}^n \to \mathbb{R}$ *reell-analytisch,* 2π*-periodisch in* $\xi_1,\ldots,\xi_n$, $[f] = 0$

eine eindeutig bestimmte Lösung

$U : \mathbb{R}^n \to \mathbb{R}$ *reell analytisch, 2π-periodisch in*

$\xi_1,\dots,\xi_n$, $[U] = 0$

besitzt, wenn ferner eine Funktion S *mit den Eigenschaften* (8.32), (8.33), (8.34) *und*

$$[u(.,\mu)] = 0 \;, \qquad [w(.,\mu)] = 0 \;, \qquad \mu \in \hat{M}$$

existiert, derart daß die durch sie erzeugte kanonische Transformation (8.35) *die Hamiltonfunktion* (8.4) *in die Gestalt* (8.29) *bringt, wobei* $\omega(\mu)$ *durch* (8.47) *definiert ist, dann lassen sich die Koeffizienten der Potenzreihenentwicklung von* $a(\mu)$, $d(\mu)$, $u(\xi,\mu)$, $w(\xi,\mu)$ *nach Potenzen von* μ *rekursiv eindeutig aus* (8.29) *berechnen.*

Nach der Definition von $\tilde{B}$ auf Seite 72 ist

$$B\setminus\tilde{B} = \{\eta \in B \mid \omega = \overset{0}{H}_y(\eta)^T \in \Omega\}$$

d.h. ω ist ein rational unabhängiger Vektor aus $\mathbb{R}^n$. Die Frage, für welche $\omega \in \Omega$ die Gleichung (8.51) in dem angegebenen Sinne lösbar ist, werden wir in § 9 erörtern. Es wird sich herausstellen, daß fast alle $b \in B\setminus\tilde{B}$ die in Satz 8.2 verlangte Eigenschaft haben.

Die zweite Voraussetzung von Satz 8.2, nämlich die Existenz von S ist das eigentliche Problem. Man kann dieses Problem aber zunächst einmal ausklammern, weil die abgeleiteten Rekursionsformeln erklärt sind, ob nun S existiert oder nicht. Tatsächlich wurde ja die Konvergenz der Reihen (8.38), die mit der Existenz von S gleichbedeutend ist, nirgends verwendet.

Wir haben die Existenz von S eigentlich nur vorausgesetzt, um längere Ausführungen über das Rechnen mit formalen (konvergenten oder divergenten) Potenzreihen, d.h. das Rechnen im Ring der formalen Potenzreihen zu vermeiden. Wir gingen davon aus, daß dem Leser das Rechnen mit konvergenten Potenzreihen von der Funktionentheorie her geläufig ist, während er sich vielleicht beim Rechnen mit formalen Potenzreihen ohne ausreichende algebraische Vorbereitung unsicher gefühlt hätte.

Jedenfalls ist die ganze Rechnung zur eindeutigen Bestimmung der Koeffizienten der Reihen $a(\mu)$, $d(\mu)$, $u(\xi,\mu)$, $w(\xi,\mu)$ durchgeführt worden, ohne auf die Konvergenz irgend einer der vorkommenden Reihen Bezug zu nehmen, weil stets nur endliche Summen auftraten. Als Resultat ergibt sich für $S(\xi,\eta,\mu)$ eine formale Reihe nach Potenzen von μ, und entsprechend ergeben sich formale Reihen für die kanonische Transformation (8.35). Gelänge es, die Konvergenz der Reihe für $S(\xi,\eta,\mu)$ zu beweisen, so wäre ein Existenzbeweis für S geliefert. Doch ist bis heute ein direkter Konvergenzbeweis durch Abschätzung der Koeffizienten der Reihen (8.38) mit Hilfe der Rekursionsformeln (8.43),(8.44) wegen der zu komplizierten rechten Seiten nicht zustande gekommen.

Für die praktische Astronomie des 19.Jahrhunderts spielten Existenzfragen wie hier die Existenz von S eine untergeordnete Rolle. Denn für numerische Zwecke konnte man sowieso nur endlich viele Glieder der betrachteten Reihen heranziehen. Deshalb konzentrierte man sich vornehmlich darauf, geeignete formale Reihenentwicklungen für die gesuchten Lösungen der betrachteten Differentialgleichungen zu finden. Ein Höhepunkt all dieser Bemühungen stellt zweifellos Delaunay's Mondtheorie und Poincaré's Verallgemeinerung der darin enthaltenen Ideen auf Systeme (8.1),(8.4) dar. Die hier abgeleiteten Reihen traten erstmals in Poincarés *Méthodes Nouvelles de la Mécanique Céleste*, Bd.2 auf.

§ 9 Lineare partielle Differentialgleichungen erster Ordnung mit konstanten Koeffizienten auf dem Torus

In der Störungstheorie spielt, wie wir im letzen Paragraphen sahen, die lineare partielle Differentialgleichung

$$U_\xi(\xi)\omega = f(\xi) \tag{9.1}$$

mit konstanten Koeffizienten eine wesentliche Rolle, wobei ω der Menge

$$\Omega = \left\{ \omega \in \mathbb{R}^n \,\middle|\, k^T\omega \neq 0,\ k \in \mathbb{Z}^n \setminus \{0\} \right\}$$

angehört und f, U reell analytische Funktionen mit der Periode 2π in $\xi_1,\dots,\xi_n$ sind. Wir untersuchen im folgenden die Frage nach der Existenz eines U bei gegebenem f. Wenn wir die Variablen $\xi_1,\dots,\xi_n$ mod 2π identifizieren, können wir sagen, daß wir jetzt lineare Differentialgleichungen mit konstanten Koeffizienten auf dem Torus $\mathbb{R}^n/2\pi\mathbb{Z}^n$ betrachten. Diese Identifikation werden wir aber in diesem Paragraphen noch nicht vornehmen, da sie zur Frage der Lösbarkeit von (9.1) nichts beiträgt. Viel wichtiger ist es, daß wir unsere Betrachtungen vom $\mathbb{R}^n$ auf eine komplexe Umgebung des $\mathbb{R}^n$ ausdehnen, um die Hilfsmittel der Funktionentheorie in Anspruch nehmen zu können.

Wir führen die Bezeichnungen

$$\operatorname{Re}\xi = \begin{pmatrix} \operatorname{Re}\xi_1 \\ \vdots \\ \operatorname{Re}\xi_n \end{pmatrix}, \quad \operatorname{Im}\xi = \begin{pmatrix} \operatorname{Im}\xi_1 \\ \vdots \\ \operatorname{Im}\xi_n \end{pmatrix},$$

$$|\xi| = \max_{1\le j\le n} |\xi_j| , \qquad \xi = \begin{pmatrix} \xi_1 \\ \vdots \\ \xi_n \end{pmatrix} \in \mathbb{C}^n$$

ein und behaupten

<u>SATZ 9.1</u>: *Sei* $f : \mathbb{R}^n \to \mathbb{R}$ *eine reell analytische Funktion mit der Periode* 2π *in allen Variablen. Dann gibt es ein* $r > 0$, *so daß sich* f *in den Streifen*

$$\Sigma_r := \{\xi \in \mathbb{C}^n \mid |\operatorname{Im}\xi| < r\}$$

analytisch fortsetzen läßt, d.h. es gibt eine analytische Funktion

$$g : \Sigma_r \to \mathbb{C} \quad \textit{mit} \quad g/_{\mathbb{R}^n} = f .$$

Diese Fortsetzung g *ist eindeutig bestimmt und* 2π*-periodisch in* $\xi_1,\dots,\xi_n$, *es gilt also*

$$g(\xi + 2\pi e_j) = g(\xi) , \quad \xi \in \Sigma_r,\ j = 1,\dots,n , \tag{9.2}$$

wobei $e_j = (0,\ldots,0,\overset{j}{1},0,\ldots,0)^T$ *den j-ten Einheitsvektor des* $\mathbb{R}^n$ *bezeichnet.*

<u>BEWEIS</u>: Da $f : \mathbb{R}^n \to \mathbb{R}$ reell analytisch ist, gibt es eine offene Menge $B \subseteq \mathbb{C}^n$ mit $\mathbb{R}^n \subseteq B$ und eine analytische Funktion $g : B \to \mathbb{C}^n$ mit $g/\mathbb{R}^n = f$. Diese Behauptung findet der Leser in Abschnitt (9.4.5) von Dieudonnés Buch [29], das wir im folgenden öfter zitieren werden, bewiesen.

Wenn es ein $r > 0$ gibt, so daß $\Sigma_r \subseteq B$ ist, dann ist auch (9.2) erfüllt. Diese Gleichungen gelten nämlich in $\mathbb{R}^n$ wegen der Periodizität von $g/\mathbb{R}^n = f$. Ihre Gültigkeit in ganz Σ_r ist eine Folge von Satz (9.4.4) in [29]. Derselbe Satz liefert auch die Eindeutigkeit der analytischen Fortsetzung g von f in Σ_r.

In dem Fall, daß die Relation $\Sigma_r \subseteq B$ für kein $r > 0$ erfüllt ist, verlangen wir nur

$$A := \{\xi \in \mathbb{C}^n \mid |\text{Re}\ \xi| < 4\pi,\ |\text{Im}\ \xi| < r\} \subseteq B$$

für ein $r > 0$. Ein solches r ist stets vorhanden, andernfalls könnten wir eine Folge $(\xi^{(\nu)})$ mit den Eigenschaften

$$\xi^{(\nu)} \in \mathbb{C}^n \setminus B\ ,\qquad |\text{Re}\ \xi^{(\nu)}| < 4\pi\ ,\qquad |\text{Im}\ \xi^{(\nu)}| < \frac{1}{\nu}\ ,$$
$$\nu = 1,2,\ldots\ ,$$

finden und aus dieser eine konvergente Teilfolge $\xi^{(\nu_1)} \to \xi^{(0)}$ auswählen. Es würde dann $\text{Im}\ \xi^{(0)} = 0$ und $\xi^{(0)} \in \mathbb{C}^n \setminus B$ wegen der Abgeschlossenheit von $\mathbb{C}^n \setminus B$ gelten, folglich wäre $\xi^{(0)} \in \mathbb{R}^n \cap \mathbb{C}^n \setminus B$ im Widerspruch zu $\mathbb{R}^n \subseteq B$.

Für die Einschränkung $\hat{g} = g/A$ von g auf A bekommen wir wie oben

$$\hat{g}(\xi + 2\pi e_j) = \hat{g}(\xi)\ ,\qquad |\text{Re}\ \xi| < 2\pi\ ,\ |\text{Im}\ \xi| < r\ ,$$
$$j = 1,\ldots,n\ ,$$

weil $\hat{g}$ auf $\mathbb{R}^n \cap A$ mit f übereinstimmt. Setzen wir nun $\hat{g}$

2π-periodisch auf ganz Σ_r fort und nennen wir die Fortsetzung wieder g, dann erfüllt die Funktion g alle Bedingungen von Satz 9.1: Sie genügt den Gleichungen (9.2), weshalb sich die Analytizität von A auf ganz Σ_r überträgt. Es ist $g/\mathbb{R}^n = f$. Die Eindeutigkeit ergibt sich wie oben. □

Aufgrund dieses Satzes handelt es sich jetzt darum, zu einer vorgegebenen analytischen und 2π-periodischen Funktion $f : \Sigma_r \to \mathbb{C}$ eine ebenfalls analytische und 2π-periodische Funktion $U : \Sigma_{\hat{r}} \to \mathbb{C}$ mit $0 < \hat{r} \leq r$ zu finden, so daß die Gleichung (9.1) erfüllt ist. Das angemessene Hilfsmittel zur Bewältigung dieser Aufgabe ist die Entwicklung der beteiligten Funktionen in Fourierreihen. Daher wollen wir zunächst einige Sätze über Fourierreihen analytischer Funktionen beweisen, die uns im folgenden nützlich sein werden.

Zur Abkürzung bezeichnen wir mit $\mathcal{F}(r)$ die Menge aller Funktionen $f : \Sigma_r \to \mathbb{C}$, die in Σ_r analytisch sind und dort in allen Variablen die Periode 2π besitzen. Es ist klar, daß $\mathcal{F}(r)$ ein Vektorraum über $\mathbb{C}$ ist.

Wir führen nun in $\mathcal{F}(r)$ ein inneres Produkt ein durch die Definition

$$\langle f,g\rangle = \left(\frac{1}{2\pi}\right)^n \int_{-\pi}^{\pi} \cdots \int_{-\pi}^{\pi} f(\xi)\overline{g(\xi)}d\xi_1 \ldots d\xi_n \; ; \quad f,g \in \mathcal{F}(r) \; ,$$

so daß die Exponentialfunktionen

$$\xi \to \exp_k(\xi) := e^{ik^T\xi} \; , \qquad k \in \mathbb{Z}^n$$

eine orthonormale Menge in $\mathcal{F}(r)$ bilden. Die Fourierkoeffizienten einer Funktion $f \in \mathcal{F}(r)$ bezüglich dieser orthonormalen Menge lauten

$$f_k = \langle f,\exp_k\rangle \; , \qquad k \in \mathbb{Z}^n \; ,$$

und die der Funktion f zugeordnete Fourierreihe hat die Form

$$\sum_{k\in\mathbb{Z}^n} f_k \exp_k \quad .$$

Über Fourierkoeffizienten und Fourierreihen von Funktionen aus $F(r)$ gelten nun die folgenden Sätze:

<u>SATZ 9.2</u>: *Es sei* f *eine Funktion aus* $F(r)$, *die der Abschätzung*

$$|f(\xi)| \leq M \, , \qquad |\mathrm{Im}\ \xi| < r \tag{9.3}$$

mit einer positiven Konstanten M *genügt. Dann gilt die Ungleichung*

$$\sum_{k\in\mathbb{Z}^n} |f_k|^2 \, e^{2r||k||} \leq 2^n M^2 \, , \tag{9.4}$$

wobei

$$||k|| = |k_1| + \ldots + |k_n| \, , \qquad k = (k_1,\ldots,k_n)^T \in \mathbb{Z}^n$$

ist und f_k, $k \in \mathbb{Z}^n$ *die Fourierkoeffizienten von* f *bezeichnen.*

<u>BEWEIS</u>: Für jeden Vektor $a \in \mathbb{R}^n$ mit $|a| = \max_{1\leq j\leq n} |a_j| < r$ gehört die Funktion $\xi \mapsto f(\xi+ia)$ zu $F(r-|a|)$. Ihre Fourierkoeffizienten lauten

$$f_k(a) = \left(\frac{1}{2\pi}\right)^n \int_{-\pi}^{\pi} \ldots \int_{-\pi}^{\pi} f(\xi+ia)e^{-ik^T\xi} \, d\xi_1\ldots d\xi_n \, , \qquad k \in \mathbb{Z}^n,$$

so daß die Besselsche Ungleichung zu

$$\sum_{k\in\mathbb{Z}^n} |f_k(a)|^2 \leq \left(\frac{1}{2\pi}\right)^n \int_{-\pi}^{\pi} \ldots \int_{-\pi}^{\pi} |f(\xi+ia)|^2 d\xi_1\ldots d\xi_n$$

und daher mit (9.3) zu der Abschätzung

$$\sum_{k\in\mathbb{Z}^n} |f_k(a)|^2 \leq M^2 \, , \qquad |a| < r \tag{9.5}$$

führt. Wir bemerken nun, daß die Funktion

$$a \mapsto f_k(a)e^{k^T a}$$

$$= (\frac{1}{2\pi})^n \int_{-\pi}^{\pi} \dots \int_{-\pi}^{\pi} f(\xi+ia)e^{-ik^T(\xi+ia)}d\xi_1 \dots d\xi_n$$

in dem Würfel $\{a \in \mathbb{R}^n \,|\, |a| < r\}$ von a unabhängig ist; denn dieser Würfel ist zusammenhängend, und der Ausdruck

$$\frac{\partial}{\partial a_j} \left\{ f_k(a)e^{k^T a} \right\}$$

$$= (\frac{1}{2\pi})^n \int_{-\pi}^{\pi} \dots \int_{-\pi}^{\pi} i\frac{\partial}{\partial \xi_j} \{f(\xi+ia)e^{-k^T(\xi+ia)}\}d\xi_1 \dots d\xi_n$$

verschwindet als Mittelwert einer partiellen Ableitung ($j=1,\dots,n$). Daher haben wir

$$f_k(a) \cdot e^{k^T a} = f_k(0) = f_k$$

und folglich

$$\sum_{k \in \mathbb{Z}^n} |f_k|^2 e^{-2k^T a} \leq M^2 , \qquad |a| < r \tag{9.6}$$

mit Rücksicht auf (9.5). Um den Beweis zu vollenden, bezeichnen wir mit $\hat{e}_l$, $l = 1,\dots,2^n$ diejenigen Vektoren des $\mathbb{R}^n$, deren Komponenten ausschließlich die Werte ± 1 annehmen, und definieren

$$Q_l = \left\{ k \in \mathbb{Z}^n \,|\, k^T \hat{e}_l = -||k|| \right\} .$$

Dann gilt

$$\bigcup_{l=1}^{2^n} Q_l = \mathbb{Z}^n \tag{9.7}$$

und

$$\sum_{k \in Q_l} |f_k|^2 e^{2s||k||} \leq M^2 , \qquad 0 < s < r, \; l = 1,\dots,2^n ,$$

wenn wir in (9.6) $a = s\hat{e}_l$ setzen. Hieraus erhalten wir durch den Grenzübergang $s \to r$

$$\sum_{k \in Q_l} |f_k|^2 e^{2r||k||} \leq M^2 , \qquad l = 1,\ldots,2^n .$$

Addieren wir diese Ungleichungen unter Verwendung von (9.7), so gelangen wir zu der gewünschten Abschätzung (9.4). □

Bevor wir zum nächsten Satz kommen, möchten wir den Leser daran erinnern, daß eine Reihe der Form

$$\sum_{k \in \mathbb{Z}^n} c_k , \qquad c_k \in \mathbb{C} , \; k \in \mathbb{Z}^n$$

unabhängig von der Reihenfolge der Glieder gegen ein und denselben Wert konvergiert, wenn sie in einer bestimmten Reihenfolge absolut konvergiert. Mehr darüber findet der Leser in (5.3.3), [29].

<u>SATZ 9.3</u>: *Gegeben seien eine Funktion* $f \in F(r)$, *die der Abschätzung*

$$|f(\xi)| \leq M , \qquad |\mathrm{Im}\, \xi| < r$$

mit einer positiven Konstante M *genügt, und eine Familie komplexer Zahlen* $(c_k)_{k \in \mathbb{Z}^n}$, *derart daß*

$$\Phi(\delta) := \sum_{k \in \mathbb{Z}^n} |c_k|^2 e^{-2\delta||k||} \tag{9.8}$$

für jedes $\delta > 0$ *konvergiert. Dann konvergiert die Reihe*

$$F(\xi) := \sum_{k \in \mathbb{Z}^n} c_k f_k e^{ik^T\xi}$$

wobei f_k, $k \in \mathbb{Z}^n$ *die Fourierkoeffizienten von* f *bedeuten, absolut und gleichmäßig in jedem Streifen* $\Sigma_{r-\delta}$, $0 < \delta < r$ *und definiert folglich eine Funktion aus* $F(r)$. *Außerdem gilt die Abschätzung*

$$|F(\xi)| \leq 2^{n/2} M \sqrt{\Phi(\delta)}\,, \qquad \begin{array}{l} 0 < \delta < r, \\ |\mathrm{Im}\ \xi| < r-\delta\,. \end{array} \tag{9.9}$$

<u>BEWEIS</u>: Für $0 < \delta < r$ und $|\mathrm{Im}\ \xi| < r-\delta$ gilt die folgende Kette von Ungleichungen

$$|F(\xi)| \leq \sum_{k\in\mathbb{Z}^n} |c_k f_k e^{ik^T\xi}| \leq \sum_{k\in\mathbb{Z}^n} |c_k|\ |f_k| e^{||k||(r-\delta)}$$

$$= \sum_{k\in\mathbb{Z}^n} |f_k|\ e^{r||k||} |c_k| e^{-\delta||k||}$$

$$\leq \sqrt{\sum_{k\in\mathbb{Z}^n} |f_k|^2 e^{2r||k||}}\ \sqrt{\sum_{k\in\mathbb{Z}^n} |c_k|^2 e^{-2\delta||k||}}$$

$$\leq 2^{n/2} M \sqrt{\Phi(\delta)}\,,$$

wobei wir in der zweiten Zeile die Schwarz'sche Ungleichung und in der letzten Ungleichung Satz 9.2 angewendet haben. Da die Reihe $\Phi(\delta)$ konvergiert, konvergieren alle angeschriebenen Reihen. Insbesondere konvergiert $F(\xi)$ absolut und gleichmäßig in dem Streifen $\Sigma_{r-\delta}$.

Nun ist klar, daß eine kompakte Teilmenge des Streifens Σ_r bereits in einem Streifen $\Sigma_{r-\delta}$ mit hinreichend kleinem $\delta > 0$ enthalten ist. Daher konvergiert die Reihe $F(\xi)$ absolut und gleichmäßig in jeder kompakten Teilmenge von Σ_r. Da die Glieder dieser Reihe in Σ_r analytisch sind, stellt folglich auch F eine in Σ_r analytische Funktion aufgrund eines wohlbekannten Satzes der Funktionentheorie dar (vgl. (9.12.1), [29]). Nach diesem Satz darf man die Reihe übrigens gliedweise partiell differenzieren.

Schließlich ist F in allen Variablen 2π-periodisch und gehört somit zu $\mathcal{F}(r)$. Die Abschätzung (9.9) ergibt sich unmittelbar aus der obigen Ungleichungskette. □

<u>SATZ 9.4</u>: *Sei* f *eine Funktion aus* $\mathcal{F}(r)$. *Dann kann* f *in seine Fourierreihe*

$$f(\xi) = \sum_{k\in\mathbb{Z}^n} f_k e^{ik^T\xi}\,, \qquad |\mathrm{Im}\ \xi| < r$$

entwickelt werden. Die Reihe konvergiert absolut und gleichmäßig in jedem Streifen $\Sigma_{r-\delta}$, $0 < \delta < r$.

BEWEIS: Da f in Σ_r stetig und 2π-periodisch ist, gilt

$$M_\delta := \sup_{|\mathrm{Im}\ \xi|<r-\delta} |f(\xi)| < \infty , \qquad 0 < \delta < r .$$

Außerdem ist die Reihe $\Phi(\delta)$ in (9.8) für $c_k = 1$, $k \in \mathbb{Z}^n$ konvergent; denn in diesem Fall haben wir

$$\Phi(\delta) = \sum_{k\in\mathbb{Z}^n} e^{-2\delta||k||} \leq 2^n \sum_{\substack{0\leq k_j \\ j=1,\ldots,n}} e^{-2\delta(k_1+\ldots k_n)}$$

$$= 2^n \prod_{j=1}^{n} \sum_{k_j=0}^{\infty} e^{-2\delta k_j} = 2^n(1-e^{-2\delta})^{-n} < \infty .$$

Daher dürfen wir Satz 9.3 mit $c_k = 1$, $k \in \mathbb{Z}^n$ auf die Fourierreihe

$$F(\xi) = \sum_{k\in\mathbb{Z}^n} f_k e^{ik^T\xi}$$

von f in dem Streifen $\Sigma_{\hat{r}}$, $\hat{r} = r-\delta$ anwenden. Folglich konvergiert diese Reihe absolut und gleichmäßig in jedem Streifen $\Sigma_{\hat{r}-\delta} = \Sigma_{r-2\delta}$, $0 < 2\delta < r$ und stellt eine Funktion aus $F(r)$ dar.

Nun haben wir nur noch

$$f(\xi) = F(\xi) \qquad \xi \in \mathbb{R}^n \tag{9.10}$$

zu beweisen; denn aufgrund analytischer Fortsetzung bleibt diese Gleichung in dem ganzen Streifen Σ_r richtig (vgl. (9.4.4) in [29]). Die Fourierkoeffizienten F_k, $k \in \mathbb{Z}^n$ von F berechnen sich wegen der gleichmäßigen Konvergenz der Reihe in $\mathbb{R}^n$ durch gliedweise Integration zu $F_k = f_k$, $k \in \mathbb{Z}^n$, stimmen also mit den Fourierkoeffizienten von f überein. Daher gilt (9.10), weil die orthonormale Menge der Exponentialfunktionen $\exp_k/\mathbb{R}^n$, $k \in \mathbb{Z}^n$ bekanntlich vollständig ist. (vgl. z.B. Courant-Hilbert [30], II§4). □

Wir wenden uns nun wieder der Gleichung (9.1) zu. Wenn es zu gegebenem $f \in F(r)$ eine Lösung $U \in F(\hat{r})$ mit gewissem $\hat{r}$, $0 < \hat{r} \leq r$ gibt, dann können wir diese beiden Funktionen nach Satz 9.4 in ihre Fourierreihen

$$f(\xi) = \sum_{k \in \mathbb{Z}^n} f_k e^{ik^T\xi} , \qquad U(\xi) = \sum_{k \in \mathbb{Z}^n} U_k e^{ik^T\xi}$$

entwickeln und die Fourierkoeffizienten nach dem Einsetzen der Reihen in (9.1) vergleichen. Der Vergleich liefert

$$ik^T\omega U_k = f_k , \qquad k \in \mathbb{Z}^n . \tag{9.11}$$

Für $k = 0$ ergibt sich hieraus das Verschwinden des Mittelwerts

$$[f] = f_0 = 0 \tag{9.12}$$

von f als notwendige Bedingung für die Existenz einer Lösung von (9.1). Weitere Bedingungen ergeben sich aus (9.11) nicht, weil wir ja nach wie vor $\omega \in \Omega$ voraussetzen und daher die anderen Gleichungen (9.11) nach den U_k, $k \neq 0$ auflösen können:

$$U_k = \frac{f_k}{ik^T\omega} , \qquad k \in \mathbb{Z}^n \setminus \{0\} .$$

Die Fourierreihe jeder Lösung von (9.1),(9.12) hat also die Gestalt

$$U(\xi) = U_0 + \sum_{k \in \mathbb{Z}^n \setminus \{0\}} \frac{f_k e^{ik^T\xi}}{ik^T\omega} , \qquad U_0 \in \mathbb{C} . \tag{9.13}$$

Umgekehrt liefert uns diese Reihe eine Lösung, wenn wir ihre absolute und gleichmäßige Konvergenz zeigen können. Die hierfür erforderlichen Abschätzungen haben wir in der Form, in der wir sie später benötigen, im Beweis von Satz 9.3 bereits durchgeführt. Nach diesem Satz definiert (9.13) eine Funktion $U \in F(r)$ und damit eine Lösung von (9.1), (9.12) sogar in

Σ_r, wenn wir $f \in F(r)$ als beschränkt voraussetzen und die Konvergenz der Reihe

$$\Phi(\delta) = \sum_{k\in\mathbb{Z}^n\setminus\{0\}} (k^T\omega)^{-2} e^{-2\delta||k||}$$

$$\le \sum_{m=1}^{\infty} \left(\sum_{|k|=m} (k^T\omega)^{-2} \right) e^{-2\delta m} \tag{9.14}$$

für alle $\delta > 0$ beweisen können. Das veranlaßt uns über die Größenordnung der $k^T\omega$, $k \in \mathbb{Z}^n\setminus\{0\}$ nachzudenken.

Im Fall $n = 1$, der uns nicht weiter interessiert, der aber bis jetzt nicht ausgeschlossen worden ist, gibt es keine Probleme; denn in diesem Fall sind die auftretenden Nenner wegen

$$|k^T\omega| = |k_1\omega_1| \ge |\omega_1| , \qquad k = k_1 \neq 0$$

nach unten beschränkt, und die Reihe $\Phi(\delta)$ ist offensichtlich konvergent.

Im Fall $n > 1$ liegt die Sache aber ganz anders. Dann können die Nenner $|k^T\omega|$ beliebig klein werden, und zwar kann eine Teilfolge von ihnen, wie wir sehen werden, mit wachsendem $|k|$ so rasch abnehmen, daß die Reihe $\Phi(\delta)$ divergiert und überhaupt keine analytische Lösung U von (9.1),(9.12) existiert. Daher spricht man auch von Problem der "kleinen Nenner".

Um zu zeigen, daß die Nenner $k^T\omega$ klein werden, definieren wir

$$D_m = D_m(\omega) := \min_{0<|k|\le m} |k^T\omega| \tag{9.15}$$

und beweisen den weitergehenden

<u>SATZ 9.5</u>: *Wenn ω ein rational unabhängiger Vektor aus $\mathbb{R}^n$ ($n \ge 1$) ist, dann haben wir für $m = 1,2,\ldots$ die Ungleichungen*

$$D_m \leq ||\omega|| m^{1-n} \tag{9.16}$$

und

$$\frac{1}{D_m^2} \leq \sum_{0<|k|\leq m} \frac{1}{(k^T\omega)^2} \leq \frac{2^{n+2}}{D_m^2} . \tag{9.17}$$

BEWEIS: Wir teilen den achsenparallelen Würfel $W = \{x \in \mathbb{R}^n | |x| \leq m\}$ durch die Koordinatenebenen $x_1 = 0,\dots,x_n = 0$ in 2^n abgeschlossene Teilwürfel W_l, $l = 1,\dots,2^n$ der Kantenlänge m. Dann fassen wir einen der Teilwürfel W_l ins Auge

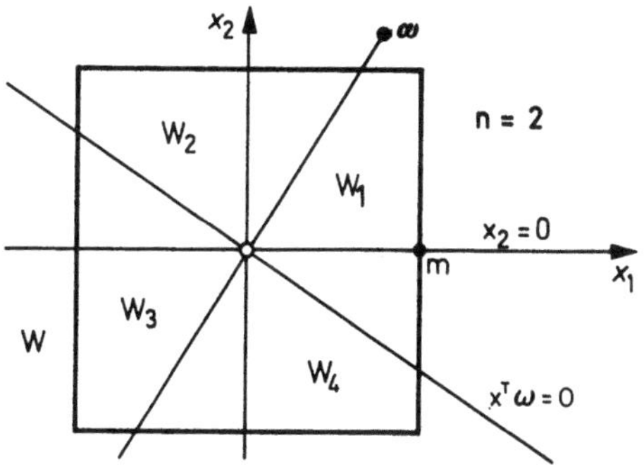

Figur 6

und numerieren die in ihm enthaltenen Gitterpunkte, d.h. die Elemente der Menge

$$W_l \cap \mathbb{Z}^n = \left\{k^{(1)},\dots,k^{(p)}\right\}$$

mit $p = (m+1)^n$ so durch, daß die Ungleichungen

$$k^{(1)T}\omega < k^{(2)T}\omega < \dots < k^{(p)T}\omega$$

gelten. Das Gleichheitszeichen kann niemals auftreten, weil ω rational unabhängig ist und daher

$$k^{(\mu)T}\omega - k^{(\nu)T}\omega = (k^{(\mu)} - k^{(\nu)})^T\omega \neq 0$$

gilt für

$$k^{(\mu)} - k^{(\nu)} \neq 0 ,$$

also für $1 \leq \mu < \nu \leq p$.

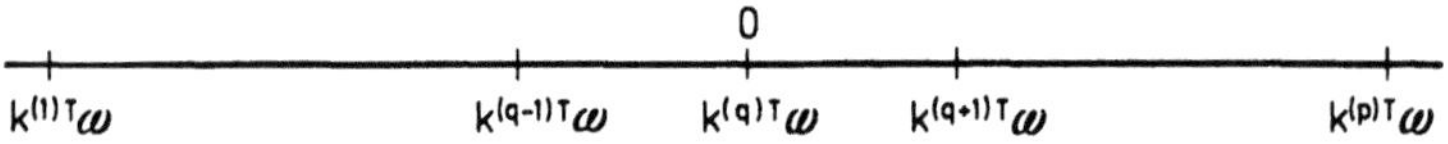

Figur 7

Wenn wir nun bedenken, daß die Gitterpunkte $k^{(\nu)}$, $k^{(\nu+1)} \neq k^{(\nu)}$ demselben Teilwürfel W_l angehören, erhalten wir

$$0 < |k^{(\nu+1)} - k^{(\nu)}| \leq |k^{(\nu+1)} - a_l| + |k^{(\nu)} - a_l|$$
$$\leq \frac{m}{2} + \frac{m}{2} = m \ ,$$

wobei mit a_l der Mittelpunkt von W_l gemeint ist. Daher ergibt sich für den Abstand der Punkte $k^{(\nu+1)T}\omega$, $k^{(\nu)T}\omega$ nach Definition (9.15) die Ungleichung

$$k^{(\nu+1)T}\omega - k^{(\nu)T}\omega = (k^{(\nu+1)} - k^{(\nu)})^T\omega \geq D_m$$

$(\nu = 1,\ldots,p-1)$, so daß die Entfernungen der Punkte $k^{(\nu)T}\omega$ vom Nullpunkt durch

$$|\nu - q| D_m \leq |k^{(\nu)T}\omega| \ , \qquad 1 \leq \nu \leq p \tag{9.18}$$

abgeschätzt werden können (vgl. Figur 7). Hieraus bekommen wir sofort

$$\sum_{k \in W_l \setminus \{0\}} \frac{1}{(k^T\omega)^2} = \sum_{\substack{\nu \neq q \\ 1 \leq \nu \leq p}} \frac{1}{(k^{(\nu)T}\omega)^2} \leq \frac{1}{D_m^2} \sum_{\substack{\nu \neq q \\ 1 \leq \nu \leq p}} \frac{1}{(\nu - q)^2}$$

$$\leq \frac{2}{D_m^2} \sum_{\mu=1}^{\infty} \frac{1}{\mu^2} \leq \frac{2}{D_m^2} \left[1 + \sum_{\mu=2}^{\infty} \frac{1}{\mu(\mu-1)} \right]$$

$$= \frac{2}{D_m^2} \left[1 + \sum_{\mu=2}^{\infty} \left(\frac{1}{\mu-1} - \frac{1}{\mu}\right) \right] = \frac{4}{D_m^2}$$

und daher (9.17) aufgrund der Relation

$$W \setminus \{0\} = \bigcup_{l=1}^{2^n} W_l \setminus \{0\} \ .$$

Zum Beweis von (9.16) bemerken wir, daß die Fälle $q = 1$ bzw. $q = p$ tatsächlich auftreten. Es handelt sich dabei offenbar um diejenigen beiden Würfel W_{l_1}, W_{l_2}, die einen nicht-leeren Durchschnitt mit der Geraden durch 0 und ω haben. In Figur 6 ist $l_1 = 1$, $l_2 = 3$. Diese Würfel liegen nämlich ganz in einem der Halbräume, in die der $\mathbb{R}^n$ durch die Hyperebene $\{x \in \mathbb{R}^n | \; x^T\omega = 0\}$ zerlegt wird. Daher haben wir in dem einen dieser Würfel $k^{(\nu)T}\omega \geq 0$, $1 \leq \nu \leq p$, also $q = 1$, in dem anderen $k^{(\nu)T}\omega \leq 0$, $1 \leq \nu \leq p$, also $q = p$. Im Falle $q = 1$ folgt aus (9.18) für $\nu = p$ die Ungleichung

$$|p - 1| D_m \leq |k^{(p)T}\omega| \;,$$

aus der wir wegen

$$p - 1 = (m + 1)^n - 1 \geq m^n$$

und

$$|k^{(p)T}\omega| \leq |k^{(p)}| \; (|\omega_1| + \ldots + |\omega_n|) = |k^{(p)}| \; ||\omega|| \leq m \; ||\omega||$$

schließlich (9.16) erhalten. □

Aus der Ungleichung (9.16) ersehen wir, daß die Nenner $|k^T\omega|$ im Fall $n \geq 2$ beliebig klein werden können; denn nach (9.15) gibt es zu jedem m ein $k^{(m)}$ mit $|k^{(m)T}\omega| = D_m$. Also haben wir zufolge (9.16)

$$|k^{(m)T}\omega| \leq ||\omega|| m^{1-n} \underset{m\to\infty}{\to} 0 \;, \qquad n \geq 2 \;.$$

Aus den Ungleichungen (9.17) lernen wir, daß die Konvergenz der Reihe $\Phi(\delta)$ aufgrund von (9.14) durch die Konvergenz der Reihe

$$\sum_{m=1}^{\infty} \frac{1}{D_m^2} \, e^{-2\delta m}$$

gesichert wird. Um die Konvergenz dieser Reihe zu zeigen, benötigen wir eine Abschätzung für D_m nach unten, etwa in der Form

$$\psi(m) \leq D_m \,, \qquad m = 1,2,\ldots \tag{9.19}$$

mit Hilfe einer stetigen Funktion

$$\psi :]0,\infty[\to]0,\infty[\;.$$

Es ist sinnvoll, ψ als monoton fallend vorauszusetzen, weil dann offenbar (9.19) äquivalent ist zu

$$\psi(|k|) \leq |k^T\omega|, \qquad k \in \mathbb{Z}^n \setminus \{0\} \tag{9.20}$$

und somit die D_m wieder überflüssig werden.

Nach (9.16) ist klar, daß

$$\psi(m) \leq ||\omega|| m^{1-n} \,, \qquad m = 1,2,\ldots$$

gelten muß, so daß wir an Funktionen denken wie

$$s \mapsto \psi(s) = \gamma s^{-\tau}$$

mit hinreichend kleinem $\gamma > 0$ und hinreichend großem $\tau \geq n-1$. Bevor wir uns aber der Frage widmen, ob Ungleichungen (9.20) mit einer derartigen Funktion ψ möglich sind, wollen wir noch untersuchen, was wir mit Hilfe von (9.20) für die Konvergenz der Reihe $\Phi(\delta)$ in (9.14) und damit für die Existenz einer Lösung U von (9.1) erreichen können.

Um die Ungleichungen (9.17) für die Abschätzung von $\Phi(\delta)$ voll auszuschöpfen, formen wir die letzte Reihe in (9.14) noch um. Mit der Bezeichnung

$$b_0 = 0 \,, \quad b_m = \sum_{0<|k|\leq m} (k^T\omega)^{-2} \,, \qquad m = 1,2,\ldots$$

ergibt sich für $\delta > 0$

$$\sum_{m=1}^{\infty} \left(\sum_{|k|=m} (k^T\omega)^{-2} \right) e^{-2\delta m}$$

$$= \sum_{m=1}^{\infty} (b_m - b_{m-1}) e^{-2\delta m} =$$

$$= \sum_{m=1}^{\infty} b_m e^{-2\delta m} - \sum_{m=1}^{\infty} b_m e^{-2\delta(m+1)}$$

$$= \left(1 - e^{-2\delta}\right) \sum_{m=1}^{\infty} b_m e^{-2\delta m}$$

$$\leq 2^{n+2}(1 - e^{-2\delta}) \sum_{m=1}^{\infty} \frac{1}{D_m^2} e^{-2\delta m} ,$$

falls die Reihe $\sum_{m=1}^{\infty} D_m^{-2} e^{-2\delta m}$ konvergiert. Nun gilt aber mit Rücksicht auf (9.19) und darauf, daß ψ monoton fallend ist,

$$(1-e^{-2\delta}) \sum_{m=1}^{\infty} \frac{1}{D_m^2} e^{-2\delta m} \leq (1-e^{-2\delta}) \sum_{m=1}^{\infty} \frac{1}{\psi(m)^2} e^{-2\delta m}$$

$$= \sum_{m=1}^{\infty} \int_m^{m+1} \frac{2\delta e^{-2\delta t} dt}{\psi(m)^2} \leq \sum_{m=1}^{\infty} \int_m^{m+1} \frac{2\delta e^{-2\delta t} dt}{\psi(t)^2}$$

$$= \int_1^{\infty} \frac{2\delta e^{-2\delta t} dt}{\psi(t)^2} \leq \int_0^{\infty} \frac{e^{-s} ds}{\psi(\frac{s}{2\delta})^2} .$$

Aus dieser und der obigen Ungleichungskette folgt mit (9.14)

$$\Phi(\delta) \leq 2^{n+2} \int_0^{\infty} \frac{1}{\psi(\frac{s}{2\delta})^2} e^{-s} ds , \tag{9.21}$$

ob das uneigentliche Integral nun konvergiert oder nicht. Im Fall seiner Konvergenz erhalten wir die folgende Aussage über die Existenz einer Lösung $U \in \mathcal{F}(r)$ von (9.1).

<u>SATZ 9.6</u>: *Es sei*

1) $\psi :]0,\infty[\to]0,\infty[$ *eine stetige und monoton fallende Funktion, derart daß*

$$\int_0^{\infty} \frac{e^{-s} ds}{\psi(\frac{s}{2\delta})^2} < \infty , \qquad \delta > 0 \tag{9.22}$$

gilt,

2) ω *ein Vektor aus* $\mathbb{R}^n$, *der die Ungleichungen*

$$\psi(|k|) \leq |k^T\omega| , \qquad k \in \mathbb{Z}^n \setminus \{0\} \tag{9.23}$$

erfüllt und

3) f *eine Funktion aus* $\mathcal{F}(r)$ *mit dem Mittelwert* [f] = 0 *und der Abschätzung*

$$|f(\xi)| \leq M , \qquad |\text{Im } \xi| < r ,$$

wobei M *eine positive Konstante ist.*

Dann gibt es genau eine Lösung U ∈ $\mathcal{F}(r)$ *der Differentialgleichung* (9.1) *mit dem Mittelwert* [U] = 0. *Die Lösung genügt der Abschätzung*

$$|U(\xi)| \leq 2^{n+1}M \sqrt{\int_0^\infty \frac{e^{-s}ds}{\psi(\frac{s}{2\delta})^2}} , \quad |\text{Im } \xi| < r - \delta, \quad 0 < \delta < r \tag{9.24}$$

und ist reell für reelle Werte von ξ, *wenn das für* f *der Fall ist.*

<u>BEWEIS</u>: Die Existenz einer Lösung U ∈ $\mathcal{F}(r)$ mit [U] = U_0 = 0 und der Abschätzung (9.24) folgt aus den Überlegungen im Anschluß an (9.13) zusammen mit Satz 9.3 und (9.21).

Die Eindeutigkeit folgt aus der Tatsache, daß jede Lösung U ∈ $\mathcal{F}(r)$ die Fourierentwicklung (9.13) besitzt.

Schließlich ergeben sich, wenn f reell ist für reelle Argumente, für die Fourierkoeffizienten von f die Gleichungen

$$\overline{f_k} = f_{-k} , \qquad k \in \mathbb{Z}^n ,$$

die zusammen mit (9.13) und U_0 = 0 zu

$$\overline{U(\xi)} = U(\xi) , \qquad \xi \in \mathbb{R}^n$$

führen. □

Indem wir speziell

$$\psi(s) = \gamma s^{-\tau} , \qquad \gamma > 0, \ \tau \geq n-1$$

setzen, bekommen wir aus Satz 9.6 unmittelbar den

<u>SATZ 9.7</u>: *Es sei* ω *ein Vektor aus* $\mathbb{R}^n$ *derart, daß die Un-*

gleichungen

$$\gamma |k|^{-\tau} \leq |k^T\omega| \ , \qquad k \in \mathbb{Z}^n \setminus \{0\} \tag{9.25}$$

mit gewissen Konstanten $\gamma > 0$ *und* $\tau \geq n-1$ *erfüllt sind, und* f *eine Funktion aus* $F(r)$, *die verschwindenden Mittelwert besitzt und der Abschätzung*

$$|f(\xi)| \leq M \ , \qquad |\mathrm{Im}\ \xi| < r$$

mit einer positiven Konstanten M *genügt. Dann gibt es genau eine Lösung* $U \in F(r)$ *der Differentialgleichung* (9.1) *mit dem Mittelwert* $[U] = 0$. *Diese Lösung hat die Abschätzung*

$$|U(\xi)| \leq \frac{cM}{\gamma\delta^\tau} \ , \qquad |\mathrm{Im}\ \xi| < r-\delta, \ 0 < \delta < r$$

mit

$$c = 2^{n+1-\tau} \sqrt{\Gamma(2\tau+1)} \ ,$$

wobei Γ *die Eulersche Gammafunktion bezeichnet. Außerdem ist* U *reell für reelle Argumente, wenn das für* f *der Fall ist.*

Wir ersehen aus diesen Sätzen, daß die Existenz einer Lösung $U \in F(r)$ von (9.1) davon abhängt, ob sich die Linearkombinationen $k^T\omega$ in der Form (9.23) nach unten abschätzen lassen mit Hilfe einer monotonen Funktion ψ, die nicht allzu stark gegen Null konvergiert für wachsende Argumente, für die genauer gesagt (9.22) gilt.

Es wäre zunächst denkbar, daß jeder rational unabhängige Vektor $\omega \in \Omega \subseteq \mathbb{R}^n$ eine derartige Abschätzung (9.23) mit (9.22) zuläßt. Aber dies ist nicht der Fall. Im Gegenteil, zu jeder noch so rasch gegen Null strebenden Funktion ψ gibt es Vektoren $\omega \in \Omega$, für die (9.23) nicht richtig ist. Um das zu zeigen, beschränken wir uns der Einfachheit halber auf den Fall $n = 2$.

<u>SATZ 9.8</u>: *Sei* $\psi :]0,\infty[\ \rightarrow \ ]0,\infty[$ *eine beliebige Funktion mit* $\lim_{t\to\infty} \psi(t) = 0$. *Dann gibt es einen rational unabhängigen Vektor* $\omega = \begin{pmatrix}\omega_1\\ \omega_2\end{pmatrix} \in \mathbb{R}^2$, *derart daß die Ungleichung*

$$|k^T\omega| < \psi(|k|)$$

unendlich viele Lösungen $k \in \mathbb{Z}^2$ *hat.*

BEWEIS: Wir setzen $\omega_2 = 1$ und

$$\omega_1 = \sum_{l=1}^{\infty} \frac{1}{g_1 \cdots g_l} ,$$

wobei $g_1, g_2, \ldots$ natürliche Zahlen sind, die wir induktiv durch

$$g_1 = 2 , \quad g_{l+1} \geq g_l + \frac{1}{\psi(g_1 \cdots g_l)} , \qquad l = 1,2,\ldots \tag{9.26}$$

definieren. Es ist dann $g_l > 2$, $l = 2,3,\ldots$ und daher

$$\omega_1 = \sum_{l=1}^{\infty} \frac{1}{g_1 \cdots g_l} < \sum_{l=1}^{\infty} \frac{1}{2^l} = 1 ,$$

so daß ω_1 eine reelle Zahl zwischen 0 und 1 darstellt. Es gilt

$$\begin{aligned} 0 &< |\omega_1 g_1 \cdots g_\nu - \sum_{l=1}^{\nu} \frac{g_1 \cdots g_\nu}{g_1 \cdots g_l}| \\ &= \sum_{l=\nu+1}^{\infty} \frac{1}{g_{\nu+1} \cdots g_l} \leq \sum_{l=1}^{\infty} g_{\nu+1}^{-l} = \frac{1}{g_{\nu+1}-1} , \end{aligned} \tag{9.27}$$

weil $g_l < g_{l+1}$ ist nach (9.26). Wir setzen jetzt

$$\begin{aligned} k_1^{(\nu)} &= g_1 \cdots g_\nu , \qquad k^{(\nu)} = \begin{pmatrix} k_1^{(\nu)} \\ k_2^{(\nu)} \end{pmatrix} , \\ k_2^{(\nu)} &= - \sum_{l=1}^{\nu} \frac{g_1 \cdots g_\nu}{g_1 \cdots g_l} , \quad \nu = 1,2,\ldots . \end{aligned} \tag{9.28}$$

Die so definierten $k^{(\nu)}$ sind aus $\mathbb{Z}^2$, und wir haben wegen (9.26) und (9.27) die Beziehung

$$0 < |\omega_1 k_1^{(\nu)} + k_2^{(\nu)}| \leq \frac{1}{g_{\nu+1}-1} \leq \tag{9.29}$$

$$\leq \frac{1}{g_\nu - 1 + \frac{1}{\psi(g_1 \ldots g_\nu)}} < \psi(g_1 \ldots g_\nu) \tag{9.29}$$
$$= \psi(|k_1^{(\nu)}|) , \qquad \nu = 1,2,\ldots .$$

Aus dieser Beziehung folgt aber

$$|k_2^{(\nu)}| \leq |\omega_1 k_1^{(\nu)} + k_2^{(\nu)}| + |\omega_1 k_1^{(\nu)}|$$
$$\leq \frac{1}{g_{\nu+1}-1} + |k_1^{(\nu)}| < 1 + |k_1^{(\nu)}| ,$$

so daß wir $|k_2^{(\nu)}| \leq |k_1^{(\nu)}|$ und daher $|k^{(\nu)}| = |k_1^{(\nu)}|$ bekommen. Zusammen mit (9.29) erhalten wir somit wegen $\omega_2 = 1$ die verlangten Ungleichungen

$$0 < |k^{(\nu)T}\omega| < \psi(|k^{(\nu)}|) , \qquad \nu = 1,2,\ldots .$$

Die $k^{(\nu)}$ sind alle voneinander verschieden, und es gilt

$$|k^{(\nu)}| \to \infty , \qquad \nu \to \infty , \tag{9.30}$$

wie sich aus (9.28) ergibt.

Wir müssen nun noch zeigen, daß ω rational unabhängig ist, d.h. daß ω_1 irrational ist wegen $\omega_2 = 1$. Wäre ω_1 rational, also $\omega_1 = p/q$, $p,q \in \mathbb{Z}$, $q > 0$, so folgten aus (9.29) die Ungleichungen

$$0 < |pk_1^{(\nu)} + qk_2^{(\nu)}| < q\psi(|k^{(\nu)}|) , \qquad \nu = 1,2,\ldots .$$

Da der Ausdruck in der Mitte eine ganze Zahl ist, bekämen wir wegen (9.30) den Widerspruch $1 \leq q\psi(|k^{(\nu)}|) \to 0$, $\nu \to \infty$. □

Dem Leser wird klar geworden sein, daß bei jedem Induktionsschritt in (9.26) abzählbar viele Möglichkeiten der Definition von g_{l+1} gegeben sind und folglich überabzählbar viele $\omega = (\omega_1, 1)^T$ in dieser Weise konstruiert werden können. Uns genügt hier jedoch ein einziges ω mit den in Satz 9.8 ausgesprochenen Eigenschaften. Mit diesem ω wollen wir ein Beispiel für die Nichtexistenz einer analytischen Lösung von (9.1) angeben. Dazu definieren wir f durch

$$f(\xi) = \sum_{k\in \mathbb{Z}^n\setminus\{0\}} e^{-r||k|| + ik^T\xi} .$$

Diese Reihe konvergiert absolut und gleichmäßig in jedem Streifen $\Sigma_{r-\delta}$, $0 < \delta < r$ wegen

$$\sum_{k\in \mathbb{Z}^n\setminus\{0\}} |e^{-r||k||+ik^T\xi}| \leq \sum_{k\in \mathbb{Z}^n} e^{-\delta||k||}$$

$$\leq 2^n(1 - e^{-\delta})^{-n}$$

(vgl. Beweis von Satz 9.4) und stellt daher eine Funktion aus $\mathcal{F}(r)$ dar, für die überdies noch $[f] = 0$ gilt.

Nun nehmen wir an, es gäbe eine Lösung $U \in \mathcal{F}(\hat{r})$ von (9.1) mit gewissen $\hat{r}$, $0 < \hat{r} \leq r$. Durch Verkleinerung von $\hat{r}$ können wir eine Abschätzung

$$|U(\xi)| \leq M , \qquad |\mathrm{Im}\ \xi| < \hat{r}$$

mit einer positiven Konstanten M sowie $\hat{r} < r$ erreichen und daher Satz 9.2 anwenden. Da die Fourierreihe einer Lösung von (9.1) die Form (9.13) hat, bekommen wir

$$|U_0|^2 + \sum_{k\neq 0} (k^T\omega)^{-2} e^{-2(r-\hat{r})||k||} \leq 2^n M^2 ,$$

also wegen $||k|| < n|k|$ insbesondere

$$|k^T\omega|^{-1} e^{-n(r-\hat{r})|k|} \leq 2^{n/2} M^2 , \quad k \in \mathbb{Z}^n\setminus\{0\} .$$

Um hier zu einem Widerspruch zu gelangen, benötigen wir offenbar nur unendlich viele Lösungen der Ungleichung

$$|k^T\omega| < \psi(|k|) := e^{-(n+1)(r-\hat{r})|k|} ,$$

die ja nach Satz 9.8 für $n = 2$ und ein dort konstruiertes $\omega = (\omega_1, 1)^T$ vorhanden sind.

Nachdem wir an einem Beispiel gesehen haben, daß es keine

analytische Lösung U von (9.1) zu geben braucht, wenn die Nenner $k^T\omega$ in der Fourierreihe (9.13) von U zu rasch klein werden und dadurch die Konvergenz der Reihe verhindern, wollen wir jetzt die Existenz von Vektoren $\omega \in \mathbb{R}^n$ nachweisen, welche die Voraussetzungen von Satz 9.7 erfüllen und daher stets eine Lösung $U \in \mathcal{F}(r)$ von (9.1) zulassen, wie auch immer $f \in \mathcal{F}(r)$ mit $[f] = 0$ beschaffen sein mag.

<u>SATZ 9.9</u>: *Es sei* $n \geq 2$ *und* $\tau > n-1$ *fest vorgegeben. Dann existiert zu fast jedem* $\omega \in \mathbb{R}^n$ *eine Konstante* $\gamma = \gamma(\omega) > 0$, *so daß die Ungleichungen*

$$\gamma|k|^{-\tau} \leq |k^T\omega| \, , \qquad k \in \mathbb{Z}^n \setminus \{0\} \tag{9.31}$$

erfüllt sind.

<u>BEWEIS</u>: Für beliebige $\gamma > 0$ und $k \in \mathbb{Z}^n \setminus \{0\}$ definieren wir

$$B(\gamma,k) := \{\omega \in \mathbb{R}^n | \; |k^T\omega| < \gamma|k|^{-\tau}\} .$$

Es handelt sich hierbei um denjenigen Parallelstreifen senkrecht zum Vektor k, der von den Hyperebenen

$$\{\omega \in \mathbb{R}^n | \; k^T\omega = \pm\gamma|k|^{-\tau}\}$$

begrenzt wird und die Breite

$$\frac{2\gamma}{|k|^{\tau}\sqrt{k^Tk}} < \frac{2\gamma}{|k|^{\tau+1}}$$

besitzt. Ist

$$K(r) = \{\omega \in \mathbb{R}^n | \; \omega^T\omega < r^2\}$$

die offene Kugel um den Nullpunkt mit dem Radius $r > \gamma$, so können wir das Volumen der offenen Menge $K(r) \cap B(\gamma,k)$ nach oben abschätzen durch die Breite des Streifens $B(\gamma,k)$ mal dem Volumen des n-1-dimensionalen Würfels der Kantenlänge 2r, also durch $2\gamma|k|^{-\tau-1}(2r)^{n-1}$.

Wir definieren nun

$$B(\gamma) := \bigcup_{k\neq 0} B(\gamma,k)$$

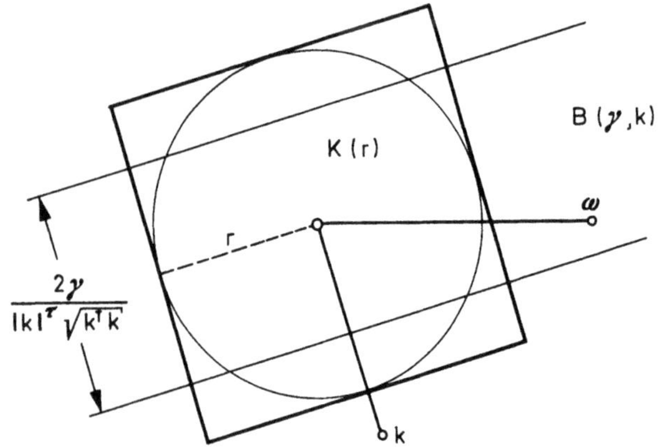

Figur 8

und bezeichnen mit λ das n-dimensionale Lebesgue'sche Maß. Dann bekommen wir für das Maß des Durchschnitts der Menge $B(\gamma)$ mit der Kugel $K(r)$ aufgrund der obigen Überlegungen die Abschätzung

$$\lambda(B(\gamma) \cap K(r)) \leq \sum_{k \neq 0} \lambda(B(\gamma,k) \cap K(r))$$

$$\leq 2\gamma(2r)^{n-1} \sum_{k \neq 0} |k|^{-\tau-1} .$$

Da die Anzahl der Gitterpunkte (d.h. der Punkte aus $\mathbb{Z}^n$) auf der Oberfläche des Würfels $\{\omega \in \mathbb{R}^n | \; |\omega| \leq l\}$ kleiner als $2n(2l+1)^{n-1}$ ist, ergibt sich

$$\sum_{k \neq 0} |k|^{-\tau-1} = \sum_{l=1}^{\infty} \Big(\sum_{|k|=l} 1 \Big) l^{-\tau-1}$$

$$\leq 2n \sum_{l=1}^{\infty} (2l+1)^{n-1} l^{-\tau-1} \leq 2n \cdot 3^{n-1} \sum_{l=1}^{\infty} l^{n-\tau-2}$$

$$= 2n3^{n-1} \Big(1 + \sum_{l=2}^{\infty} \int_{l-1}^{l} l^{n-\tau-2} ds \Big)$$

$$\leq n3^{n} \Big(1 + \sum_{l=2}^{\infty} \int_{l-1}^{l} s^{n-\tau-2} ds \Big)$$

$$= n3^{n} \Big(1 + \int_{1}^{\infty} s^{n-\tau-2} ds \Big) = 3^{n} n \frac{(\tau-n+2)}{\tau-n+1}$$

und daher

$$\lambda(B(\gamma) \cap K(r)) \leq \gamma r^{n-1} N , \quad N = N(n,\tau) . \tag{9.32}$$

Die Menge B aller $\omega \in \mathbb{R}^n$, für die es kein $\gamma = \gamma(\omega)$ gibt, so daß (9.31) gilt, ist offensichtlich gegeben durch

$$B = \bigcap_{\nu \in \mathbb{N}} B(\tfrac{1}{\nu}) .$$

Diese Menge ist als Durchschnitt abzählbar vieler offener Mengen meßbar, so daß auch $B \cap K(r)$ meßbar ist mit dem Maß

$$\lambda(B \cap K(r)) \leq \lambda(B(\tfrac{1}{\nu}) \cap K(r)) \leq \frac{1}{\nu} r^{n-1} N ,$$

wobei wir (9.32) verwendet haben. Der Grenzübergang $\nu \to \infty$ liefert dann

$$\lambda(B \cap K(r)) = 0 , \quad r > \gamma .$$

Da $B = B \cap \bigcup_{\gamma<r\in\mathbb{N}} K(r) = \bigcup_{\gamma<r\in\mathbb{N}} B \cap K(r)$ abzählbare Vereinigung von Nullmengen ist, ist B selbst eine Nullmenge, w.z.b.w. □

Satz 9.9 kann ohne Mühe noch verallgemeinert werden, indem man statt (9.31) Ungleichungen der Form

$$\gamma\psi(|k|) \leq |k^T\omega| , \quad k \in \mathbb{Z}^n \setminus \{0\}$$

verlangt, wobei $\gamma > 0$ und $\psi :]0,\infty[\to]0,\infty[$ eine stetige monoton fallende Funktion bezeichnet, für die

$$\psi(1) = 1 , \quad \int_1^\infty s^{n-2}\psi(s)ds < \infty$$

gilt. Wesentlich schwieriger ist ein zu Satz 9.9 entsprechender Satz mit $\tau = n-1$ zu beweisen. Für diesen Fall muß man Hausdorff'sche Maße statt des Lebesgue'schen Maßes einführen. Der interessierte Leser sei auf die Arbeiten von V.Jarník [31] und W.Schmidt [32] verwiesen. Alle diese auf Maßtheorie beruhenden Existenzsätze sind natürlich nicht konstruktiv. Z.B. enthält Satz 9.9 keine Anleitung darüber, wie man zu Vektoren $\omega \in \mathbb{R}^n$ gelangt, welche die Ungleichungen (9.31) mit einem positiven γ erfüllen. Daher bringen wir noch

SATZ 9.10: *Es sei*

$$P(x) := \sum_{\nu=0}^{n} a_\nu x^\nu , \qquad a_n = 1$$

ein Polynom n-ten Grades mit ganzzahligen Koeffizienten $a_0,\dots,a_n$ *und* θ *eine reelle Nullstelle von P. Dieses Polynom P sei irreduzibel, so daß also* θ *und auch jede andere Nullstelle von P nicht Nullstelle eines Polynoms von kleinerem Grade mit ganzzahligen Koeffizienten sein kann. Dann gelten für den Vektor*

$$\omega = (1,\theta,\dots,\theta^{n-1})^T$$

die Ungleichungen

$$\gamma |k|^{1-n} \leq |k^T\omega| , \qquad k \in \mathbb{Z}^n \setminus \{0\} , \tag{9.33}$$

wobei

$$\gamma = n^{1-n} \left(\sum_{\nu=0}^{n} |a_\nu| \right)^{-(n-1)^2} \tag{9.34}$$

ist.

BEWEIS: Aus dem Fundamentalsatz der Algebra folgt

$$P(x) = \sum_{\nu=0}^{n} a_\nu x^\nu = (x-\theta_1)(x-\theta_2)\dots(x-\theta_n) , \tag{9.35}$$

wobei $\theta = \theta_1$ ist und $\theta_2,\dots,\theta_n$ die anderen reellen oder komplexen Nullstellen von P bezeichnen. Wir bilden nun mit

$$\omega^{(j)} := (1,\theta_j,\theta_j^2,\dots,\theta_j^{n-1})^T , \qquad j = 1,\dots,n$$

für ein $k \in \mathbb{Z}^n \setminus \{0\}$ das Produkt

$$Q(\theta_1,\dots,\theta_n) := k^T\omega^{(1)} \cdot k^T\omega^{(2)} \dots k^T\omega^{(n)} . \tag{9.36}$$

Dann ist Q ein symmetrisches Polynom in $\theta_1,\dots,\theta_n$ mit ganzzahligen Koeffizienten. Ein Satz über symmetrische Funktionen (vgl.z.B. v.d.Waerden [33] S.99) besagt, daß

$$Q(\theta_1,\ldots,\theta_n) = S(\sigma_1,\ldots,\sigma_n)$$

gilt, wobei S ein Polynom in $\sigma_1,\ldots,\sigma_n$ mit ganzzahligen Koeffizienten ist und

$$\sigma_1 = \theta_1 + \ldots + \theta_n ,$$
$$\sigma_2 = \theta_1\theta_2 + \ldots + \theta_1\theta_n + \theta_2\theta_3 + \ldots + \theta_{n-1}\theta_n ,$$
$$\vdots$$
$$\sigma_n = \theta_1 \cdots \theta_n$$

die elementarsymmetrischen Funktionen von $\theta_1,\ldots,\theta_n$ sind. Da nach (9.35)

$$\sigma_j = (-1)^j a_{n-j} , \qquad j = 1,\ldots,n$$

gilt, die $\sigma_1,\ldots,\sigma_n$ also ganze Zahlen sind, ist somit auch das Produkt (9.36) eine ganze Zahl. Keiner der Faktoren dieses Produkts kann wegen der Irreduzibilität des Polynoms (9.35) verschwinden, weshalb wir

$$|k^T{}_\omega{}^{(1)} \cdot k^T{}_\omega{}^{(2)} \cdots k^T{}_\omega{}^{(n)}| \geq 1$$

und folglich

$$|k^T{}_\omega| = |k^T{}_\omega{}^{(1)}| \geq \frac{1}{|k^T{}_\omega{}^{(2)} \cdots k^T{}_\omega{}^{(n)}|} \tag{9.37}$$

erhalten. Nun ergibt sich wegen $a_n = 1$ aus (9.35)

$$\theta_j^n = -\sum_{\nu=0}^{n-1} a_\nu \theta_j^\nu ,$$

also

$$|\theta_j| \leq \sum_{\nu=0}^{n-1} |a_\nu| |\theta_j|^{\nu+1-n} \leq \sum_{\nu=0}^{n-1} |a_\nu| ,$$

falls $|\theta_j| \geq 1$ ist. Daher haben wir in jedem Fall

$$|\theta_j| \leq 1 + \sum_{\nu=0}^{n-1} |a_\nu| = \sum_{\nu=0}^{n} |a_\nu| , \qquad j = 1,\ldots,n .$$

Diese Ungleichungen führen zu den Abschätzungen

$$|k^T\omega^{(j)}| \leq |k| \, (1 + |\theta_j| + \ldots + |\theta_j|^{n-1})$$
$$\leq |k| n \left(\sum_{\nu=0}^{n} |a_\nu| \right)^{n-1} , \qquad j = 1,\ldots,n$$

und somit aufgrund von (9.37) zu (9.33) und (9.34). □

Als Beispiel wählen wir $P(x) = x^n - 2$, also $\theta = \sqrt[n]{2}$. Dann genügt der Vektor

$$\omega = (1, \sqrt[n]{2}, (\sqrt[n]{2})^2, \ldots, (\sqrt[n]{2})^{n-1})^T$$

zufolge Satz 9.10 den Ungleichungen

$$\frac{1}{n^{n-1} 3^{(n-1)^2} |k|^{n-1}} \leq |k^T\omega| , \qquad k \in \mathbb{Z}^n \setminus \{0\} .$$

Zum Schluß dieses Paragraphen wollen wir zur Störungsrechnung des §8 zurückkehren und feststellen, daß die erste Voraussetzung von Satz 8.2 für fast alle

$$b \in B \setminus \tilde{B} = \{\eta \in B | \ \omega = \overset{0}{H}_y(\eta)^T \in \Omega\}$$

erfüllt werden kann, wie wir im Anschluß an diesen Satz behauptet haben. Dies ist eine Folge der Sätze 9.1, 9.7 und 9.9 sowie der Tatsache, daß die Abbildung

$$\eta \to \overset{0}{H}_y(\eta)^T = \omega$$

vermöge (8.3) lokal invertierbar ist.

§ 10 Quasiperiodische Lösungen des restringierten Dreikörperproblems

In diesem Paragraphen betrachten wir diejenigen Lösungen des restringierten Dreikörperproblems, die wir mit Hilfe der Störungsrechnung in § 8 konstruiert haben. Dabei nehmen wir natürlich an, daß die Voraussetzungen des Satzes 8.2 erfüllt sind, daß also insbesondere die formalen Reihen nach Potenzen des Störungsparameters μ konvergieren. Es ergeben sich auf diese Weise sog. quasiperiodische Lösungen, welche eine natürliche Verallgemeinerung der reinperiodischen

Lösungen darstellen.

DEFINITION 10.1: *Eine Funktion* $f : \mathbb{R} \to \mathbb{C}$ *heißt quasiperiodisch mit den* n *(Basis-)Frequenzen* $\omega_1,\ldots,\omega_n \in \mathbb{R}$, *wenn sie in der Form*

$$f(t) = F(\omega t) = F(\omega_1 t,\ldots,\omega_n t)$$

darstellbar ist, wobei $F : \mathbb{R}^n \to \mathbb{C}$ *eine stetige Funktion mit der Periode* 2π *in allen Argumenten bezeichnet, und wenn außerdem der Vektor* $\omega = (\omega_1,\ldots,\omega_n)^T$ *rational unabhängig ist. Eine Funktion* $f : \mathbb{R} \to \mathbb{C}^m$ *heißt quasiperiodisch, wenn ihre Komponenten quasiperiodisch sind.*

Im Fall $n = 1$ handelt es sich also um die stetigen reinperiodischen Funktionen. Die Voraussetzung der rationalen Unabhängigkeit von ω ist sinnvoll, weil man andernfalls eine quasiperiodische Funktion mit weniger als n über $\mathbb{Q}$ linear unabhängigen Basisfrequenzen oder eine Konstante bekäme. Das ist leicht einzusehen; denn geben wir uns beliebige $\omega_1,\ldots,\omega_n \in \mathbb{R}$ vor, dann hat der mit diesen Zahlen über $\mathbb{Q}$ erzeugte Vektorraum

$$V := \left\{ \sum_{j=1}^{n} r_j\omega_j \,\middle|\, r_1,\ldots,r_n \in \mathbb{Q} \right\}$$

eine Dimension $p = \dim V \leq n$. Der Fall $p = 0$ führt in Definition 10.1 auf eine konstante Funktion, während uns der Fall $1 \leq p \leq n$ eine Basis $\{e_1,\ldots,e_p\}$ von V beschert, so daß wir

$$\omega_j = \sum_{l=1}^{p} r_{jl}e_l\,, \qquad r_{jl} \in \mathbb{Q},\ l = 1,\ldots,p;\ j = 1,\ldots,n$$

bekommen. Mit der Bezeichnung N_l für die Hauptnenner der rationalen Zahlen $r_{1l},\ldots,r_{nl}$ und mit $\hat{\omega}_l := N_l^{-1}e_l$ erhalten wir

$$\omega_j = \sum_{l=1}^{p} g_{jl}\hat{\omega}_l\,, \qquad j = 1,\ldots,n$$

mit ganzen Zahlen g_{jl}. Setzen wir noch

$$G(y_1,\ldots,y_p) = F\left(\sum_{l=1}^{p} g_{1l}y_l,\ \ldots\ ,\ \sum_{l=1}^{p} g_{nl}y_l \right)\,,$$

dann ist $G : \mathbb{R}^p \to \mathbb{C}$ stetig mit der Periode 2π in allen Argumenten, und es gilt

$$f(t) = G(\hat{\omega}_1 t, \ldots, \hat{\omega}_p t) .$$

Folglich ist f quasiperiodisch mit den über $\mathbb{Q}$ linear unabhängigen Basisfrequenzen $\hat{\omega}_1, \ldots, \hat{\omega}_p$.

Im Zusammenhang mit gewöhnlichen Differentialgleichungen ist natürlich die Frage von Interesse, unter welchen Umständen die Differentialgleichung

$$\frac{du}{dt} = f(t) \tag{10.1}$$

eine quasiperiodische Lösung hat, falls f quasiperiodisch ist, d.h. wann das unbestimmte Integral einer quasiperiodischen Funktion wieder quasiperiodisch ist. Diese Frage hängt eng mit dem Problem der kleinen Nenner zusammen, das wir in § 9 erörtert haben.

Wenn nämlich gemäß Definition 10.1 $f(t) = F(\omega t)$ ist und die Differentialgleichung

$$U_\xi(\xi)\omega = F(\xi) \tag{10.2}$$

eine Lösung $U : \mathbb{R}^n \to \mathbb{C}$ mit stetigen partiellen Ableitungen und mit der Periode 2π in allen Argumenten besitzt, dann führt

$$u(t) := U(\omega t) \tag{10.3}$$

offensichtlich zu einer quasiperiodischen Lösung von (10.1).

Wegen der Schwierigkeiten, welche die kleinen Nenner verursachen, betrachten wir weiterhin nur noch quasiperiodische Funktionen

$$t \mapsto f(t) = F(\omega t) ,$$

bei denen die zugehörige Funktion F aus $\mathcal{F}(r)$ ist mit einem gewissen $r > 0$. Diese Einschränkung hat auch den Vorteil, daß wir jede derartige quasiperiodische Funktion in eine absolut und gleichmäßig konvergente Fourierreihe entwickeln können. Ist nämlich

$$F(\xi) = \sum_{k\in\mathbb{Z}^n} F_k e^{ik^T\xi} \tag{10.4}$$

die Fourierentwicklung von F, so ergibt sich für

$$t \mapsto f(t) = F(\omega t)$$

die Fourierentwicklung

$$f(t) = \sum_{k\in\mathbb{Z}^n} F_k e^{i(k^T\omega)t} . \tag{10.5}$$

Da die Reihe (10.4) in jedem Streifen $\Sigma_{r-\delta}$, $0 < \delta < r$ absolut und gleichmäßig konvergiert, ist dies bei der Reihe (10.5) in jedem Streifen

$$\{t \in \mathbb{C} \mid |\mathrm{Im}\, t| < \frac{r}{|\omega|} - \delta\} , \quad 0 < \delta < \frac{r}{|\omega|}$$

der Fall. Übrigens läßt sich (10.5) in eine reine Cosinusreihe umschreiben, wenn f reell ist für reelle t; denn dann ergibt sich mit

$$F_k = |F_k| e^{i\alpha_k} , \quad \alpha_k = \arg F_k , \quad k \in \mathbb{Z}^n$$

sofort die Darstellung

$$f(t) = \sum_{k\in\mathbb{Z}^n} |F_k| \cos(k^T\omega t + \alpha_k) . \tag{10.6}$$

Von dem Frequenzvektor ω nehmen wir an, daß er die entsprechenden Voraussetzungen von Satz 9.6 oder Satz 9.7 erfüllt. Dann ist bei verschwindendem Mittelwert von F eine Lösung $U \in \mathcal{F}(r)$ von (10.2) und folglich eine quasiperiodische Lösung (10.3) von (10.1) garantiert. Es ist klar, daß in diesem Fall alle Lösungen von (10.1) quasiperiodisch sind, und wir erhalten für sie aufgrund von (10.1),(10.2),(10.3) und (9.13) die Entwicklung

$$\int^t f(\tau)d\tau = \text{konst.} + \sum_{k\in\mathbb{Z}^n\setminus\{0\}} \frac{F_k}{ik^T\omega} e^{ik^T\omega t} , \tag{10.7}$$

die man natürlich wegen der gleichmäßigen Konvergenz auch

direkt aus (10.5) bekommen kann, indem man gliedweise integriert.

In der älteren Störungsrechnung, bevor die Transformationstheorie von Hamilton und Jacobi zum üblichen Handwerkszeug der Mathematiker und Astronomen gehörte, hatte man zur Bestimmung der Koeffizienten der Potenzreihen nach Potenzen des Störungsparameters μ Gleichungen der Form (10.1) zu lösen, d.h. Fourierreihen der Form (10.5) zu integrieren, anstatt Gleichungen der Form (10.2) zu lösen, wie wir es in § 8 tun mußten. Dabei war es nicht immer möglich, die Rekursionsformeln für die Koeffizienten so einzurichten, daß in den Gleichungen der Form (10.1) die Fourierentwicklung der rechten Seite die Form (10.5) hatte. In der Regel trat noch ein konstantes Glied F_0 auf, so daß die Integration statt (10.7) die Reihe

$$\int^t f(\tau)d\tau = \text{konst.} + F_0 t + \sum_{k\in\mathbb{Z}^n\setminus\{0\}} \frac{F_k}{ik^T\omega} e^{ik^T\omega t} \tag{10.8}$$

lieferte. Glieder der Form $F_0 t$ nannte man "säkular". Da aber das Auftreten von säkularen Gliedern z.B. bei der Berechnung der Planetenbahnen schwer erträglich ist, wenn man an den ewigen Fortbestand des Universums, insbesondere des Planetensystems glaubt, sind die großen Anstrengungen verständlich, die im vergangenen Jahrhundert unternommen wurden, um in der Störungsrechnung dieses Auftreten säkularer Glieder zu verhindern.

Das Ergebnis dieser Anstrengungen haben wir dem Leser am Beispiel des restringierten Dreikörperproblems vorgeführt. Wir wollen jetzt nur noch zeigen, daß die von uns in § 8 gefundenen Potenzreihen nach Potenzen des Störungsparameters μ im Falle ihrer Konvergenz zu quasiperiodischen Lösungen des restringierten Dreikörperproblems führen und daß folglich diese Lösungen in trigonometrische Reihen der Form (10.6) entwickelbar sind.

Zu diesem Zweck erinnern wir uns an die Delaunaysche

Transformation (4.30), die das Hamiltonsche System für das restringierte Dreikörperproblem in das System (4.31),(4.35) überführt. Danach gelangen wir über die Bemerkung 6.1 zu dem System (6.6),(6.8), auf das wir den Apparat der Störungsrechnung ansetzen können. Wir wählen im Hinblick auf (8.47) ein

$$b = (L_o, G_o)^T \in B = B_o$$

derart, daß der Vektor

$$\omega = \overset{0}{H}_y(b)^T = e^{-\frac{1}{L_o^2} - G_o} \left(\frac{1}{L_o^3}, -1 \right)^T \tag{10.9}$$

der entsprechenden Voraussetzung von Satz 9.6 oder Satz 9.7 und damit der ersten Voraussetzung von Satz 8.2 genügt. Aufgrund von (8.3) hat, wie wir am Ende von § 9 schon bemerkt haben, fast jeder Punkt $b \in B = B_o$ diese Eigenschaft ($\tilde{B}$ ist eine Nullmenge!). Weiter nehmen wir an, daß die Funktion S mit den in Satz 8.2 beschriebenen Eigenschaften existiert, oder wie man aufgrund der im Anschluß an Satz 8.2 gemachten Bemerkungen über formale Potenzreihen auch sagen kann, wir nehmen an, daß die in Satz 8.2 beschriebene und nach diesem Satz eindeutig bestimmte formale Potenzreihe S konvergiert. Komponieren wir die durch dieses S erzeugte kanonische Transformation (8.35) mit der Transformation (4.30), so erhalten wir eine reell analytische und kanonische Transformation

$$\begin{aligned} q_l &= Q_l(\xi,\eta,\mu) , \\ p_l &= P_l(\xi,\eta,\mu) \end{aligned} \qquad l = 1,2 \tag{10.10}$$

mit der Periode 2π in ξ_1,ξ_2, in die wir laut Bemerkung 6.1 und Satz 8.2 nur

$$\xi = \omega\frac{t}{h} + \xi_o , \qquad \eta = b \tag{10.11}$$

einsetzen müssen, um zu einer Lösung unseres Ausgangssystems (2.8) zu gelangen. Nach (6.6) lautet die Potenzreihenentwicklung von h nach Potenzen des Störungsparameters μ

$$h = e^{-\frac{1}{2L_o^2} - G_o} + \dots .$$

Da ω rational unabhängig ist, gilt dies auch für

$$\hat{\omega}(\mu) := \frac{\omega}{h} = (\frac{1}{L_o^3}, -1)^T + \dots , \qquad (10.12)$$

so daß also die Gleichungen (10.10), (10.11) und (10.12) für kleine μ und beliebige $\xi_o \in \mathbb{R}^n$ reell analytische und quasiperiodische Lösungen

$$\begin{aligned} q_l &= Q_l(\hat{\omega}(\mu)t + \xi_o, b, \mu) , \\ p_l &= P_l(\hat{\omega}(\mu)t + \xi_o, b, \mu) , \end{aligned} \qquad l = 1,2 \qquad (10.13)$$

liefern, die wir nach (10.6) in Cosinusreihen

$$\begin{aligned} q_l &= \sum_{k \in \mathbb{Z}^2} Q_{lk} \cos(k^T\hat{\omega}t + k^T\xi_o + \alpha_{lk}) \\ p_l &= \sum_{k \in \mathbb{Z}^2} P_{lk} \cos(k^T\hat{\omega}t + k^T\xi_o + \beta_{lk}) \end{aligned} \qquad l=1,2 \qquad (10.14)$$

entwickeln können, wobei wir die Abhängigkeit von μ und b nicht explizit vermerken und α_{lk}, β_{lk} reelle Konstante sind.

Hiermit ist uns die Entwicklung von Lösungen des restringierten Dreikörperproblems in trigonometrische Reihen gelungen, wie sie (in etwas anderer Bezeichnung) in dem Brief von Weierstraß an Sonja Kovalevski erwähnt werden. Wir empfehlen dem Leser, diesen in § 1 zitierten Brief noch einmal zu lesen.

Nach unserer Konstruktion brauchen wir nur die Konvergenz der formalen Potenzreihe nach Potenzen von μ für die Funktion S von Satz 8.2 zu zeigen, um automatisch die Konvergenz der trigonometrischen Reihen (10.14) für gewisse quasiperiodische Lösungen des restringierten Dreikörperproblems zu gewährleisten. Wir haben uns aber nicht die Mühe gemacht, das komplizierte Schicksal der kleinen Nenner $k^T\omega$ in den Rekursionsformeln (8.49), (8.50) mit wachsendem $|k|$ zu verfolgen, wie das Weierstraß seinem Brief nach bei seinen

Reihen getan hat, um die Konvergenz dieser Reihen durch direkte Abschätzung der Koeffizienten zu beweisen; denn alle Versuche, auf diesem Wege zu einem Konvergenzbeweis zu gelangen, sind bis heute gescheitert.

Nichtsdestoweniger wurden diese formalen trigonometrischen Reihen in der praktischen Astronomie benützt. Beispielsweise tritt bei der Berechnung der gegenseitigen Störung von Jupiter und Saturn eine Reihe der Form

$$\sum_{k_1,k_2=-\infty}^{\infty} \frac{A_{k_1k_2}}{k_1\omega_1+k_2\omega_2} \cos[(k_1\omega_1+k_2\omega_2)t + \alpha_{k_1k_2}]$$

auf. Dabei bezeichnen

$$\omega_1 = 299''.1 \ , \qquad \omega_2 = 120''.5$$

die Wege (in Bogensekunden), die Jupiter und Saturn an einem Tag zurücklegen. Der Nenner

$$5\omega_2 - 2\omega_1 = 2''.23$$

ist verhältnismäßig klein und verursacht eine periodische Störung der Jupiterbewegung mit einer Periode von ungefähr 900 Jahren. Diese Störung war schon vor langer Zeit aufgrund astronomischer Beobachtungen bekannt, konnte aber erst von Lagrange mit dem kleinen Nenner $5\omega_2 - 2\omega_1$ in der obigen Reihe erklärt werden.

§ 11 Geometrische Interpretation mod $2\pi\,\mathbb{Z}^n$

Nachdem wir in § 10 die quasiperiodischen Funktionen formal eingeführt haben, wollen wir uns jetzt deren einfachste Eigenschaften noch geometrisch veranschaulichen.

Dazu betrachten wir eine reelle quasiperiodische Vektorfunktion

$$t \mapsto f(t) = F(\omega t) \qquad (11.1)$$

von $\mathbb{R}$ in $\mathbb{R}^m$, $m \geq 1$, wobei die Hilfsfunktion $F : \mathbb{R}^n \to \mathbb{R}^m$ nur stetig zu sein braucht. Die Gleichung

$$q = f(t) , \qquad t \in \mathbb{R} \tag{11.2}$$

repräsentiert dann eine stetige Kurve im $\mathbb{R}^m$, wenn wir den laufenden Punkt im $\mathbb{R}^m$ mit $q = (q_1,\ldots,q_m)^T$ bezeichnen. Im Fall n = 1 handelt es sich um eine geschlossene Kurve, die in der Zeit $2\pi/\omega_1$ durchlaufen wird.

Um die Gestalt der Kurve (11.2) für $n \geq 2$ genauer zu analysieren, führen wir die "natürliche" Abbildung

$$\wp : \mathbb{R}^n \to T^n := \mathbb{R}^n/2\pi\,\mathbb{Z}^n$$

ein, die jedem Punkt $\xi \in \mathbb{R}^n$ die Äquivalenzklasse mod $2\pi\,\mathbb{Z}^n$ zuordnet, aus der ξ stammt. Da die Hilfsfunktion F gemäß Definition 10.1 in allen Argumenten die Periode 2π besitzt, gibt es offensichtlich eine durch F eindeutig bestimmte Funktion

$$\hat{F}: T^n \to \mathbb{R}^m ,$$

so daß

$$F = \hat{F}\circ\wp \tag{11.3}$$

gilt. Wenn man T^n mit der Quotiententopologie versieht, d.h. jede Teilmenge $A \subseteq T^n$ als offen definiert, für die $\wp^{-1}(A) \subseteq \mathbb{R}^n$ offen ist, dann sind $\wp$ und (aufgrund der Stetigkeit von F) auch $\hat{F}$ stetig. Dies sind Standardaussagen, die in jedem Topologielehrbuch bewiesen werden.

Mit (11.1) und (11.3) läßt sich (11.2) in die beiden Gleichungen

$$q = \hat{F}(\hat{\xi}) , \qquad \hat{\xi} \in T^n \tag{11.4}$$

und

$$\hat{\xi} = \wp(\omega t) , \qquad t \in \mathbb{R} \tag{11.5}$$

zerlegen. Die letzere Gleichung definiert eine stetige Kurve auf dem Torus T^n. Wenn wir uns diesen Torus durch den Würfel

$$W_n := \left\{\xi = (\xi_1,\ldots,\xi_n)^T \mid 0 \leq \xi_j < 2\pi,\ j=1,\ldots,n\right\}$$

veranschaulichen, dann besteht die Kurve (11.5) aus Teilstücken der Geraden $\xi = \omega t$, die entstehen, indem man die zu W_n mod $2\pi\,\mathbb{Z}^n$ kongruenten Würfel durch Parallelverschiebung mit W_n zur Deckung bringt (Figur 9).

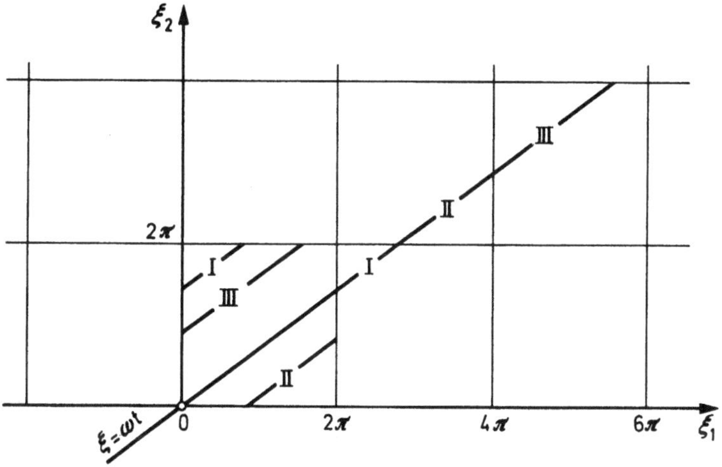

Figur 9

Anschaulicher noch ist es, den abgeschlossenen Würfel $\overline{W}_n$ zu betrachten und dessen gegenüberliegende Randpunkte zu identifizieren. Die Identifikation kann man sich so vorstellen, daß man den Würfel $\overline{W}_n$ als Teil des $\mathbb{R}^{n+1}$ betrachtet und ihn derart biegt, daß gegenüberliegende Randpunkte zusammenfallen. Der Torus T^2 z.B. wird auf diese Weise als Ring im $\mathbb{R}^3$ veranschaulicht (Figur 10).

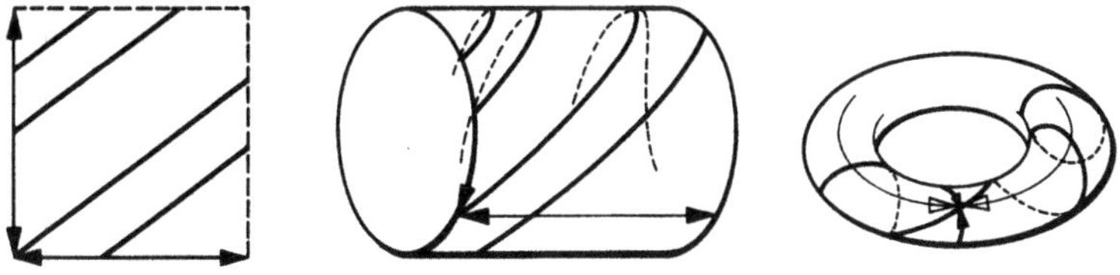

Figur 10

Die Kurve (11.5) windet sich dann um diesen Ring herum. Sie kann sich niemals schließen, weil sonst $\omega t_o \in 2\pi\,\mathbb{Z}^n$ für ein $t = t_o \neq 0$ gelten müßte im Widerspruch zu der in Definition 10.1 getroffenen Vereinbarung, daß der Frequenzvektor ω

einer quasiperiodischen Funktion rational unabhängig ist. Aus dieser Eigenschaft von ω ergibt sich außerdem, daß die Kurve (11.5) auf dem Torus T^n dicht liegt. Das ist eine Folge des Satzes von Kronecker, dessen Beweis der Leser in Selecta Mathematica IV, Seite 77ff. findet.

Die Gleichung (11.4) vermittelt eine Abbildung des Torus T^n in den $\mathbb{R}^m$. Daher können wir das Bild $\hat{F}(T^n)$ als eine Realisierung von T^n im $\mathbb{R}^m$ betrachten. Sei beispielsweise $F : \mathbb{R}^2 \to \mathbb{R}^3$ gegeben durch

$$\left.\begin{aligned} q_1 &= (R + r \cos \xi_1)\cos \xi_2 \,, \\ q_2 &= (R + r \cos \xi_1)\sin \xi_2 \,, \\ q_3 &= r \sin \xi_1 \,; \qquad \xi_1, \xi_2 \in \mathbb{R} \,, \end{aligned}\right\} \quad (11.6)$$

wobei die Konstanten r,R der Ungleichung $0 < r < R$ genügen. Wenn wir den Torus T^2 gemäß Figur 10 mit dem Quadrat W_2 identifizieren, ist $\hat{F}$ ebenfalls durch (11.6) gegeben, nur mit der Einschränkung $(\xi_1,\xi_2)^T \in W_2$. $\hat{F}(W_2)$ ist dann gerade so ein Ring, wie er durch Verbiegen des Quadrats W_2 in Figur 10 entsteht.

Im allgemeinen kann sich der im $\mathbb{R}^m$ liegende Ring oder "Torus" $\hat{F}(T^n)$ natürlich selbst durchdringen (wie z.B. in (11.6) mit $0 < R < r$), weil ja nirgends Injektivität gefordert wurde.

Als Ergebnis dieser Überlegungen haben wir jetzt eine ziemlich konkrete Vorstellung von der Kurve (11.2): Sie windet sich um einen im $\mathbb{R}^m$ liegenden n-dimensionalen Torus herum und füllt diesen Torus dicht aus (d.h. sie liegt dicht auf diesem Torus).

Wir kommen noch einmal auf die von uns konstruierten quasiperiodischen Lösungen (10.13) des restringierten Dreikörperproblems zurück. Aufgrund der obigen Überlegungen liefert (10.13) bei festen b, μ und zunächst festgehaltenem ξ_o einen 2-dimensionalen Torus im $\mathbb{R}^4$, um den sich also die entsprechende Kurve (10.13) herumwindet und den sie dicht ausfüllt. Ändern wir nun ξ_o, so ändert sich möglicherweise die Lösungskurve, aber der zugehörige Torus bleibt offensichtlich immer derselbe. Überdies wird, wenn ξ_o ganz $\mathbb{R}^2$ oder auch nur das Quadrat W_2 durchläuft, dieser Torus ganz ausgeschöpft. Somit geht durch jeden Punkt dieses Torus eine Lösungskurve des Differentialgleichungssystems (2.8), die für alle t auf dem Torus verbleibt. Wegen der Eindeutigkeit der Lösungskurven bei analytischen Differentialgleichungen gibt es keine anderen Lösungskurven, welche Punkte mit dem Torus gemein haben.

Nun nennt man ganz allgemein eine Menge im Phasenraum eines autonomen Differentialgleichungssystems *invariant*, wenn mit irgendeinem Punkt auch die ganze Lösungskurve durch diesen Punkt der gegebenen Menge angehört. In diesem Sinne ist also der durch (10.13) mit $t = 0$, $\xi_o \in W_2$ definierte Torus im Phasenraum $\mathbb{R}^4_{q_1q_2p_1p_2}$ des Systems (2.8) invariant.

Zum Schluß bemerken wir, daß man aufgrund der umkehrbar eindeutigen Zuordnung (11.3) der in allen Argumenten 2π-periodischen Funktionen $F : \mathbb{R}^n \to \mathbb{R}^m$ zu den Funktionen $\hat{F} : \mathcal{T}^n \to \mathbb{R}^m$ auf dem Torus $\mathcal{T}^n$ das Differentialgleichungssystem (8.1) umdeuten kann als ein Differentialgleichungssystem auf der Menge $\mathcal{T}^n \times B \times M$. Dementsprechend kann man auch alle anschließenden Betrachtungen mod $2\pi\,\mathbb{Z}^n$ umformulieren. Wirklich nützlich ist das aber nur vor dem Hintergrund der Theorie der differenzierbaren Mannigfaltigkeiten, die wir hier nicht voraussetzen.

§ 12 Die Newton'sche Methode

Das Ziel dieses Artikels ist es ja, die Konvergenz der in § 8 mit Hilfe der Störungsrechnung konstruierten formalen Reihen zu beweisen. Ein wesentliches Hilfsmittel dazu ist die Newtonsche Methode, die dem Leser jedenfalls in ihrer einfachsten Form, dem "Tangentenverfahren" zur Berechnung von Nullstellen reeller Funktionen mit hinreichenden Differenzierbarkeitseigenschaften sicherlich bekannt sein dürfte. Trotzdem wollen wir den Abschätzungskalkül dieses Tangentenverfahrens genauer studieren, weil einige Schritte des Konvergenzbeweises in einer simplen Übertragung der entsprechenden Schritte des Tangentenverfahrens bestehen und wir somit wichtige Motivierungshilfen an der Hand haben.

Gegeben sei eine zweimal stetig differenzierbare Funktion $f : \mathbb{R} \to \mathbb{R}$, von der eine Nullstelle $x = c$ zu berechnen ist. Wir nehmen an, daß diese Nullstelle näherungsweise bekannt ist, daß wir also eine Stelle x_0 mit $|f(x_0)| \ll 1$ kennen.

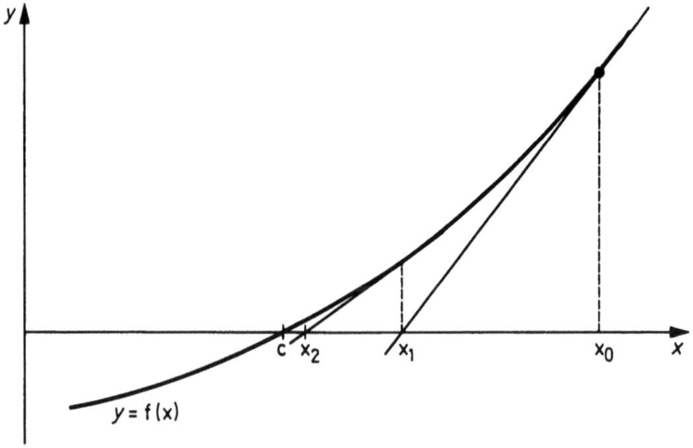

Figur 11. Newton-Verfahren

Das Tangentenverfahren besteht nun darin, im Punkt $(x_0, f(x_0))$ der x-y-Ebene die Tangente an die Kurve $y = f(x)$ zu ziehen und ihren Schnittpunkt $x = x_1$ mit der x-Achse zu berechnen. Offenbar ist x_1 durch die Formel

$$x_1 = x_0 - \frac{f(x_0)}{f'(x_0)} \tag{12.1}$$

gegeben. Unter gewissen noch anzuführenden Voraussetzungen über f stellt x_1 eine bessere Näherung an die Nullstelle $x = c$ von f dar als x_0. Mit x_1 verfahren wir genauso wie mit x_0: Der Schnittpunkt x_2 der Tangente in $(x_1, f(x_1))$ an die Kurve $y = f(x)$ mit der x-Achse liefert eine noch bessere Näherung x_2 an die Nullstelle $x = c$. So fortfahrend gelangen wir zu einer Folge von Punkten $x_1, x_2, \ldots$, die sich entsprechend zu (12.1) rekursiv aus der Formel

$$x_{\nu+1} = x_\nu - \frac{f(x_\nu)}{f'(x_\nu)} , \qquad \nu = 0,1,... \qquad (12.2)$$

berechnen und außerordentlich stark gegen die Nullstelle $x = c$ konvergieren.

Um das zu zeigen, stellen wir an die gegebene zweimal stetig differenzierbare Funktion $f : \mathbb{R} \to \mathbb{R}$ die Bedingungen

$$|f'(x)| \geq a , \qquad x \in \mathbb{R} , \qquad (12.3)$$

$$|f''(x)| \leq b , \qquad x \in \mathbb{R} \qquad (12.4)$$

mit gewissen positiven Konstanten a und b. Dann setzen wir

$$\Delta_\nu = x_{\nu+1} - x_\nu , \qquad \nu = 0,1,...$$

und wenden die Taylorformel an:

$$f(x_{\nu+1}) = f(x_\nu) + f'(x_\nu)\Delta_\nu + \tfrac{1}{2}f''(x_\nu+\delta_\nu\Delta_\nu)\Delta_\nu^2 , \qquad 0 < \delta_\nu < 1, \ \nu = 0,1,... . \qquad (12.5)$$

Die Rekursionsformel (12.2) ist nun offensichtlich gleichbedeutend mit dem Verschwinden des inhomogenen Linearanteils der Taylorformel, d.h. mit

$$f(x_\nu) + f'(x_\nu)\Delta_\nu = 0 , \qquad \nu = 0,1,... . \qquad (12.6)$$

Daher erhalten wir aus (12.4) und (12.5) die Abschätzung

$$|f(x_{\nu+1})| \leq \frac{b}{2} |\Delta_\nu|^2 , \qquad \nu = 0,1,... . \qquad (12.7)$$

Andererseits ergeben sich aus (12.3) und (12.6) die Ungleichungen

$$|\Delta_\nu| \leq \frac{1}{a} |f(x_\nu)| , \qquad \nu = 0,1,... , \qquad (12.8)$$

so daß wir zusammen mit (12.7) die Abschätzung

$$|f(x_{\nu+1})| \leq \frac{b}{2a^2} |f(x_\nu)|^2 , \qquad \nu = 0,1,... \qquad (12.9)$$

bekommen. Hieraus lassen sich leicht vermittels vollständiger Induktion Ungleichungen der Form

$$|f(x_\nu)| \leq M_\nu , \qquad \nu = 0,1,\ldots \tag{12.10}$$

mit einer gegen Null strebenden Folge von Konstanten M_ν ableiten.

Der Schluß von ν auf $\nu+1$ wird aufgrund von (12.9) und (12.10) geleistet, wenn wir

$$M_{\nu+1} = \frac{b}{2a^2} M_\nu^2 , \qquad \nu = 0,1,\ldots$$

definieren. Diese Definition zieht die Gleichungen

$$M_\nu = \left(\frac{b}{2a^2}\right)^{2^\nu - 1} M_0^{2^\nu} , \qquad \nu = 0,1,\ldots$$

nach sich, die wir mit

$$\varepsilon = \frac{b}{2a^2} M_0$$

in die gefälligere Form

$$M_\nu = \frac{2a^2}{b} \varepsilon^{2^\nu} , \qquad \nu = 0,1,\ldots \tag{12.11}$$

bringen können. Dabei muß

$$0 < \varepsilon < 1 \tag{12.12}$$

angenommen werden, damit die Folge (M_ν) gegen Null konvergiert. Der Induktionsanfang

$$|f(x_0)| \leq M_0 = \frac{2a^2}{b} \varepsilon \tag{12.13}$$

ist dann als die Voraussetzung für x_0 zu betrachten, eine hinreichend gute Näherung an die gesuchte Nullstelle $x = c$ zu sein.

Die Existenz dieser Nullstelle als Grenzwert der Folge (x_ν) ist nun leicht zu erbringen. Aus (12.8),(12.10),(12.11) und (12.12) folgern wir

$$\begin{aligned} |x_{\nu+p} - x_\nu| &\leq |\Delta_\nu| + \ldots + |\Delta_{\nu+p-1}| \\ &\leq \frac{2a}{b} \varepsilon^{2^\nu}(1+\varepsilon+\varepsilon^2+\ldots) = \frac{2a\varepsilon^{2^\nu}}{b(1-\varepsilon)} , \quad \nu=0,1,\ldots;p=1,2,\ldots, \end{aligned} \tag{12.14}$$

so daß (x_ν) eine Cauchyfolge ist und daher konvergiert. Bezeichnen wir den Grenzwert dieser Folge mit c, so ergibt der Grenzübergang $p \to \infty$ in (12.14) die Abschätzung

$$|c - x_\nu| \leq \frac{2a\varepsilon^{2^\nu}}{b(1-\varepsilon)}, \qquad \nu = 0,1,\ldots . \tag{12.15}$$

Der Grenzübergang $\nu \to \infty$ in (12.10) liefert uns wegen (12.11) und der Stetigkeit von f die erwartete Gleichung

$$f(c) = 0 .$$

Wir fassen das eben bewiesene Resultat zusammen in

<u>SATZ 12.1</u>: *Gegeben sei eine zweimal stetig differenzierbare Funktion* $f : \mathbb{R} \to \mathbb{R}$ *mit den Eigenschaften* (12.3),(12.4). *Außerdem sei eine Stelle* $x = x_0$ *bekannt, für die* (12.13) *gilt mit einem positiven* $\varepsilon < 1$. *Dann besitzt* f *eine Nullstelle* $x = c$, *gegen die die durch* (12.2) *rekursiv definierte Folge* (x_ν) *konvergiert. Die Güte der Approximation von* c *durch* x_ν *ist aus* (12.15) *ersichtlich.*

Diese ganze Untersuchung wird meistens in einem endlichen Intervall I durchgeführt. Wir haben der Einfachheit halber $I = \mathbb{R}$ genommen, da es uns hier nur darauf ankam, die prinzipiellen Aspekte des Newtonschen Verfahrens darzulegen. Dazu gehören vor allem die Gewinnung der Rekursionsformel (12.2) durch Nullsetzen des inhomogenen Linearanteils (12.6) der Taylorformel (12.5) und die daraus resultierende rasche Konvergenz der Folge (x_ν), die sich in (12.15) äußert.

Auf einen anderen wichtigen Aspekt wollen wir nun zu sprechen kommen. Durch die rasche Konvergenz des Newtonschen Verfahrens hat man einen gewissen Spielraum im Hinblick auf Abänderungen der Rekursionsformel (12.2), d.h. wenn man die Formel (12.2) nur geringfügig abändert, darf man erwarten, daß das Verfahren immer noch konvergiert, wenn auch nicht mehr so rasch. Eine hinreichend kleine Abänderung von (12.2) übt also gewissermaßen eine Bremswirkung auf den Iterationsprozeß aus, welche dessen Konvergenzgeschwindigkeit etwas reduziert.

Um etwas Konkretes vor Augen zu haben, ersetzen wir in der Rekursionsformel (12.2) die Ableitung $f'(x_\nu)$ durch den Differenzenquotienten

$$\frac{f(x_\nu) - f(x_{\nu-1})}{x_\nu - x_{\nu-1}} .$$

Es ergibt sich dann die Rekursionsformel

$$x_{\nu+1} = x_\nu - \frac{f(x_\nu)(x_\nu - x_{\nu-1})}{f(x_\nu) - f(x_{\nu-1})} , \quad \nu = 1,2,... \tag{12.16}$$

Nach dieser Formel erhält man den Punkt $x_{\nu+1}$ dadurch, daß man in der x-y-Ebene die Gerade durch die Punkte $(x_{\nu-1}, f(x_{\nu-1}))$ und $(x_\nu, f(x_\nu))$ mit der x-Achse zum Schnitt bringt.

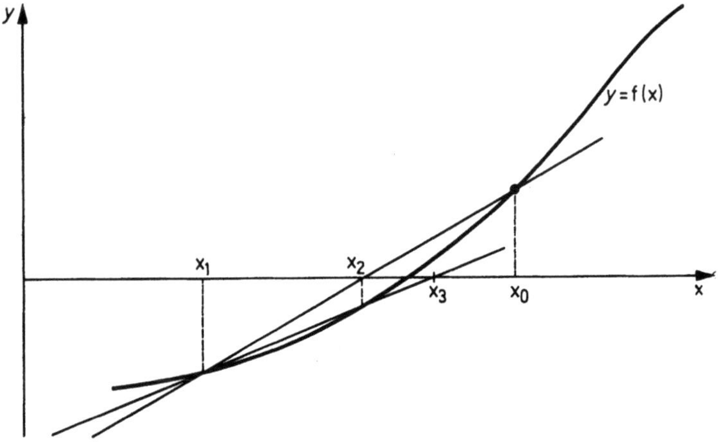

Figur 12. Regula falsi

Dieses Iterationsverfahren ist unter dem Namen *Regula falsi* bekannt und wird wie das Newtonsche Verfahren in jedem Lehrbuch über Numerische Mathematik mehr oder weniger ausführlich behandelt.

Um die Konvergenz der Regula falsi zu untersuchen, gehen wir wieder von der Taylorformel (12.5) aus, die wir jetzt aber in der Gestalt

$$\left.\begin{aligned} f(x_{\nu+1}) &= \left\{ f(x_\nu) + \frac{f(x_\nu) - f(x_{\nu-1})}{x_\nu - x_{\nu-1}} \Delta_\nu \right\} \\ &\quad + \left\{ f'(x_\nu) - \frac{f(x_\nu) - f(x_{\nu-1})}{x_\nu - x_{\nu-1}} \right\} \Delta_\nu \\ &\quad + f''(x_\nu + \delta_\nu \Delta_\nu) \frac{\Delta_\nu^2}{2} , \\ &\quad 0 < \delta_\nu < 1, \ \nu = 1,2,\ldots \end{aligned}\right\} \qquad (12.17)$$

notieren. Der erste Summand auf der rechten Seite verschwindet vermöge der Rekursionsformel (12.16), der zweite Summand stellt den Fehler dar, den wir durch den Übergang vom Newtonschen Verfahren zur Regula falsi begehen. Zur Abschätzung dieses Fehlers wenden wir die Taylorformel in der Gestalt

$$\begin{aligned} f(x_{\nu-1}) &= f(x_\nu) - f'(x_\nu)\Delta_{\nu-1} \\ &\quad + f''(x_\nu - \bar{\delta}_\nu \Delta_{\nu-1}) \frac{\Delta_{\nu-1}^2}{2} , \\ &\quad 0 < \bar{\delta}_\nu < 1, \ \nu = 1,2,\ldots \end{aligned}$$

an, um mit (12.4)

$$\left| f'(x_\nu) - \frac{f(x_\nu) - f(x_{\nu-1})}{x_\nu - x_{\nu-1}} \right| \le \frac{b}{2} |\Delta_{\nu-1}| , \ \nu = 1,2,\ldots$$

zu erhalten. Daher ergibt sich aus (12.17) unter nochmaliger Verwendung von (12.4) die Abschätzung

$$|f(x_{\nu+1})| \le \frac{b}{2} |\Delta_{\nu-1}||\Delta_\nu| + \frac{b}{2} |\Delta_\nu|^2 , \qquad (12.18)$$
$$\nu = 1,2,\ldots .$$

Mit (12.3), (12.16) und dem Mittelwertsatz leiten wir (12.8) für $\nu \ge 1$ her und setzen (12.8) für $\nu = 0$ voraus, um aus (12.18)

$$\begin{aligned} |f(x_{\nu+1})| &\le \frac{b}{2a^2} |f(x_{\nu-1})||f(x_\nu)| \\ &\quad + \frac{b}{2a^2} |f(x_\nu)|^2 , \quad \nu = 1,2,\ldots \end{aligned} \qquad (12.19)$$

zu bekommen. Wieder versuchen wir, die Ungleichungen (12.10) durch vollständige Induktion mit geeigneten $M_\nu \searrow 0$ zu befriedigen. Dazu stellen wir den Induktionsanfang $\nu = 0$, $\nu = 1$ zunächst zurück. Außerdem verlangen wir

$$M_{\nu+1} \leq M_\nu \,, \qquad \nu = 0,1,\ldots \,. \tag{12.20}$$

Wenn dann die Ungleichung (12.10) für ein $\nu \geq 1$ und alle vorhergehenden Indizes bereits bewiesen ist, folgt aus (12.19) und (12.20)

$$|f(x_{\nu+1})| \leq \frac{b}{2a^2} M_{\nu-1}M_\nu + \frac{b}{2a^2} M_\nu^2 \leq \frac{b}{a^2} M_{\nu-1}M_\nu \,,$$

also

$$|f(x_{\nu+1})| \leq M_{\nu+1} \,,$$

falls wir

$$M_{\nu+1} = \frac{b}{a^2} M_{\nu-1}M_\nu \,, \qquad \nu = 1,2,\ldots \tag{12.21}$$

definieren. Im Hinblick auf diese Definition und (12.11) machen wir den Ansatz

$$M_\nu = \frac{a^2}{b} \varepsilon^{\kappa^\nu} \,, \qquad \nu = 0,1,\ldots \tag{12.22}$$

mit noch unbekannten Konstanten ε und κ, $0 < \varepsilon < 1 < \kappa$. Durch Einsetzen ist leicht zu bestätigen, daß die Gleichungen (12.21) erfüllt werden, wenn

$$\kappa^2 = 1 + \kappa \,,$$

d.h.

$$\kappa = \frac{1}{2}(1 + \sqrt{5}) \approx 1{,}618 \tag{12.23}$$

ist. Die Ungleichungen (12.20) sind dann ebenfalls erfüllt. Die Konstante ε wird dadurch festgelegt, daß

$$\begin{aligned} |f(x_0)| &= M_0 = \frac{a^2}{b} \varepsilon \,, \\ |f(x_1)| &\leq M_1 = \frac{a^2}{b} \varepsilon^\kappa \,, \end{aligned} \qquad |x_1 - x_0| \leq \frac{a}{b}\varepsilon \tag{12.24}$$

gilt. Hat man zwei Punkte x_0 und x_1 gefunden, so daß (12.24) für ein positives $\varepsilon < 1$ erfüllt ist, dann ist der Induktionsanfang gewährleistet, (12.8) für $\nu = 0$ gültig und folglich das Ungleichungssystem (12.10) mit (12.22) bewiesen.

Der Rest des Konvergenzbeweises verläuft wie oben beim Newton-Verfahren. Statt (12.14) erhalten wir jedoch aus (12.8), (12.10) und (12.22)

$$|x_{\nu+p} - x_\nu| \leq \frac{a}{b}\left(1 + \frac{1}{\log \kappa \log \frac{1}{\varepsilon}}\right) \varepsilon^{\kappa^\nu}, \quad \begin{array}{l}\nu = 0,1,\ldots,\\ p = 1,2,\ldots;\end{array}$$

denn es gilt

$$\sum_{p=0}^{\infty} \varepsilon^{\kappa^{\nu+p}} = \varepsilon^{\kappa^\nu} + \sum_{p=1}^{\infty} \varepsilon^{\kappa^{\nu+p}} \int_{p-1}^{p} ds$$

$$\leq \varepsilon^{\kappa^\nu} + \sum_{p=1}^{\infty} \int_{p-1}^{p} \varepsilon^{\kappa^{\nu+s}} ds = \varepsilon^{\kappa^\nu} + \int_0^\infty \varepsilon^{\kappa^{\nu+s}} ds$$

$$= \varepsilon^{\kappa^\nu} + \frac{1}{\log \kappa} \int_1^\infty \varepsilon^{\kappa^\nu q} \frac{dq}{q}$$

$$\leq \varepsilon^{\kappa^\nu} + \frac{1}{\log \kappa} \int_1^\infty \varepsilon^{\kappa^\nu q} dq \leq \left(1 + \frac{1}{\log \kappa \log \frac{1}{\varepsilon}}\right) \varepsilon^{\kappa^\nu}.$$

Daher ergibt sich statt (12.15) die Abschätzung

$$|c - x_\nu| \leq \frac{a}{b}\left(1 + \frac{1}{\log \kappa \log \frac{1}{\varepsilon}}\right) \varepsilon^{\kappa^\nu}, \quad \nu = 0,1,\ldots \qquad (12.25)$$

Zusammenfassend haben wir also den folgenden

<u>SATZ 12.2</u>: *Gegeben sei eine zweimal stetig differenzierbare Funktion* $f : \mathbb{R} \to \mathbb{R}$ *mit den Eigenschaften* (12.3),(12.4). *Außerdem seien zwei Stellen* $x = x_0$, $x = x_1$ *bekannt, für die* (12.24) *erfüllt ist mit einem positiven* $\varepsilon < 1$ *und mit* $\kappa = 2^{-1}(1 + \sqrt{5})$. *Dann besitzt* f *eine Nullstelle* $x = c$, *gegen die die durch* (12.16) *rekursiv definierte Folge* (x_ν) *konvergiert. Die Güte der Approximation von* c *durch* x_ν *ist aus* (12.25) *ersichtlich.*

Wenn wir die Konvergenzgeschwindigkeit des Iterationsverfahrens durch den Exponenten κ messen, dann reduziert sich also diese Geschwindigkeit beim Übergang vom Newton-Verfahren zur Regula falsi von $\kappa = 2$ auf $\kappa = 2^{-1}(1 + \sqrt{5})$. Durch diese Reduktion wird der Fehler kompensiert, der durch die Abänderung entstanden ist. Natürlich darf der Fehler nur von höherer Ordnung in Δ_ν klein sein, wie das in (12.18) verglichen mit (12.7) zum Ausdruck kommt. Sonst würde das abgeänderte Verfahren möglicherweise überhaupt nicht konvergieren.

§ 13 Der Konvergenzbeweis

Nachdem wir in den vorausgegangenen Paragraphen ausreichende Vorbereitungen getroffen haben, sind wir nun in der Lage, die Existenz der Funktion S mit den in Satz 8.2 formulierten Eigenschaften und damit die Konvergenz der in § 8 aufgestellten Reihen zu beweisen, welche zu quasiperiodischen Lösungen insbesondere des restringierten Dreikörperproblems führen.

Wie wir schon in der Einleitung bemerkt haben, ist die Existenz quasiperiodischer Lösungen gestörter analytischer Hamiltonscher Systeme zum ersten Mal von Kolmogorov im Jahre 1954 behauptet worden. Seiner Behauptung lag die simple Idee zugrunde, den Einfluß der kleinen Nenner durch ein stark konvergierendes Iterationsverfahren aufzufangen, ähnlich wie wir in § 12 den Übergang vom Newton-Verfahren zur Regula falsi durch eine Verminderung der Konvergenzgeschwindigkeit kompensiert haben. Allerdings war die Umsetzung dieser Idee in einen hieb- und stichfesten Existenzbeweis nicht einfach und erforderte eine ausgefeilte Abschätzungstechnik. Daher kam es wohl, daß der erste vollständig ausgeführte Beweis für Kolmogorovs Behauptung erst im Jahre 1963 erschien. Er stammt von Kolmogorovs Schüler Arnold [19], der auch Kolmogorovs ursprünglichen Satz wesentlich erweiterte und auf das Planetenproblem anwendete [20].

Unabhängig von Arnold fand auch Moser eine Technik, mit der die Existenz nicht nur von analytischen, sondern auch von endlich oft differenzierbaren gestörten Hamiltonschen Systemen bewiesen werden konnte [24],[25],[26]. Moser behandelte ferner erfolgreich gestörte Differentialgleichungssysteme nicht-Hamiltonschen Charakters [22].

Aufgrund dieser historischen Gegebenheiten hat sich neuerdings die Bezeichnung *KAM-Theorie* (= Kolmogorov-Arnold-Moser -Theorie) für die Gesamtheit der mit quasiperiodischen Lösungen gestörter Differentialgleichungen zusammenhängenden Resultate eingebürgert.

Es sollte noch bemerkt werden, daß Kolmogorovs Idee nur vor dem Hintergrund der modernen Mathematik, insbesondere der Funktionalanalysis als simpel bezeichnet werden kann. Vom Standpunkt der Mathematik des 19.Jahrhunderts aus, in deren Rahmen wir uns ja bis jetzt in diesem Artikel ausschließlich bewegt haben, wäre diese Idee unerreichbar gewesen. Daher ist auch zu verstehen, daß das seit Ende des vorigen Jahrhunderts anstehende Problem, die Konvergenz der Reihen in der Störungsrechnung zu beweisen, trotz der Bemühungen vieler hervorragender Mathematiker über 60 Jahre lang ungelöst blieb.

Um möglichen Mißverständnissen vorzubeugen weisen wir den Leser darauf hin, daß die Übertragung der Newtonschen Methode auf die Probleme mit kleinen Nennern in der KAM-Theorie nicht vergleichbar ist mit der zwar nützlichen, aber doch recht trivialen Übertragung auf gewisse Funktionalgleichungen in Banachräumen, wie sie in den Büchern über Funktionalanalysis und Numerische Mathematik gelehrt wird (vgl.z.B. [34]: Akhilov-Kantorovich, Normierte Räume, Kap.XII). In diesen Büchern wird nämlich stets vorausgesetzt, daß die zur Übertragung der Newtonschen Methode benötigten linearen Operatoren beschränkt sind, während sich der Einfluß der kleinen Nenner in der KAM-Theorie gerade darin äußert, daß die entsprechenden linearen Operatoren unbeschränkt sind.

Im folgenden beweisen wir zu gegebenem $b \in B \setminus \tilde{B}$, das die erste Voraussetzung von Satz 8.2 erfüllt, die Existenz der Funktion S mit den in Satz 8.2 formulierten Eigenschaften. Der Beweis ist neu und hat den Vorteil, in seinem prinzipiellen Aufbau der Regula falsi zu entsprechen, was eine gute Motivierung der einzelnen Beweisschritte ermöglicht.

Wir gehen zunächst mehr heuristisch vor und suchen die Funktion S als Lösung einer Funktionalgleichung iterativ in Analogie zur Regula falsi zu konstruieren. Danach versehen wir den Induktionsanfang des Iterationsverfahrens und den Schritt von ν auf $\nu+1$ mit den erforderlichen Abschätzungen. Der Rest des Beweises ist dann nur noch Routine analog zu den Abschätzungen (12.14) und (12.15).

Im folgenden sei jetzt ein für allemal $b \in B \setminus \tilde{B}$ fest gewählt, derart daß

$$\omega = \overset{0}{H}_y(b)^T$$

die in Satz 9.6 oder Satz 9.7 geforderte Eigenschaft besitzt. Wie wir bereits am Ende von § 9 sowie auf Seite 207 festgestellt haben, erfüllen fast alle $b \in B$ aufgrund von (8.3) diese Bedingung. Mit dieser Wahl von b ist dann auch die erste Voraussetzung von Satz 8.2 erfüllt.

Wir suchen eine Funktion S mit den in Satz 8.2 formulierten Eigenschaften, d.h. wegen (8.31) eine Lösung S der Gleichung

$$H\left(S_y^T(y,\xi,\mu),y,\mu\right) = K\left(\xi,S_\xi^T(y,\xi,\mu),\mu\right) , \qquad (13.1)$$

wobei $(\xi,\eta,\mu) \mapsto K(\xi,\eta,\mu)$ eine Funktion ist, die mit Rücksicht auf (8.29),(8.47) den Bedingungen

$$K(\xi,b,\mu) = a(\mu) , \qquad K_\eta(\xi,b,\mu) = \omega^T \qquad (13.2)$$

genügt. (Wir schreiben jetzt das Transpositionszeichen meistens hinter das Funktionszeichen, also z.B.

$$S_y^T(y,\xi,\mu) = S_y{}^T(y,\xi,\mu) \quad \text{statt} \quad S_y(y,\xi,\mu)^T$$

wie bisher, um gelegentlich die Argumente weglassen zu können.)

Da außer S auch a und damit K zunächst unbekannt sind, suchen wir genau genommen zwei Funktionen S und K, welche die Gleichung (13.1) und gewisse zusätzliche Bedingungen erfüllen, die wir bei diesen heuristischen Überlegungen nicht immer in allen Einzelheiten zu erwähnen brauchen. Wir können auch sagen, wir suchen eine Nullstelle (S,K) der Funktion

$\mathcal{H}$ bzw. eine Lösung der Gleichung

$$\mathcal{H}(S,K) = 0 \ , \tag{13.3}$$

wobei die Funktion $\mathcal{H}$ durch

$$\begin{aligned}\mathcal{H}(S,K)(y,\xi,\mu) := H\left(S_y^T(y,\xi,\mu),y,\mu\right) \\ - K\left(\xi,S_\xi^T(y,\xi,\mu),\mu\right)\end{aligned} \tag{13.4}$$

gegeben ist. Dabei legen wir die Definitionsbereiche von S,K und $\mathcal{H}$ noch nicht genau fest. Vielmehr wollen wir jetzt rein formal von einer *Näherungslösung* (S,K) von (13.3) ausgehen und dadurch zu einer *besseren Näherungslösung* ($S + \Delta S, K + \Delta K$) von (13.3) gelangen, daß wir in Analogie zu dem Newtonschen Tangentenverfahren in § 12 $\mathcal{H}(S + \Delta S, K + \Delta K)$ an der Stelle (S,K) nach Taylor entwickeln und dann den inhomogenen Linearanteil der Taylorentwicklung gleich Null setzen. Die Taylorentwicklung lautet bis zu den Gliedern erster Ordnung in ΔS und ΔK

$$\begin{aligned}\mathcal{H}(S+\Delta S,K+\Delta K)(y,\xi,\mu) &= \mathcal{H}(S,K)(y,\xi,\mu) \\ &+ H_x\left(S_y^T(y,\xi,\mu),y,\mu\right)\Delta S_y^T(y,\xi,\mu) \\ &- K_\eta\left(\xi,S_\xi^T(y,\xi,\mu),\mu\right)\Delta S_\xi^T(y,\xi,\mu) \\ &- \Delta K\left(\xi,S_\xi^T(y,\xi,\mu),\mu\right) + \ldots\end{aligned}$$

oder mit den Bezeichnungen

$$\left.\begin{aligned}&\{\mathcal{H}_S(S,K)\Delta S\}(y,\xi,\mu) := \\ &H_x\left(S_y^T(y,\xi,\mu),y,\mu\right)\Delta S_y^T(y,\xi,\mu) \\ &- K_\eta\left(\xi,S_\xi^T(y,\xi,\mu),\mu\right)\Delta S_\xi^T(y,\xi,\mu) \ ,\end{aligned}\right\} \tag{13.5}$$

$$\{\mathcal{H}_K(S,K)\Delta K\}(y,\xi,\mu) := -\Delta K\left(\xi,S_\xi^T(y,\xi,\mu),\mu\right) \tag{13.6}$$

eleganter

$$\begin{aligned}\mathcal{H}(S+\Delta S,K+\Delta K) = \mathcal{H}(S,K) + \mathcal{H}_S(S,K)\Delta S \\ + \mathcal{H}_K(S,K)\Delta K + R(S,K,\Delta S,\Delta K) \ ,\end{aligned} \tag{13.7}$$

wobei wir in

$$R = R_1 - R_2 - R_3 \tag{13.8}$$

die Glieder höherer Ordnung

$$R_1(S,\Delta S)(y,\xi,\mu) := H\Big((S+\Delta S)_y^T(y,\xi,\mu),y,\mu\Big) - H\Big(S_y^T(y,\xi,\mu),y,\mu\Big) - H_x\Big(S_y^T(y,\xi,\mu),y,\mu\Big)\Delta S_y^T(y,\xi,\mu)\,,$$

$$R_2(S,K,\Delta S)(y,\xi,\mu) := K\Big(\xi,(S+\Delta S)_\xi^T(y,\xi,\mu),\mu\Big) - K\Big(\xi,S_\xi^T(y,\xi,\mu),\mu\Big) - K_\eta\Big(\xi,S_\xi^T(y,\xi,\mu),\mu\Big)\Delta S_\xi^T(y,\xi,\mu)\,,$$

$$R_3(S,\Delta S,\Delta K)(y,\xi,\mu) := \Delta K\Big(\xi,S_\xi^T(y,\xi,\mu) + \Delta S_\xi^T(y,\xi,\mu),\mu\Big) - \Delta K\Big(\xi,S_\xi^T(y,\xi,\mu),\mu\Big)$$

zusammenfassen. Das Verschwinden des inhomogenen Linearteils der Taylorentwicklung (13.7) beinhaltet die Gleichung

$$\mathcal{H}(S,K) + \mathcal{H}_S(S,K)\Delta S + \mathcal{H}_K(S,K)\Delta K = 0\,, \tag{13.9}$$

aus der sich ΔS und ΔK analog zu (12.6) bestimmen lassen müssen, um mit

$$S = S_\nu\,, \quad K = K_\nu\,, \quad S + \Delta S = S_{\nu+1}\,, \quad K + \Delta K = K_{\nu+1} \tag{13.10}$$

eine zu (12.2) analoge Rekursionsformel aufstellen zu können. Ein Blick auf (13.5) und (13.6) läßt aber schon ahnen, daß wir die Differentialgleichung (13.9) so ohne weiteres nicht werden lösen können. Alle vorkommenden Funktionen, insbesondere ΔS und ΔK, müssen nämlich bezüglich der Variablen $\xi_1,\ldots,\xi_n$ die Periode 2π besitzen, es handelt sich also bei (13.9) bezüglich ξ um eine Differentialgleichung auf dem Torus T^n. Die einzige Differentialgleichung auf T^n, die wir zu lösen imstande sind, ist (9.1). Da aber nicht zu sehen ist, wie wir (13.9) auf (9.1) zurückführen könnten, führt die Übertragung der Tangentenmethode zu keinem Ergebnis.

In dieser Situation erinnern wir uns an den Übergang von der Tangentenmethode zur Regula falsi. D.h. wir überlegen, wie wir durch eine geringfügige Veränderung von (13.9) zu einer lösbaren Differentialgleichung gelangen können. Dazu berechnen wir einmal aus (13.4) die partielle Ableitung

$$\frac{\partial}{\partial\xi}\mathcal{H}(S,K)(y,\xi,\mu) = H_x\left(S_y^T(y,\xi,\mu),y,\mu\right)S_y{}^T{}_\xi(y,\xi,\mu) \\ - K_\eta\left(\xi,S_\xi^T(y,\xi,\mu),\mu\right)S_\xi{}^T{}_\xi(y,\xi,\mu) - K_\xi\left(\xi,S_\xi^T(y,\xi,\mu),\mu\right) . \tag{13.11}$$

Dem Leser wird eine gewisse Ähnlichkeit dieses Ausdrucks mit (13.5) nicht verborgen bleiben. Um den ersten Summanden auf der rechten Seite von (13.5) und (13.11) zu egalisieren, brauchen wir nur

$$\Delta S(y,\xi,\mu) = E\left(\xi,S_\xi^T(y,\xi,\mu),\mu\right) \tag{13.12}$$

mit einer neuen Funktion $(\xi,\eta,\mu) \mapsto E(\xi,\eta,\mu)$ zu setzen und (13.11) mit $E_\eta^T(\xi,S_\xi^T(y,\xi,\mu),\mu)$ zu multiplizieren. Wenn wir dann (13.5) und (13.11) voneinander subtrahieren, fallen die Ausdrücke

$$H_x\left(S_y^T(y,\xi,\mu),y,\mu\right)\Delta S_y^T(y,\xi,\mu) ,$$
$$K_\eta\left(\xi,S_\xi^T(y,\xi,\mu),\mu\right)S_\xi{}^T{}_\xi(y,\xi,\mu)E^T_\eta\left(\xi,S_\xi^T(y,\xi,\mu),\mu\right)$$

heraus, und wir bekommen

$$\{\mathcal{H}_S(S,K)\Delta S\}(y,\xi,\mu) - \frac{\partial}{\partial\xi}\mathcal{H}(S,K)(y,\xi,\mu)E^T_\eta\left(\xi,S_\xi^T(y,\xi,\mu),\mu\right)$$
$$= \{K_\xi E_\eta^T - K_\eta E_\xi^T\}\left(\xi,S_\xi^T(y,\xi,\mu),\mu\right) .$$

Eliminieren wir mit Hilfe dieser Relation den Ausdruck $\mathcal{H}_S(K,S)\Delta S$ aus der Formel (13.7), so erhalten wir unter Verwendung von (13.6) die Gleichung

$$\left.\begin{aligned} &\mathcal{H}(S+\Delta S,K+\Delta K)(y,\xi,\mu) = \mathcal{H}(S,K)(y,\xi,\mu) \\ &+ \{K_\xi E_\eta^T - K_\eta E_\xi^T - \Delta K\}\left(\xi,S_\xi^T(y,\xi,\mu),\mu\right) \\ &+ \frac{\partial}{\partial\xi}\mathcal{H}(S,K)(y,\xi,\mu)E_\eta^T\left(\xi,S_\xi^T(y,\xi,\mu),\mu\right) \\ &+ R(S,K,\Delta S,\Delta K)(y,\xi,\mu) , \end{aligned}\right\} \tag{13.13}$$

welche mit Rücksicht auf (13.10) als Analogon zu (12.5) zu betrachten ist. Wir setzen nun den "Linearteil" in (13.13) gleich Null und versuchen aus der entstehenden Gleichung

$$\{K_\eta E_\xi^T - K_\xi E_\eta^T + \Delta K\}\left(\xi,S_\xi^T(y,\xi,\mu),\mu\right) \\ = \mathcal{H}(S,K)(y,\xi,\mu) \tag{13.14}$$

E und ΔK zu berechnen. Das läuft darauf hinaus, E und K aus der Gleichung

$$K_\eta E_\xi^T - K_\xi E_\eta^T + \Delta K = h \tag{13.15}$$

zu berechnen, wobei wir

$$h(\xi,\eta,\mu) := \mathcal{H}(S,K)(Y(\xi,\eta,\mu),\xi,\mu) \tag{13.16}$$

definieren, und

$$y = Y(\xi,\eta,\mu) \tag{13.17}$$

wie in (8.31) und (8.35) die Auflösung der Gleichung

$$\eta = S_\xi^T(y,\xi,\mu) \tag{13.18}$$

nach y bedeutet. Die Differentialgleichung (13.15) kann nun tatsächlich durch Zurückführung auf die Differentialgleichung (9.1) nach E und ΔK aufgelöst werden, wie wir bald sehen werden. Dann ist auch (13.14) erfüllt, so daß aus (13.13)

$$\left.\begin{aligned} &\mathcal{H}(S+\Delta S,K+\Delta K)(y,\xi,\mu) \\ &= \frac{\partial}{\partial\xi}\mathcal{H}(S,K)(y,\xi,\mu)E_\eta^T\left(\xi,S_\xi^T(y,\xi,\mu),\mu\right) \\ &\quad + R(S,K,\Delta S,\Delta K)(y,\xi,\mu) \end{aligned}\right\} \tag{13.19}$$

folgt. Der erste Summand auf der rechten Seite dieser Gleichung stellt den Fehler dar, den wir dadurch begehen, daß wir statt (13.9) die Gleichung (13.14) lösen. Da zufolge (13.12) und (13.14) die Funktion $\mathcal{H}(S,K)$ von der Größenordnung ΔS und ΔK ist, ist dieser Fehler von zweiter Ordnung bezüglich ΔS und ΔK. Daher können wir diese Abänderung des Newton-Verfahrens als geringfügig betrachten. Die Tatsache, daß in dem Fehler nicht die Funktionen ΔS und ΔK selbst, sondern deren partielle Ableitungen vorkommen, braucht uns nicht zu irritieren. Diese Tatsache vermindert nur die Konvergenzgeschwindigkeit des Iterationsverfahrens, wie wir aus den noch durchzuführenden Abschätzungen ersehen werden und wie das bei der Regula falsi der Fall ist, weil in dem einen Ausdruck von (12.18) $\Delta_{\nu-1}$ statt Δ_ν auftritt.

Nachdem wir das Iterationsverfahren in seinen Grundzügen beschrieben haben, wenden wir uns jetzt den notwendigen Abschätzungen zu, um die Konvergenz des Verfahrens zu beweisen. Während die Abschätzungsprozedur für den Induktionsschritt von ν auf $\nu+1$ einige Mühe machen wird, ist der Induktionsanfang ganz einfach zu erledigen, weil wir es mit einem Störungsproblem zu tun haben.

Wir definieren nämlich die Näherungslösung $(S,K) = (S_0,K_0)$ unserer Funktionalgleichung (13.3) einfach durch

$$S_0(y,\xi,\mu) = \xi^T y \tag{13.20}$$

und

$$K_0(\xi,\eta,\mu) = \overset{0}{H}(\eta) \;, \tag{13.21}$$

wobei $\overset{0}{H}$ der Hauptteil der gegebenen Hamiltonfunktion (8.4) ist. Dann hat $S = S_0$ trivialerweise die in (8.32), (8.33) und (8.34) geforderten Eigenschaften, weil wir $u = 0$, $v = 0$ und $w = 0$ setzen dürfen. Daher ist auch die in Satz 8.2 geforderte Bedingung

$$[u(\cdot,\mu)] = 0 \;, \quad [w(\cdot,\mu)] = 0 \;, \quad \mu \in \hat{M} \tag{13.22}$$

erfüllt, wie immer das Intervall $\hat{M}$ gewählt sein mag. Die Funktion $K = K_0$ hat im Punkt b wegen (8.47) und (8.48) die Taylorentwicklung

$$\begin{aligned} K_0(\xi,\eta,\mu) = {} & \overset{0}{H}(b) + \omega^T(\eta - b) \\ & + \frac{1}{2}(\eta - b)^T Q(\eta - b) + \dots \end{aligned} \tag{13.23}$$

und genügt somit den Bedingungen (13.2) mit $a(\mu) = \overset{0}{H}(b)$. Schließlich ist vermöge (8.4) und (13.4)

$$\mathcal{H}(S_0,K_0)(y,\xi,\mu) = \mu \overset{1}{H}(\xi,y,\mu) \;, \tag{13.24}$$

so daß wir $\mathcal{H}(S_0,K_0)$ beliebig klein machen können, wenn wir nur μ auf ein hinreichend kleines Intervall beschränken. Allerdings ist uns mit einer Abschätzung im Reellen nicht gedient, da wir bei den nachfolgenden Iterationsschritten ins Komplexe gehen müssen. Deshalb setzen wir die Hamiltonfunktion H in eine komplexe Umgebung von $\mathbb{R}^n \times \{b\} \times \{0\}$ fort. Wegen der Periodizität von H bezüglich $x_1,\dots,x_n$ überlegt sich der Leser leicht anhand des Beweises von Satz 9.1, daß diese komplexe Umgebung in der Form

$$\{(x,y,\mu)\mid |\mathrm{Im}\, x| < 2r_0,\ |y-b| < 2r_0,\ |\mu| < r_0\} \subseteq \mathbb{C}^{2n+1}$$

mit hinreichend kleinem r_0 gewählt werden kann. Wir arbeiten also weiterhin mit einer analytischen Hamiltonfunktion

$$H : \Sigma_{2r_0} \times B_{2r_0} \times m_{r_0} \to \mathbb{C}$$

wobei

$$\Sigma_r = \{x \in \mathbb{C}^n \mid |\mathrm{Im}\, x| < r\} \quad ,$$

$$B_r = \{y \in \mathbb{C}^n \mid |y-b| < r\} \quad , \quad m_r = \{\mu \in \mathbb{C} \mid |\mu| < r\}$$

gesetzt wurde. H ist außerdem reell für reelle Argumente und hat die Eigenschaften II und III von Seite 158 mit Σ_{2r_0}, B_{2r_0}, m_{r_0} statt $\mathbb{R}^n$, B, M. Durch eventuelle Verkleinerung von r_0 können wir noch erreichen, daß die Funktionen H und $\overset{1}{H}$ samt ihren partiellen Ableitungen beschränkt sind, daß insbesondere also

$$\left.\begin{aligned} &|H(x,y,\mu)| \le C \\ &|\overset{1}{H}(x,y,\mu)| \le C \\ &|H_y{}^T{}_y(x,y,\mu)| \le C \\ &|H_x{}^T{}_x(x,y,\mu)| \le C \end{aligned} \qquad \begin{aligned} x \in \Sigma_{2r_0},\ y \in B_{2r_0}, \\ \mu \in m_{r_0} \end{aligned}\right\} \tag{13.25}$$

mit einer positiven Konstante C gilt, wobei mit $|\cdot|$ wie stets die Maximumnorm gemeint ist. Hieraus folgt für $\mu = 0$ wegen (8.4) und (13.21)

$$|K_0(\xi,\eta,\mu)| \le C \ , \qquad (\xi,\eta,\mu) \in \Sigma_{r_0} \times B_{r_0} \times m_{r_0} \tag{13.26}$$

und für $y = b$, $\mu = 0$

$$|Q| \le C \ . \tag{13.27}$$

Nach (8.3) und (8.48) ist Q invertierbar, so daß bei eventueller Vergrößerung von C noch

$$|Q^{-1}| \le C \tag{13.28}$$

gilt. Schließlich erhalten wir aus (13.24) und (13.25)

$$|\mathcal{H}(S_0,K_0)(y,\xi,\mu)| \leq |\mu|C \;, \quad (y,\xi,\mu) \in B_{r_0}\times\Sigma_{r_0}\times m_{r_0}$$

also

$$|\mathcal{H}(S_0,K_0)(y,\xi,\mu)| \leq M_0 \;, \qquad (y,\xi,\mu) \in B_{r_0}\times\Sigma_{r_0}\times m \tag{13.29}$$

wobei $M_0 > 0$ erst später festgelegt wird und offenbar $m = m_s$ mit $s = \min(r_0, \frac{M_0}{C})$ gesetzt werden muß. Diese Abschätzung stellt das Analogon zu (12.13) bzw. (12.23) dar.

Als Vorbereitung für den Induktionsschritt von ν auf $\nu+1$ lösen wir jetzt die Gleichung (13.15). Dabei stellen wir an die Funktion K die Bedingungen

$$\left.\begin{array}{l} K : \Sigma_r \times B_r \times m \to \mathbb{C} \text{ reell analytisch,} \\ \qquad\qquad 2\pi\text{-periodisch in} \\ \qquad\qquad \xi_1,\dots,\xi_n \end{array}\right\} \tag{13.30}$$

mit irgendeinem positiven $r \leq r_0$, wobei "reell analytisch" bei komplexwertigen Funktionen soviel wie "analytisch und reell für reelle Argumente" bedeutet, sowie

$$K_\xi(\xi,b,\mu) = 0 \;, \quad K_\eta(\xi,b,\mu) = \omega^T \;, \qquad (\xi,\mu) \in \Sigma_r \times m \;, \tag{13.31}$$

$$|K(\xi,\eta,\mu)| \leq 2C \;, \quad (\xi,\eta,\mu) \in \Sigma_r \times B_r \times m \;, \tag{13.32}$$

$$|K_{\eta\,\eta}^{\;T}(\xi,b,\mu) - Q| \leq \frac{1}{2n^2C} \;, \quad (\xi,\mu) \in \Sigma_r \times m \;. \tag{13.33}$$

Die Gleichungen (13.31) sind wegen (13.2) notwendig. (13.33) ist ein Ersatz für die Gleichung

$$K_{\eta\,\eta}^{\;T}(\xi,b,\mu) = Q \;, \tag{13.34}$$

die zwar wegen (13.23) für den Induktionsanfang $K = K_0$ erfüllt ist, aber im Laufe des Iterationsverfahrens im allgemeinen verloren geht, wie wir gleich sehen werden.
An die gesuchte Funktion E stellen wir die Bedingungen

$$\left.\begin{array}{l} E(\xi,\eta,\mu) = \lambda^T(\mu)\xi + L(\xi,\eta,\mu) \ , \\ \lambda : m \to \mathbb{C}^n \text{ reell analytisch,} \\ L : \Sigma_r \times \mathbb{C}^n \times m \to \mathbb{C} \text{ reell analytisch,} \\ \qquad 2\pi\text{-periodisch in } \xi_1,\ldots,\xi_n \\ \qquad \text{und inhomogen linear in } \eta \ . \end{array}\right\} \quad (13.35)$$

Diese Form von E müssen wir fordern, damit wegen (13.12) mit S auch $S+\Delta S$ die Form (8.32) bekommt.
Von ΔK erwarten wir die Eigenschaften

$$\left.\begin{array}{l} \Delta K : \Sigma_r \times B_r \times m \to \mathbb{C} \text{ reell analytisch und} \\ \qquad\qquad 2\pi\text{-periodisch in } \xi_1,\ldots,\xi_n \ , \\ \Delta K_\xi(\xi,b,\mu) = 0 \ , \quad \Delta K_\eta(\xi,b,\mu) = 0 \ , \\ \qquad (\xi,\mu) \in \Sigma_r \times m \ . \end{array}\right\} \quad (13.36)$$

Diese Gleichungen sind notwendig, wenn mit K auch $K+\Delta K$ die Gleichungen (13.31) erfüllen soll.

Wollte man (13.34) über alle Iterationsschritte hinwegretten, dann müßte mit K auch $K+\Delta K$ der Gleichung (13.34) genügen, also

$$\Delta K_{\eta}{}^{T}{}_{\eta}(\xi,b,\mu) = 0$$

gelten. Diese Forderung läßt sich aber im allgemeinen nicht erfüllen, weil E nur als linear in η vorausgesetzt wird.

Nachdem wir uns die Gestalt der gewünschten Lösung von (13.15) klar gemacht haben, formulieren wir

<u>SATZ 13.1</u>: *Gegeben seien eine Funktion*

$$h : \Sigma_r \times B_r \times m \to \mathbb{C} \ \textit{reell analytisch und } 2\pi\textit{-periodisch in } \xi_1,\ldots,\xi_n$$

mit der Abschätzung

$$|h(\xi,\eta,\mu)| \leq M \ , \quad (\xi,\eta\ \mu) \in \Sigma_r \times B_r \times m \qquad (13.37)$$

und eine Funktion K *mit den Eigenschaften* (13.30),(13.31), (13.32) *und* (13.33). *Wenn der Vektor* ω *der Voraussetzung von* Satz 9.7 *genügt, dann hat die Gleichung* (13.15) *eine Lösung* E, ΔK *der Form* (13.35),(13.36) *mit den Abschätzungen*

$$|\lambda(\mu)| \leq c_1 \, M\delta^{-\tau-1} , \quad \mu \in m , \tag{13.38}$$

$$\begin{aligned} &|L(\xi,\eta,\mu)| \leq c_2 \, M\delta^{-2\tau-1} , \\ &(\xi,\eta,\mu) \in \Sigma_{r-3\delta} \times B_{2r_0} \times m \end{aligned} \tag{13.39}$$

und

$$\begin{aligned} &|\Delta K(\xi,\eta,\mu)| \leq c_3 \, M\delta^{-2\tau-3} , \\ &(\xi,\eta,\mu) \in \Sigma_{r-4\delta} \times B_{r-\delta} \times m , \end{aligned} \tag{13.40}$$

wobei δ *eine beliebige positive Zahl* $< \min(1,\frac{r}{4})$ *ist und* c_1, c_2, c_3 *positive Konstanten sind, die nur von* c, C, n, γ, r_0 *abhängen.*

Ein wesentliches Hilfsmittel beim Beweis dieses Satzes ist die Cauchy'sche Abschätzungsformel, die eine unmittelbare Folge der Cauchy'schen Integralformel ist und die wir folgendermaßen formulieren:

LEMMA 13.1: *Seien* A *eine offene Menge des* $\mathbb{C}^n$, B *eine offene Menge des* $\mathbb{C}^m$ *und* $f : A \times B \to \mathbb{C}^q$ *eine analytische Funktion, die der Abschätzung*

$$|f(x,y)| \leq N , \quad (x,y) \in A \times B \tag{13.41}$$

mit einer positiven Konstante N *genügt. Außerdem definieren wir zu beliebigem* $\delta > 0$ *die Menge*

$$A - \delta := \{x | \{z \in \mathbb{C}^n | |z-x| < \delta\} \subseteq A\} .$$

Dann lautet die Cauchy'sche Abschätzungsformel für die partielle Ableitung $\frac{\partial f}{\partial x}$ *von* f

$$\left|\frac{\partial f}{\partial x}(x,y)\right| \leq N\delta^{-1} , \quad (x,y) \in (A-\delta) \times B , \tag{13.42}$$

falls $A-\delta \neq \emptyset$ *ist. Dabei bedeutet* $|\cdot|$ *stets die Maximumnorm.*

BEWEIS: Offensichtlich genügt es, statt (13.42) die Ungleichung

$$\left|\frac{\partial f}{\partial x_j}(x,y)\right| \leq N\delta^{-1} , \quad (x,y) \in (A-\delta) \times B \tag{13.43}$$

für $j = 1,\dots,n$ zu beweisen. Da $x \in A-\delta$ die Relation

$$\{x+ue_j | \, u \in \mathbb{C}, \, |u| < \delta\} \subseteq A$$

nach sich zieht, wobei $e_j = (0,\dots,0,\overset{\longleftarrow j \longrightarrow}{1},0,\dots,0)^T$ den j-ten Einheitsvektor des $\mathbb{C}^n$ bezeichnet, folgt aus der Cauchy'schen Integralformel (9.9.3) in [29]

$$\left|\frac{\partial f}{\partial x_j}(x,y)\right| = \frac{1}{2\pi}\left|\int_{|u|=\rho} \frac{f(x+ue_j,y)\,du}{u^2}\right| , \qquad (x,y) \in (A-\delta) \times B \tag{13.44}$$

für $0 < \rho < \delta$. Nun ist aber

$$\left|\int_{|u|=\rho} f(x+ue_j,y)\frac{du}{u^2}\right| = \left|\int_0^{2\pi} f(x+\rho e^{it}e_j,y)\frac{dt}{\rho e^{it}}\right|$$
$$\leq \frac{1}{\rho}\int_0^{2\pi} |f(x+\rho e^{it}e_j,y)|\,dt \leq 2\pi N\rho^{-1}$$

mit Rücksicht auf (13.41). Daher liefert (13.44) die Abschätzung

$$\left|\frac{\partial f}{\partial x_j}(x,y)\right| \leq N\rho^{-1} , \qquad (x,y) \in (A-\delta) \times B$$

und somit (13.43) für $\rho \uparrow \delta$. □

<u>BEWEIS von Satz 13.1</u>: Wir setzen in der Gleichung (13.15) zunächst $\eta = b$ und erhalten

$$L_\xi(\xi,b,\mu)\omega + \lambda^T(\mu)\omega + \Delta a(\mu) = h(\xi,b,\mu) , \tag{13.45}$$

wenn wir zufolge (13.31)

$$\Delta a(\mu) = K(\xi,b,\mu)$$

definieren. Differenzieren wir (13.15) nach η und setzen dann $\eta = b$, so bekommen wir mit Rücksicht auf (13.31)

$$L_{\eta\ \xi}^{\ T}(\xi,b,\mu)\omega + K_{\eta\ \eta}^{\ T}(\xi,b,\mu)\left(\lambda(\mu) + L_\xi^T(\xi,b,\mu)\right) = h_\eta^T(\xi,b,\mu) . \tag{13.46}$$

Die Gleichungen (13.45) und (13.46) sind wegen (8.47) von ähnlicher Bauart wie die Rekursionsformeln (8.43) und (8.44). Die beiden Gleichungssysteme würden im Fall der Gültigkeit von (13.34) sogar übereinstimmen. Daher gehen wir bei der

Lösung von (13.45) und (13.46) genau so vor wie in § 8 und bilden zunächst einmal die Mittelwerte bezüglich ξ. Mit der auf Seite 173 eingeführten Abkürzung für die Mittelwertbildung bekommen wir dann

$$\lambda^T(\mu)\omega + \Delta a(\mu) = [h(\cdot,b,\mu)] \ , \tag{13.47}$$

$$\begin{aligned} &[K_{\eta\eta}^{\ T}(\cdot,b,\mu)]\lambda(\mu) + [K_{\eta\eta}^{\ T}(\cdot,b,\mu)L_\xi^T(\cdot,b,\mu)] \\ &= [h_\eta^T(\cdot,b,\mu)] \ . \end{aligned} \tag{13.48}$$

Subtraktion der Gleichung (13.47) von (13.45) liefert die Differentialgleichung

$$L_\xi(\xi,b,\mu)\omega = h(\xi,b,\mu) - [h(\cdot,b,\mu)] \quad , \tag{13.49}$$

die wir nach Satz 9.7 jedenfalls für festes μ lösen können. Die analytische Abhängigkeit der Lösung von Parametern haben wir in § 9 nicht betrachtet; jedoch wird sich der Leser aufgrund der Konstruktion als gleichmäßig konvergierende Reihe leicht klar machen, daß die nach Satz 9.7 existierende Lösung von (13.49) auch als Funktion $(\xi,\mu) \to L(\xi,b,\mu)$ in $\Sigma_r \times m$ reell analytisch ist, die Periode 2π in $\xi_1,\ldots,\xi_n$ hat und der Abschätzung

$$|L(\xi,b,\mu)| \le \frac{2cM}{\gamma\delta^\tau} \ , \qquad (\xi,\mu) \in \Sigma_{r-\delta} \times m \tag{13.50}$$

genügt, wobei wir wegen (13.37)

$$\begin{aligned} &|h(\xi,b,\mu) - [h(\cdot,b,\mu)]| \le |h(\xi,b,\mu)| + |[h(\cdot,b,\mu)]| \\ &\le M + M = 2M \ , \qquad (\xi,\mu) \in \Sigma_r \times m \end{aligned}$$

zu beachten haben. Mit Hilfe der Cauchy'schen Abschätzungsformel in Lemma 13.1 erhalten wir aus (13.50) gleich noch

$$|L_\xi(\xi,b,\mu)| \le \frac{2cM}{\gamma\delta^{\tau+1}} \ , \qquad (\xi,\mu) \in \Sigma_{r-2\delta} \times m \ . \tag{13.51}$$

Nun sind wir in der Lage, $\lambda(\mu)$ aus (13.48) zu berechnen. Hierzu setzen wir

$$F(\lambda)(\mu) :=$$

$$Q^{-1}\Big([h_\eta^T(\cdot,b,\mu)] + [(Q - K_{\eta\,\eta}^{\;T}(\cdot,b,\mu))(\lambda(\mu) + L_\xi^T(\cdot,b,\mu)]\Big).$$

Dann ist (13.48) wegen $[QL_\xi^T(\cdot,b,\mu)] = 0$ gleichbedeutend mit

$$\lambda(\mu) = F(\lambda)(\mu) ,$$

so daß wir einen Fixpunkt der Abbildung

$$F : A_\sigma \to A_\sigma$$

aufzufinden uns bemühen, wobei A_σ den vollständigen metrischen Raum

$$A_\sigma = \{\lambda\colon m \to \mathbb{C}^n \,|\, \lambda \text{ reell analytisch und } |\lambda(\mu)| \le \sigma,\ \mu \in m\}$$

mit der Metrik

$$d(f,g) := \sup\{|f(\mu) - g(\mu)|\,|\mu \in m\}$$

bezeichnet und σ noch festzulegen ist. Wir erinnern daran, daß m nach Definition auf Seite 231 eine offene Kreisscheibe der komplexen μ-Ebene um den Nullpunkt darstellt.

Um σ geeignet wählen zu können, schätzen wir $F(\lambda)(\mu)$ ab. Dazu leiten wir zunächst aus (13.37) und Lemma 13.1 die Abschätzung

$$|h_\eta^T(\xi,b,\mu)| \le Mr^{-1} \le M\delta^{-1} \le M\delta^{-\tau-1} , \qquad (\xi,\mu) \in \Sigma_r \times m , \tag{13.52}$$

also

$$|[h_\eta^T(\cdot,b,\mu)]| \le M\delta^{-\tau-1} , \qquad \mu \in m$$

her. Dann erhalten wir mit Rücksicht auf (13.28), (13.33) und (13.50)

$$|F(\lambda)(\mu)| \le nCM\delta^{-\tau-1} + \tfrac{1}{2}\sigma + c\gamma^{-1}M\delta^{-\tau-1} ,$$

so daß F tatsächlich A_σ in sich abbildet, wenn wir

$$\sigma := c_1 M\delta^{-\tau-1} , \quad c_1 := 2(nC + c\gamma^{-1})$$

setzen. F ist auch kontrahierend, wie die aus (13.33) folgende Abschätzung

$$|F(\lambda_1)(\mu) - F(\lambda_2)(\mu)| \leq \frac{1}{2}|\lambda_1(\mu) - \lambda_2(\mu)|$$

zeigt. Daher gibt es genau einen Fixpunkt von F, d.h. eine reell analytische Funktion λ: $m \to \mathbb{C}^n$ mit (13.38), welche die Gleichung (13.48) löst. Statt den Banachschen Fixpunktsatz anzuwenden, hätte man sich natürlich auch überlegen können, daß zufolge (13.33) die Inverse der Matrix $[K_\eta{}^T{}_\eta(\cdot,b,\mu)]$ existiert und eine reell analytische Funktion von μ darstellt.

Nun widmen wir uns der Gleichung (13.46), die wir in die Form

$$L_\eta{}^T{}_\xi(\xi,b,\mu)\omega = g(\xi,\mu)$$

bringen, wobei die durch

$$g(\xi,\mu) := h_\eta^T(\xi,b,\mu) - K_{\eta\cdot}{}^T{}_\eta(\xi,b,\mu)\Big(\lambda(\mu) - L_\xi^T(\xi,b,\mu)\Big)$$

definierte Funktion in $\Sigma_r \times m$ reell analytisch ist und zufolge (13.48) den Mittelwert $[g(\cdot,\mu)] = 0$ besitzt. Daher gibt es nach Satz 9.7 und der oben gemachten Bemerkung über die analytische Abhängigkeit von Parametern eine in $\Sigma_r \times m$ reell analytische Lösung $(\xi,\mu) \to L_\eta(\xi,b,\mu)$ von (13.46) mit der Abschätzung

$$|L_\eta(\xi,b,\mu)| \leq \frac{cM^*}{\gamma\delta^\tau}, \qquad (\xi,\mu) \in \Sigma_{r-3\delta} \times m, \tag{13.53}$$

falls wir

$$|g(\xi,\mu)| \leq M^*, \quad (\xi,\mu) \in \Sigma_{r-2\delta} \times m$$

erreichen können. Dies gelingt bei Berücksichtigung von (13.27),(13.33),(13.38) und (13.52) mit dem Ergebnis

$$|g(\xi,\mu)| \leq \frac{M}{\delta^{\tau+1}} + n\left(\frac{1}{2n^2C} + C\right)\left(c_1 + \frac{2c}{\gamma}\right)\frac{M}{\delta^{\tau+1}} = M^*,$$

$$(\xi,\mu) \in \Sigma_{r-2\delta} \times m,$$

wobei M^* durch diese Gleichung definiert werde.

L sollte inhomogen linear in η sein, so daß wir

$$L(\xi,\eta,\mu) = L(\xi,b,\mu) + L_\eta(\xi,b,\mu)(\eta - b)$$

schreiben können. Da die Funktionen

$$(\xi,\mu) \mapsto L(\xi,b,\mu)\ , \quad (\xi,\mu) \mapsto L_\eta(\xi,b,\mu)$$

auf $\Sigma_r \times m$ reell analytisch sind, ist L auf $\Sigma_r \times \mathbb{C}^n \times m$ reell analytisch, wie es in (13.35) verlangt wird. Die Abschätzung (13.39) ergibt sich leicht mit (13.51) und (13.53) aus den Ungleichungen

$$\begin{aligned} |L(\xi,\eta,\mu)| &\leq |L(\xi,b,\mu)| + n|L_\eta(\xi,b,\mu)||\eta - b| \\ &\leq \frac{2cM}{\gamma\delta^\tau} + 2ncr_0 \frac{M^*}{\gamma\delta^\tau} \\ &\leq 2\,\frac{c}{\gamma}\,\frac{M}{\delta^{2\tau+1}} + 2nr_0\,\frac{c}{\gamma}\,\frac{M^*}{\delta^\tau} \\ &= c_2\,\frac{M}{\delta^{2\tau+1}}\ , \qquad (\xi,\eta,\mu) \in \Sigma_{r-3\delta} \times B_{2r_0} \times m \end{aligned}$$

wobei $\delta < 1$, $\tau \geq n-1 \geq 0$ berücksichtigt und

$$c_2 = 2\,\frac{c}{\gamma} + 2nr_0\,\frac{c}{\gamma}\,[1 + (\frac{1}{2nC} + nC)(c_1 + \frac{2c}{\gamma})]$$

gesetzt wurde.
Schließlich ist noch ΔK zu betrachten. Nach (13.15) gilt

$$\Delta K = h - K_\xi E_\eta^T - K_\eta E_\xi^T\ ,$$

woraus zu erkennen ist, daß ΔK in $\Sigma_r \times B_r \times m$ reell analytisch und bezüglich $\xi_1,\ldots,\xi_n$ 2π-periodisch ist. Die Funktion E in (13.35) haben wir aus den Gleichungen (13.45) und (13.46) gerade so bestimmt, daß die Gleichungen in (13.36) erfüllt sind. Es bleibt also nur noch (13.40) zu zeigen. Dazu leiten wir mit Hilfe von Lemma 13.1 aus (13.32) die Ungleichungen

$$\left.\begin{aligned} |K_\xi(\xi,\eta,\mu)| &\leq 2C\delta^{-1}\ , \\ |K_\eta(\xi,\eta,\mu)| &\leq 2C\delta^{-1}\ , \end{aligned}\right. \qquad (\xi,\eta,\mu) \in \Sigma_{r-\delta} \times B_{r-\delta} \times m$$

und aus (13.35),(13.38) und (13.39) die Ungleichungen

$$
\begin{aligned}
|E_\xi(\xi,\eta,\mu)| &\leq |\lambda(\mu)| + |L_\xi(\xi,\eta,\mu)| \\
&\leq c_1 M\delta^{-\tau-1} + c_2 M\delta^{-2\tau-2} \\
&\leq (c_1+c_2)M\delta^{-2\tau-2} , \qquad (\xi,\eta,\mu) \in \Sigma_{r-4\delta}\times B_{2r_0}\times m, \\
|E_\eta(\xi,\eta,\mu)| &\leq \frac{c_2}{r_0} M\delta^{-2\tau-1} , \qquad (\xi,\eta,\mu) \in \Sigma_{r-3\delta}\times B_{r_0}\times m
\end{aligned}
$$

her, um hiermit sowie mit (13.37) aus der obigen Gleichung für ΔK

$$
\begin{aligned}
|\Delta K(\xi,\eta,\mu)| &\leq |h(\xi,\eta,\mu)| + n|K_\xi(\xi,\eta,\mu)||E_\eta(\xi,\eta,\mu)| \\
&\qquad + n|K_\eta(\xi,\eta,\mu)||E_\xi(\xi,\eta,\mu)| \\
&\leq M + n\,\frac{2C}{\delta}\,\frac{c_2}{r_0}\,\frac{M}{\delta^{2\tau+1}} + n\,\frac{2C}{\delta}(c_1+c_2)\frac{M}{\delta^{2\tau+2}} \\
&\leq \left[1 + 2nC\left(\frac{c_2}{r_0} + c_1 + c_2\right)\right] \frac{M}{\delta^{2\tau+3}} \\
&= c_3\,\frac{M}{\delta^{2\tau+3}} , \qquad (\xi,\eta,\mu) \in \Sigma_{r-4\delta}\times B_{r-\delta}\times m ,
\end{aligned}
$$

also (13.40) zu erhalten. □

Nachdem wir in Zusammenhang mit Satz 13.1 die Funktionen K und ΔK beschrieben haben, müssen wir uns jetzt die Funktionen S und ΔS genauer ansehen. Mit Rücksicht auf (8.32), (8.33) und (8.34) fordern wir

$$
\left.
\begin{aligned}
&S(y,\xi,\mu) = \xi^T\big(y + d(\mu)\big) + W(y,\xi,\mu) , \\
&d\colon m \to \mathbb{C}^n \text{ reell analytisch,} \\
&W\colon \mathbb{C}^n \times \Sigma_r \times m \to \mathbb{C} \text{ reell analytisch,} \\
&\qquad 2\pi\text{-periodisch in } \xi_1,\ldots,\xi_n \\
&\qquad \text{und inhomogen linear in } \eta.
\end{aligned}
\right\} \quad (13.54)
$$

Die weiteren in § 8 verlangten Eigenschaften

$$
d(0) = 0 , \qquad W(y,\xi,0) = 0 , \qquad [W(y,\cdot,\mu)] = 0
$$

lassen wir vorläufig außer acht.

Um die Auflösbarkeit der Gleichung (13.8) nach y sicherzustellen, fordern wir noch

$$\begin{aligned} &|S_\xi^T(y,\xi,\mu) - y| \le \frac{1}{4} r_0 \ , \\ &\qquad (y,\xi,\mu) \in B_{5r_0/4} \times \Sigma_r \times m \ . \end{aligned} \tag{13.55}$$

Dann existiert, wie wir gleich sehen werden, die Inverse der Matrix ${S_\xi}^T{}_y(\xi,\mu)$, und wir können entsprechend zu (8.35) die Auflösung (13.17) von (13.18) nach y in der Form

$$y = Y(\xi,\eta,\mu) = \eta - {S_\xi}^T{}_y(\xi,\mu)^{-1}\left(S_\xi^T(\eta,\xi,\mu) - \eta\right)$$

schreiben. Die Funktion Y ist reell analytisch in $\Sigma_r \times \mathbb{C}^n \times m$, 2π-periodisch in $\xi_1,\ldots,\xi_n$ und inhomogen linear in η. Die Funktion

$$(\xi,\eta,\mu) \mapsto (y,\xi,\mu) = \left(Y(\xi,\eta,\mu),\xi,\mu\right) \tag{13.56}$$

bildet die Menge $\Sigma_r \times B_r \times m$ bijektiv auf eine Teilmenge des $\mathbb{C}^{2n+1}$ ab, die wir mit D(r,S) bezeichnen. Dann ist das Bild von D(r,S), das die zu (13.56) inverse Abbildung

$$(y,\xi,\mu) \mapsto (\xi,\eta,\mu) = \left(\xi, S_\xi^T(y,\xi,\mu),\mu\right) \tag{13.57}$$

vermittelt, natürlich $\Sigma_r \times B_r \times m$. Über die Gestalt dieser Menge D(r,S) brauchen wir nicht mehr zu wissen, als in dem folgenden Lemma ausgesagt wird.

<u>LEMMA 13.2</u>: *Wenn* S *den Bedingungen* (13.54) *und* (13.55) *genügt und* $r_0/2 \le r \le r_0$ *ist, vermittelt* (13.57) *eine bijektive Abbildung einer offenen Menge* $D(r,S) \subseteq \mathbb{C}^{2n+1}$ *auf* $\Sigma_r \times B_r \times m$, *für die*

$$B_{r_0/4} \times \Sigma_r \times m \subseteq D(r,S) \subseteq B_{5r_0/4} \times \Sigma_r \times m \tag{13.58}$$

gilt.

<u>BEWEIS</u>: Wir zeigen zunächst, daß die Matrix ${S_\xi}^T{}_y(\xi,\mu)$ nicht singulär ist. Aufgrund der Linearität von S bezüglich y gilt

$$S_\xi^T(y,\xi,\mu) - S_\xi^T(b,\xi,\mu) = {S_\xi}^T{}_y(\xi,\mu)(y-b) \ ,$$

woraus mit (13.55) die Abschätzung

$$|S_{\xi\;y}^{\;T}(\xi,\mu)(y-b) - (y-b)| \leq |S_\xi^T(y,\xi,\mu) - y|$$

$$\leq |S_\xi^T(b,\xi,\mu) - b| \leq \frac{1}{2} r_0 , \qquad |y-b| < \frac{5}{4} r_0 ,$$

also auch

$$|S_{\xi\;y}^{\;T}(\xi,\mu)(y-b)| \geq |y-b| - \frac{1}{2} r_0 , \qquad |y-b| < \frac{5}{4} r_0$$

folgt. Wäre $S_{\xi\;y}^{\;T}(\xi,\mu)$ singulär, so gäbe es im Widerspruch zu dieser Ungleichung einen Vektor $(y-b) \in \mathbb{C}^n$ mit

$$S_{\xi\;y}^{\;T}(\xi,\mu)(y-b) = 0 , \qquad |y-b| = r_0 .$$

Die inverse Matrix $S_{\xi\;y}^{\;T}(\xi,\mu)^{-1}$ ist als Funktion ihrer Argumente ξ,μ reell analytisch, wie sich z.B. aus der Berechnung einer inversen Matrix vermittels Determinanten ergibt. Daher ist auch die zu (13.57) inverse Abbildung reell analytisch.

Um (13.58) zu beweisen, folgern wir aus $|y-b| < r_0/4$ und (13.55)

$$|S_\xi^T(y,\xi,\mu) - b| \leq |S_\xi^T(y,\xi,\mu) - y| + |y-b|$$

$$< \frac{1}{4} r_0 + \frac{1}{4} r_0 = \frac{1}{2} r_0 \leq r ,$$

so daß wir die Implikation

$$|y-b| < \frac{1}{4} r_0 \quad \Rightarrow \quad |S_\xi^T(y,\xi,\mu) - b| < r \tag{13.59}$$

erhalten, aus der sich die erste Inklusion in (13.58) ergibt, weil nach Definition

$$D(r,S) = \{(y,\xi,\mu) \,|\, |S_\xi^T(y,\xi,\mu)-b| < r, \ \xi \in \Sigma_r, \ \mu \in m\}$$

ist. Die andere Inklusion in (13.58) ist gleichbedeutend mit der Implikation

$$|S_\xi^T(y,\xi,\mu) - b| < r \quad \Rightarrow \quad |y-b| < \frac{5}{4} r_0$$

für $(\xi,\mu) \in \Sigma_r \times m$. Wir nehmen an, diese sei falsch und es gäbe ein $z \in \mathbb{C}^n$ mit

$$|S_\xi^T(z,\xi,\mu) - b| < r , \qquad |z-b| \geq \frac{5}{4} r_0 .$$

Nach (13.59) gilt noch

$$|S_\xi^T(b,\xi,\mu) - b| < r \; .$$

Die Funktion $y \to S_\xi^T(y,\xi,\mu) - b$ ist inhomogen linear, weshalb die Funktion $y \to |S_\xi^T(y,\xi,\mu) - b|$ und folglich die Menge

$$P = \{y \,|\, |S_\xi^T(y,\xi,\mu) - b| < r\}$$

konvex ist. Neben b und z gehört daher auch

$$w = b + \frac{5}{4} r_0 \frac{(z-b)}{|z-b|}$$

zu P, so daß wir

$$|S_\xi^T(w,\xi,\mu) - b| < r \; , \qquad |w-b| = \frac{5}{4} r_0$$

erhalten. Die Ungleichung (13.55) gilt auch für $y = w$, was man mit einer Folge $y_n \to w$, $y_n \in B_{5r_0/4}$ erweist. Daher wird

$$r > |S_\xi^T(w,\xi,\mu) - b| \geq |w-b| - \frac{1}{4} r_0 = r_0$$

im Widerspruch zu $r \leq r_0$. □

Die Funktion ΔS berechnen wir aus (13.12), wobei wir annehmen, daß E die in Satz 13.1 ausgesprochenen Eigenschaften besitzt. Dann gilt offenbar

$$\left.\begin{aligned} &\Delta S(y,\xi,\mu) = \xi^T\lambda(\mu) + \Delta W(y,\xi,\mu) \; , \\ &\Delta W : \mathbb{C}^n \times \Sigma_r \times m \to \mathbb{C} \text{ reell analytisch,} \\ &\qquad\qquad 2\pi\text{-periodisch in } \xi_1,\ldots,\xi_n \\ &\qquad\qquad \text{und inhomogen linear in } y, \end{aligned}\right\} \tag{13.60}$$

sowie aufgrund von $\Delta W(y,\xi,\mu) = L(\xi,S_\xi^T(y,\xi,\mu),\mu)$ und (13.39) die Abschätzung

$$\begin{aligned} &|\Delta W(y,\xi,\mu)| \leq c_2 M\delta^{-2\tau-1} \; , \\ &\qquad (y,\xi,\mu) \in B_{5r_0/4} \times \Sigma_{r-3\delta} \times m \; . \end{aligned} \tag{13.61}$$

Dabei muß (13.55) berücksichtigt werden, damit wir

$$\begin{aligned} |S_\xi^T(y,\xi,\mu) - b| &\leq |S_\xi^T(y,\xi,\mu) - y| + |y-b| \\ &\leq \frac{1}{4} r_0 + \frac{5}{4} r_0 = \frac{3}{2} r_0 < 2\, r_0 \end{aligned}$$

bekommen und $S_\xi(y,\xi,\mu)$ für $(y,\xi,\mu) \in B_{5r_0/4}\times\Sigma_{r-3\delta}\times m$ einsetzen dürfen. Aus (13.38), (13.60) und (13.61) ergibt sich mit Hilfe von Lemma 13.1 leicht noch die später benötigte Abschätzung

$$|\Delta S_\xi(y,\xi,\mu)| + |\Delta S_y(\xi,\mu)| \leq c_4 M\delta^{-2\tau-2}$$
$$(y,\xi,\mu) \in B_{5r_0/4}\times\Sigma_{r-4\delta}\times m \;, \qquad (13.62)$$

wobei

$$c_4 = c_1 + c_2 + \frac{4c_2}{5r_0}$$

gesetzt und $\delta \leq 1$ beachtet wurde.

An dieser Stelle ziehen wir eine Zwischenbilanz auf unserem Wege zu einer präzisen Formulierung des Induktionsschritts von ν auf $\nu+1$. Um den Index ν nicht durch alle Zwischenrechnungen mitschleppen zu müssen, bleiben wir vorläufig noch bei der durch (13.10) gegebenen Bezeichnung ohne Indizes. Danach gehen wir von einer Näherungslösung (S,K) der Gleichung (13.3) aus, wobei S die Eigenschaften (13.54), (13.55) und K die Eigenschaften (13.30), (13.31), (13.32), (13.33) besitzt.

Bei diesen Eigenschaften ist offensichtlich die Funktion

$$(y,\xi,\mu) \mapsto K\left(\xi, S_\xi^T(y,\xi,\mu),\mu\right)$$

in D(r,S) erklärt. Folglich ist vermöge (13.4) auch $\mathcal{H}(S,K)$ in D(r,S) erklärt, wenn wir an S noch die zusätzliche Bedingung

$$|S_y^T(\xi,\mu) - \xi| \leq r_0 \;, \qquad (\xi,\mu) \in \Sigma_r\times m \qquad (13.63)$$

stellen. Dann ist nämlich

$$|\mathrm{Im}\; S_y^T(\xi,\mu)| \leq |\mathrm{Im}\;\xi| + |S_y^T(\xi,\mu) - \xi| < r + r_0 \leq 2\,r_0 \;,$$

also nach dem auf Seite 230 über H Gesagten die Funktion

$$(y,\xi,\mu) \mapsto H\left(S_y^T(\xi,\mu),y,\mu\right) \text{ in } B_{2r_0}\times\Sigma_r\times m$$

und somit nach Lemma 13.2 in D(r,S) definiert. Hierbei erinnern wir den Leser an die über r gemachten Voraussetzungen

$r \leq r_0$ seit Formel (13.30) und $r_0/2 \leq r$ seit Lemma 13.2.

Da wir uns in diesem ganzen Paragraphen nicht um optimale Abschätzungen bemühen, fassen wir die Bedingungen (13.55) und (13.63) für S der Bequemlichkeit halber zu der einzigen Bedingung

$$|S_\xi^T(y,\xi,\mu) - y| + |S_y^T(\xi,\mu) - \xi| \leq \frac{1}{4} r_0 , \qquad (y,\xi,\mu) \in B_{5r_0/4}\times\Sigma_r\times m \tag{13.64}$$

zusammen, aus der (13.55) und (13.63) folgen.

Wir nehmen nun an, daß

$$|\mathcal{H}(S,K)(y,\xi,\mu)| \leq M , \qquad (y,\xi,\mu) \in D(r,S) \tag{13.65}$$

gilt mit einer positiven Konstanten M. Dann erfüllt die durch (13.16) definierte Funktion h die Voraussetzungen von Satz 13.1, so daß wir die Gleichung (13.15) und damit die Gleichung (13.14) nach E und K auflösen können. Über (13.12) erhalten wir noch S und somit $S+\Delta S$ und $K+\Delta K$.

Unser Ziel ist es jetzt, mit Hilfe der bisher abgeleiteten Abschätzungen für ΔK, E und ΔS die Funktion $\mathcal{H}(S+\Delta S,K+\Delta K)$ aufgrund der Gleichung (13.19) abzuschätzen. Dies wird nicht in $D(r,S+\Delta S)$, sondern nur in $D(r-4\delta,S+\Delta S)$ möglich sein, weil in der Abschätzung (13.40) für ΔK die Variable ξ auf $\Sigma_{r-4\delta}$ beschränkt werden mußte.

Um die bisherigen Ausführungen über S auch auf $S+\Delta S$ anwenden zu können, verlangen wir analog zu (13.64)

$$|(S+\Delta S)_\xi^T(y,\xi,\mu)-y| + |(S+\Delta S)_y^T(\xi,\mu)-\xi| \leq \frac{1}{4} r_0 , \qquad (y,\xi,\mu) \in B_{5r_0/4}\times\Sigma_r\times m . \tag{13.66}$$

Nach Definition von D gilt dann die Relation

$$\left(\xi,(S+\Delta S)_\xi^T(y,\xi,\mu),\mu\right) \in \Sigma_{r-4\delta}\times B_{r-4\delta}\times m , \qquad (y,\xi,\mu) \in D(r-4\delta,S+\Delta S) , \tag{13.67}$$

aus der wir

$$\left(\xi,S_\xi^T(y,\xi,\mu),\mu\right) \in \Sigma_{r-4\delta}\times B_{r-3\delta}\times m , \qquad (y,\xi,\mu) \in D(r-4\delta,S+\Delta S) \tag{13.68}$$

schließen, weil

$$|S_\xi^T(y,\xi,\mu) - b| \le |(S+\Delta S)_\xi^T(y,\xi,\mu) - b| + |\Delta S_\xi(y,\xi,\mu)|$$
$$< r-4\delta + |\Delta S_\xi(y,\xi,\mu)| \le r-3\delta \ , \qquad (y,\xi,\mu) \in D(r-4\delta,S+\Delta S)$$

ist, wobei wir erstens beachten, daß aus Lemma 13.2

$$D(r-4\delta,S+\Delta S) \subseteq B_{5r_0/4}\times\Sigma_{r-4\delta}\times m \tag{13.69}$$

folgt, zweitens (13.62) verwenden und drittens die Bedingung

$$c_4 M\delta^{-2\tau-2} \le \delta \tag{13.70}$$

stellen. Aus (13.68) ersehen wir, daß die Gleichung (13.14) für alle $(y,\xi,\mu) \in D(r-4\delta,S+\Delta S)$ erfüllt ist, weil die Gleichung (13.15) nach Satz 13.1 für alle $(\xi,\eta,\mu) \in \Sigma_{r-4\delta}\times B_{r-3\delta}\times m$ gültig ist (ja sogar für alle $(\xi,\eta,\mu) \in \Sigma_r\times B_r\times m$, weil δ beliebig klein gewählt werden kann). Somit kann die Identität (13.13) in $D(r-4\delta,S+\Delta S)$ durch die Gleichung (13.19) ersetzt werden.

Als nächstes haben wir die Ausdrücke in (13.19) der Reihe nach abzuschätzen.

Dazu differenzieren wir zunächst die vermöge (13.16) bestehende Identität

$$\mathcal{H}(S,K)(y,\xi,\mu) = h\left(\xi,S_\xi^T(y,\xi,\mu),\xi\right) \ , \qquad (y,\xi,\mu) \in D(r,S)$$

nach ξ:

$$\frac{\partial}{\partial\xi}\mathcal{H}(S,K)(y,\xi,\mu) = \frac{\partial h}{\partial\xi}\left(\xi,S_\xi^T(y,\xi,\mu),\mu\right)$$
$$+ \frac{\partial h}{\partial\eta}\left(\xi,S_\xi^T(y,\xi,\mu),\mu\right)S_\xi{}^T{}_\xi(y,\xi,\mu) \ .$$

Da (13.65) gleichbedeutend ist mit (13.37), bekommen wir nach Lemma 13.1

$$\left|\frac{\partial h}{\partial\xi}(\xi,\eta,\mu)\right| \le \frac{M}{\delta} \ , \qquad \left|\frac{\partial h}{\partial\eta}(\xi,\eta,\mu)\right| \le \frac{M}{\delta} \ ,$$
$$(\xi,\eta,\mu) \in \Sigma_{r-\delta}\times B_{r-\delta}\times m \ ,$$

also mit Rücksicht auf (13.68)

$$|\frac{\partial h}{\partial \xi}\left(\xi, S_\xi^T(y,\xi,\mu),\mu\right)| \leq \frac{M}{\delta}, \qquad |\frac{\partial h}{\partial \eta}\left(\xi, S_\xi^T(y,\xi,\mu),\mu\right)| \leq \frac{M}{\delta},$$

$$(y,\xi,\mu) \in D(r-4\delta, S+\Delta S) .$$

Die Relationen (13.64) und (13.69) liefern mit Lemma 13.1 noch

$$|S_\xi{}^T{}_\xi(y,\xi,\mu)| \leq \frac{1}{4} r_0 \delta^{-1}, \qquad (y,\xi,\mu) \in D(r-4\delta, S+\Delta S),$$

so daß wir insgesamt

$$|\frac{\partial}{\partial \xi}\mathcal{H}(S,K)(y,\xi,\mu)| \leq \frac{M}{\delta} + n\frac{M}{\delta}\frac{1}{4\delta} r_0$$

$$\leq (1 + \frac{n}{4} r_0) M\delta^{-2}, \qquad (y,\xi,\mu) \in D(r-4\delta, S+\Delta S)$$

erhalten, wobei wir $\delta \leq 1$ verwendet haben.

Eine Abschätzung für E_η aufgrund von (13.35), (13.38), (13.39) haben wir bereits auf Seite 239 notiert, ohne die Linearität bezüglich η hervorzuheben. Diese berücksichtigend, lautet die Abschätzung

$$|E_\eta(\xi,\mu)| \leq \frac{c_2}{r_0} M\delta^{-2\tau-1}, \qquad (\xi,\mu) \in \Sigma_{r-3\delta}\times m .$$

Zusammen mit der obigen Formel erhalten wir daher für das erste Glied auf der rechten Seite der Gleichung (13.19)

$$|\frac{\partial}{\partial \xi}\mathcal{H}(S,K)(y,\xi,\mu)E_\eta^T(\xi,\mu)| \leq n|\frac{\partial}{\partial \xi}\mathcal{H}(S,K)(y,\xi,\mu)||E_\eta(\xi,\mu)|$$

$$\leq n\frac{c_2}{r_0}(1 + \frac{n}{4} r_0) M^2\delta^{-2\tau-3}, \qquad (13.71)$$

$$(y,\xi,\mu) \in D(r-4\delta, S+\Delta S) .$$

Der Rest R in (13.19) besteht nach (13.8) aus drei Teilen. Der erste Teil kann, wie man durch zweimalige partielle Integration leicht feststellt, in der Form

$$R_1(S,\Delta S)(y,\xi,\mu)$$

$$= \int_0^1 (1-\sigma)\frac{d^2}{d\sigma^2} H\left(S_y^T(\xi,\mu) + \sigma\Delta S_y^T(\xi,\mu), y, \xi\right) d\sigma$$

$$= \int_0^1 (1-\sigma)\Delta S_y(\xi,\mu) H_x{}^T{}_x\left(S_y^T(\xi,\mu) + \sigma\Delta S_y^T(\xi,\mu), y,\mu\right)\Delta S_y^T(\xi,\mu) d\sigma$$

geschrieben und zufolge (13.25) durch

$$|R_1(S,\Delta S)(y,\xi,\mu)| \leq \int_0^1 (1-\sigma)n^2 C\, d\sigma |\Delta S_y(\xi,\mu)|^2$$
$$= \frac{n^2}{2} C|\Delta S_y(\xi,\mu)|^2 , \qquad (y,\xi,\mu) \in B_{2r_0}\times\Sigma_r\times m$$

abgeschätzt werden, weil wegen (13.64) und (13.66)

$$|\mathrm{Im}\left(S_y^T(\xi,\mu)+\sigma\Delta S_y^T(\xi,\mu)\right)| \leq |(S+\sigma\Delta S)_y^T(\xi,\mu)-\xi| + |\mathrm{Im}\,\xi|$$
$$\leq (1-\sigma)|S_y^T(\xi,\mu)-\xi| + \sigma|(S+\Delta S)_y^T(\xi,\mu)-\xi| + |\mathrm{Im}\,\xi|$$
$$\leq \frac{1}{4}(1-\sigma)\, r_0 + \frac{1}{4}\sigma r_0 + r < 2r_0 , \qquad (\xi,\mu) \in \Sigma_r\times m$$

ist. Mit (13.62) und (13.69) ergibt sich daher

$$|R_1(S,\Delta S)(y,\xi,\mu)| \leq \frac{n^2}{2} Cc_4^2 M^2 \delta^{-4\tau-4} ,$$
$$(y,\xi,\mu) \in D(r-4\delta,S+\Delta S) .$$

Der zweite Teil von R kann in der Form

$$R_2(S,K,\Delta S)(y,\xi,\mu)$$
$$= \int_0^1 (1-\sigma)\frac{d^2}{d\sigma^2} K\left(\xi,S_\xi^T(y,\xi,\mu)+\sigma\Delta S_\xi^T(y,\xi,\mu),\mu\right)d\sigma$$
$$= \int_0^1 (1-\sigma)\Delta S_\xi(y,\xi,\mu)K_{\eta}{}^{T}{}_{\eta}\left(\xi,(S+\sigma\Delta S)_\xi^T(y,\xi,\mu),\mu\right)\Delta S_\xi^T(y,\xi,\mu)\,d\sigma$$

geschrieben werden. Aus (13.32) leiten wir durch zweimalige Anwendung von Lemma 13.1 die Ungleichung

$$|K_{\eta}{}^{T}{}_{\eta}(\xi,\eta,\mu)| \leq \frac{2C}{\delta^2} , \qquad (\xi,\eta,\mu) \in \Sigma_r\times B_{r-2\delta}\times m$$

her, die uns zu der Abschätzung

$$|R_2(S,K,\Delta S)(y,\xi,\mu)| \leq \int_0^1 (1-\sigma)n^2 \frac{2C}{\delta^2} d\sigma |\Delta S_\xi(y,\xi,\mu)|^2$$
$$= \frac{n^2 C}{\delta^2}|\Delta S_\xi(y,\xi,\mu)|^2 , \qquad (y,\xi,\mu) \in D(r-4\delta,S+\Delta S)$$

verhilft, wobei wir bedacht haben, daß aufgrund von (13.67) und (13.68)

$$\left(\xi,S_\xi^T(y,\xi,\mu)+\sigma\Delta S_\xi^T(y,\xi,\mu),\mu\right) \in \Sigma_{r-4\delta}\times B_{r-3\delta}\times m ,$$
$$(y,\xi,\mu) \in D(r-4\delta,S+\Delta S) , \quad 0 \leq \sigma \leq 1 \tag{13.72}$$

ist. Mit Rücksicht auf (13.62) und (13.69) ergibt sich dann

$$|R_2(S,K,\Delta S)(y,\xi,\mu)| \leq n^2 Cc_4^2\, M^2\delta^{-4\tau-6} ,$$
$$(y,\xi,\mu) \in D(r-4\delta, S+\Delta S) .$$

Schließlich erlaubt der dritte Teil von R die Darstellung

$$R_3(S,\Delta S,\Delta K)(y,\xi,\mu)$$
$$= \int_0^1 \frac{d}{d\sigma}\, \Delta K\left(\xi, S_\xi^T(y,\xi,\mu)+\sigma\Delta S_\xi^T(y,\xi,\mu),\mu\right)d\sigma$$
$$= \int_0^1 \Delta K_\eta\left(\xi, S_\xi^T(y,\xi,\mu)+ \sigma\Delta S_\xi^T(y,\xi,\mu),\mu\right)d\sigma \Delta S_\xi^T(y,\xi,\mu) .$$

Aus (13.40) ergibt sich mit Lemma 13.1 die Abschätzung

$$|\Delta K_\eta(\xi,\eta,\mu)| \leq c_3\, M\delta^{-2\tau-4} , \qquad (\xi,\eta,\mu) \in \Sigma_{r-4\delta}\times B_{r-2\delta}\times m ,$$

so daß wir unter Verwendung von (13.72)

$$|R_3(S,\Delta S,\Delta K)(y,\xi,\mu)| \leq nc_3 M\delta^{-2\tau-4}|\Delta S_\xi(y,\xi,\mu)| ,$$
$$(y,\xi,\mu) \in D(r-4\delta, S+\Delta S)$$

und daher mit Hilfe von (13.62) und (13.69)

$$|R_3(S,\Delta S,\Delta K)(y,\xi,\mu)| \leq nc_3 c_4 M^2\delta^{-4\tau-6} ,$$
$$(y,\xi,\mu) \in D(r-4\delta, S+\Delta S)$$

erhalten. Addieren wir jetzt die drei Abschätzungen für R_1, R_2 und R_3, so bekommen wir

$$|R(S,K,\Delta S,\Delta K)(y,\xi,\mu)| \leq c_5 M^2\delta^{-4\tau-6} ,$$
$$(y,\xi,\mu) \in D(r-4\delta, S+\Delta S) ,$$

wobei $\delta \leq 1$ beachtet und

$$c_5 = \frac{3}{2}\, n^2 Cc_4^2 + nc_3 c_4$$

gesetzt wurde. Hieraus folgt mit (13.19) und (13.71) dann endlich

$$|\mathcal{H}(S+\Delta S, K+\Delta K)(y,\xi,\mu)| \leq c_6 M^2\delta^{-4\tau-6} , \qquad (y,\xi,\mu) \in D(r-4\delta, S+\Delta S) \tag{13.73}$$

mit

$$c_6 = n \frac{c_2}{r_0} (1 + \frac{n}{4} r_0) + c_5.$$

Nachdem wir nun die Hauptarbeit an Abschätzungen bewältigt haben, erinnern wir uns daran, daß (13.65) der ν-te Schritt und (13.73) der ν+1-te Schritt unseres Iterationsverfahrens sein sollte, wie dies in (13.10) zum Ausdruck kommt. Ergänzend zu (13.10) haben wir dann konsequenter Weise

$$\begin{aligned} r &= r_\nu , \quad \delta = \delta_\nu , \quad M = M_\nu , \\ r_{\nu+1} &= r_\nu - 4\delta_\nu , \quad \nu = 0,1,... \end{aligned} \tag{13.74}$$

und

$$M_{\nu+1} = c_6 M_\nu^2 \delta_\nu^{-4\tau-6} , \quad \nu = 0,1,... \tag{13.75}$$

zu setzen. Aus (13.74) folgt sofort

$$r_\nu = r_0 - 4 \sum_{\alpha=0}^{\nu-1} \delta_\alpha , \quad \nu = 0,1,... \tag{13.76}$$

woraus sich

$$\sum_{\nu=0}^{\infty} \delta_\nu < \infty$$

ergibt, weil $r_\nu > 0$, $\nu = 0,1,...$ gelten muß. Genauer bekommen wir sogar die Bedingung

$$\sum_{\nu=0}^{\infty} \delta_\nu \leq \frac{1}{8} r_0 , \tag{13.77}$$

da die Voraussetzung $r_0/2 \leq r \leq r_0$ von Lemma 13.2 natürlich für jedes $r = r_\nu$, $\nu = 0,1,...$ erfüllt sein soll.

Die Konvergenz der Reihe $\sum_{\nu=0}^{\infty} \delta_\nu$ hat $\delta_\nu \to 0$ zur Folge, so daß $\delta_\nu^{-4\tau-6} \to \infty$ gilt und daher aufgrund von (13.75) die Folge (M_ν) zumindest "behindert" oder "gebremst" gegen Null strebt. Daß sie überhaupt gegen Null strebt und obendrein noch (13.77) erfüllt ist, ergibt sich aus dem Umstand, daß wir das Iterationsverfahren in Analogie zum Newtonschen Verfahren bzw. genauer in Analogie zur Regula falsi angesetzt haben und somit in der Rekursionsformel (13.75) die Größe M_ν mit dem Exponenten 2 versehen ist (ein Exponent > 1 würde schon genügen). Daher können wir in Analogie zu (12.22) den Ansatz

$$M_\nu = \frac{1}{c_6}\varepsilon^{\kappa^\nu} , \quad \nu = 0,1,\ldots \tag{13.78}$$

mit zwei Konstanten ε,κ, $0 < \varepsilon < 1 < \kappa < 2$ machen und bekommen aus (13.75)

$$\delta_\nu = \varepsilon^{\frac{2-\kappa}{4\tau+6}\kappa^\nu} , \quad \nu = 0,1,\ldots , \tag{13.79}$$

also eine Nullfolge, die (13.77) erfüllt, wenn wir nur ε hinreichend klein wählen.

Um das zu sehen, schätzen wir die Reihe

$$\sum_{\nu=0}^{\infty} \delta_\nu = \sum_{\nu=0}^{\infty} \varepsilon^{\frac{2-\kappa}{4\tau+6}\kappa^\nu}$$

entsprechend der Rechnung, die zu (12.25) führte, ab und erhalten

$$\sum_{\nu=0}^{\infty} \delta_\nu \leq \left(1 + \frac{4\tau + 6}{(2-\kappa)\log \kappa \log \frac{1}{\varepsilon}}\right) \varepsilon^{\frac{2-\kappa}{4\tau+6}} .$$

Im Gegensatz zu (12.23) können wir hier über κ im Intervall $1 < \kappa < 2$ frei verfügen. Da wir uns nicht um optimale Abschätzungen bemühen, setzen wir einfach

$$\kappa = \frac{3}{2} . \tag{13.80}$$

Dann ergibt die obige Ungleichung

$$\sum_{\nu=0}^{\infty} \delta_\nu \leq \left(1 + \frac{8\tau + 12}{\log \frac{3}{2} \log \frac{1}{\varepsilon}}\right) \varepsilon^{\frac{1}{8\tau+12}} \leq \frac{1}{8} r_0 ,$$

womit wir der Bedingung (13.77) genügen, sofern nur ε hinreichend klein ist, sagen wir

$$\varepsilon \leq \varepsilon_1 = \varepsilon_1(r_0,\tau) < 1 ,$$

wobei man leicht zu einem expliziten Ausdruck für ε_1 gelangen kann.

Nun müssen wir uns den Ungleichungen widmen, unter deren Voraussetzung wir von (13.65) zu (13.73) gelangten. Es handelt sich dabei zunächst um die Ungleichungen (13.32),(13.33) und (13.64), die wir im Hinblick auf (13.10) und auf den Schluß von ν auf $\nu+1$ in der Form

$$\left.\begin{aligned} &|K_\nu(\xi,\eta,\mu)| \leq C + (C - \delta_\nu) \ , \\ &|K_{\nu\eta}{}^T{}_\eta(\xi,b,\mu) - Q| \leq \frac{1}{2n^2C} - \delta_\nu \ , \\ &\qquad (\xi,\eta,\mu) \in \Sigma_{r_\nu} \times B_{r_\nu} \times m \ , \end{aligned}\right\} \quad (13.81)_\nu$$

$$\begin{aligned} &|S_{\nu\xi}^T(y,\xi,\mu)-y| + |S_{\nu y}^T(\xi,\mu)-\xi| \leq \frac{1}{4} r_0 - \delta_\nu \ , \\ &\qquad (y,\xi,\mu) \in B_{5r_0/4} \times \Sigma_{r_\nu} \times m \end{aligned} \quad (13.82)_\nu$$

notieren. Indem wir hier gegenüber den früheren Ungleichungen δ_ν subtrahieren, verlangen wir zwar etwas mehr, erleichtern uns aber den Schluß von ν auf $\nu+1$. Damit die rechten Seiten von $(13.81)_\nu$ und $(13.82)_\nu$ nicht negativ werden bzw. $C-\delta_\nu \geq 0$ ist, muß wegen $\delta_\nu \leq \delta_0$

$$\delta_0 \leq \min\left(\frac{1}{4} r_0, \frac{1}{2n^2}, \frac{1}{2n^2C}, C\right)$$

gelten und somit aufgrund von (13.79) und (13.80)

$$\varepsilon \leq \varepsilon_2 = \varepsilon_2(r_0,n,C,\tau)$$

vorausgesetzt werden.

Um aus $(13.81)_\nu$ und $(13.82)_\nu$ die Ungleichungen $(13.81)_{\nu+1}$ und $(13.82)_{\nu+1}$ folgern zu können, verlangen wir

$$\delta_{\nu+1} + (c_3+c_4) M_\nu \delta_\nu^{-2\tau-5} \leq \delta_\nu \ , \quad \nu = 0,1,\dots \ . \quad (13.83)$$

Diese Ungleichungen sind für hinreichend kleines ε erfüllt. Zum Beweis bilden wir mit Rücksicht auf (13.78),(13.79) und (13.80)

$$\begin{aligned} &\frac{\delta_{\nu+1}}{\delta_\nu} + (c_3+c_4)\frac{M_\nu}{\delta_\nu^{2\tau+6}} \leq \frac{\delta_1}{\delta_0} + (c_3+c_4)\frac{M_0}{\delta_0^{2\tau+6}} \\ &= \varepsilon^{\frac{1}{8(2\tau+3)}} + (c_3+c_4) c_6^{-1} \varepsilon^{\frac{3(\tau+1)}{2(2\tau+3)}} \leq 1 \ , \end{aligned}$$

wobei die letzte Ungleichung für hinreichend kleines ε, etwa für

$$\varepsilon \leq \varepsilon_3 = \varepsilon_3(r_O,\tau,c,C,n,\gamma)$$

gilt. Mit (13.83) ist übrigens auch (13.70), d.h.

$$c_4 M_\nu \delta_\nu^{-2\tau-2} \leq \delta_\nu \ , \qquad \nu = 0,1,\ldots$$

erfüllt, wie man leicht wegen $\delta_\nu \leq 1$ sieht.

Der Schluß von $(13.81)_\nu$ auf $(13.81)_{\nu+1}$ ergibt sich nun unter Verwendung von (13.10),(13.40) für $\Delta K = \Delta K_\nu$, $M = M_\nu$, $\delta = \delta_\nu$, $r = r_\nu$ und von (13.83) folgendermaßen:

$$\begin{aligned} |K_{\nu+1}(\xi,\eta,\mu)| &\leq |K_\nu(\xi,\eta,\mu)| + |\Delta K_\nu(\xi,\eta,\mu)| \\ &\leq 2C - \delta_\nu + c_3 M_\nu \delta_\nu^{-2\tau-3} \leq 2C - \delta_{\nu+1} \ , \\ &\qquad (\xi,\eta,\mu) \in \Sigma_{r_{\nu+1}} \times B_{r_{\nu+1}} \times m \ . \end{aligned}$$

Die aus (13.40) mit Hilfe zweimaliger Anwendung von Lemma 13.1 resultierende Abschätzung

$$\begin{aligned} |\Delta K_{\eta}{}^{T}{}_{\eta}(\xi,\eta,\mu)| &\leq c_3 M^{-2\tau-5} \ , \\ &\qquad (\xi,\eta,\mu) \in \Sigma_{r-4\delta} \times B_{r-3\delta} \times m \end{aligned}$$

führt entsprechend zu

$$\begin{aligned} |K_{\nu+1\eta}{}^{T}{}_{\eta}(\xi,b,\mu) - Q| &\leq |K_{\nu\eta}{}^{T}{}_{\eta}(\xi,b,\mu) - Q| + |\Delta K_{\nu\eta}{}^{T}{}_{\eta}(\xi,b,\mu)| \\ &\leq \frac{1}{2n^2 C} - \delta_\nu + c_3 M_\nu \delta_\nu^{-2\tau-5} \leq \frac{1}{2n^2 C} - \delta_{\nu+1} \ , \\ &\qquad (\xi,\mu) \in \Sigma_{r_{\nu+1}} \times m \ , \end{aligned}$$

so daß also $(13.81)_{\nu+1}$ gilt.

Der Schluß von $(13.82)_\nu$ auf $(13.82)_{\nu+1}$ geschieht mit Hilfe von (13.62) für $\Delta S = \Delta S_\nu$, $M = M_\nu$, $r = r_\nu$, $\delta = \delta_\nu$ und mit (13.83), wobei wir zur Abkürzung

$$G_\nu(y,\xi,\mu) = |S_{\nu\xi}^{T}(y,\xi,\mu) - y| + |S_{\nu y}^{T}(\xi,\mu) - \xi|$$

setzen und $\delta_\nu \leq 1$ beachten:

$$\begin{aligned} G_{\nu+1}(y,\xi,\mu) &\leq G_\nu(y,\xi,\mu) + |\Delta S_{\nu\xi}(y,\xi,\mu)| + |\Delta S_{\nu y}(\xi,\mu)| \\ &\leq \frac{1}{4} r_O - \delta_\nu + c_4 M_\nu \delta_\nu^{-2\tau-2} \leq \frac{1}{4} r_O - \delta_{\nu+1} \ , \\ &\qquad (y,\xi,\mu) \in B_{5r_O/4} \times \Sigma_{r_{\nu+1}} \times m \ . \end{aligned}$$

Damit ist der Induktionsschluß unseres Iterationsverfahrens von ν auf $\nu+1$ vollständig erbracht. Da dieser Schluß ziemlich langwierig war, ziehen wir ein kurzes Resümee.

Wir setzen $\varepsilon = \min(\varepsilon_1,\varepsilon_2,\varepsilon_3)$ und definieren die Folgen (δ_ν), (M_ν), (r_ν) gemäß (13.76),(13.78),(13.79) und (13.80). Dann setzen wir für ein festes $\nu \geq 0$ voraus, daß (13.30),(13.31) für $K = K_\nu$, $r = r_\nu$ sowie (13.54) für $S = S_\nu$, $r = r_\nu$ und $(13.81)_\nu$, $(13.82)_\nu$ erfüllt sind. Außerdem soll noch (13.65), also

$$|\mathcal{H}(S_\nu,K_\nu)(y,\xi,\mu)| \leq M_\nu , \qquad (y,\xi,\mu) \in D(r_\nu,S_\nu) \qquad (13.84)_\nu$$

gelten. Nun berechnen wir $S_{\nu+1} = S+\Delta S$ und $K_{\nu+1} = K+\Delta K$ mit all den notwendigen Eigenschaften und Abschätzungen in der geschilderten Weise. Um dann schließlich (13.73), d.h. wegen (13.74) und (13.75) die Ungleichung $(13.84)_{\nu+1}$ zu erhalten, benötigen wir (13.66), d.h. $(13.82)_{\nu+1}$ und (13.70) für $M = M_\nu$, $\delta = \delta_\nu$. Beide Bedingungen konnten wir soeben über (13.83) durch geeignete Wahl von ε erfüllen, so daß sich außerdem auch die Gültigkeit von $(13.81)_{\nu+1}$ ergab. Natürlich haben $S_{\nu+1}$ und $K_{\nu+1}$ die gleichen Eigenschaften, die wir von S_ν und K_ν forderten, so daß der Induktionsschluß von ν auf $\nu+1$ geleistet ist.

Wir kommen jetzt noch einmal auf den Induktionsanfang des Iterationsverfahrens zurück. Die Ungleichungen $(13.81)_0$ und $(13.82)_0$ sind wegen (13.20),(13.21),(13.26) und (8.48) trivialer Weise richtig. Die Abschätzung $(13.84)_0$, die mit (13.29) gleichbedeutend ist, kann durch entsprechende Wahl von m erfüllt werden, wie wir im Anschluß an (13.29) bemerkt haben. Damit ist auch der Induktionsanfang des Iterationsverfahrens gewährleistet.

Nachdem wir die Näherungslösungen $(S,K) = (S_\nu,K_\nu)$ der Gleichung (13.3) für alle $\nu = 0,1,\ldots$ berechnen können, müssen wir uns noch um die Konvergenz dieser Folge kümmern. Beginnen wir mit (K_ν). Wegen (13.76) und (13.77) ist $r_\nu \geq r_0/2$, $\nu = 0,1,\ldots$, so daß die Folge (K_ν) in $\Sigma_{r_0/2}\times B_{r_0/2}\times m$ definiert ist. Aufgrund von (13.40) mit $\Delta K = \Delta K_\nu$, $M = M_\nu$, $\delta = \delta_\nu$, $r = r_\nu$ und von (13.83) bekommen wir

$$|K_{\nu+p}(\xi,\eta,\mu)-K_\nu(\xi,\eta,\mu)| \leq |\Delta K_\nu(\xi,\eta,\mu)| + \ldots$$
$$+ |\Delta K_{\nu+p-1}(\xi,\eta,\mu)| \leq c_3\left(M_\nu\delta_\nu^{-2\tau-3}+\ldots+M_{\nu+p-1}\delta_{\nu+p-1}^{-2\tau-3}\right)$$
$$\leq (\delta_\nu-\delta_{\nu+1}) +\ldots+ (\delta_{\nu+p-1}-\delta_{\nu+p}) \leq \delta_\nu ,$$
$$(\xi,\eta,\mu) \in \Sigma_{r_0/2}\times B_{r_0/2}\times m , \quad \nu = 0,1,\ldots, \; p = 1,2,\ldots,$$

also wegen $\delta_\nu \to 0$ gleichmäßige Konvergenz der Folge (K_ν) in $\Sigma_{r_0/2}\times B_{r_0/2}\times m$ und daher auch die Existenz von

$$K_\infty(\xi,\eta,\mu) = \lim_{\nu\to\infty} K_\nu(\xi,\eta,\mu) , \qquad (\xi,\eta,\mu) \in \Sigma_{r_0/2}\times B_{r_0/2}\times m$$

als reell analytische Funktion mit der Periode 2π in $\xi_1,\ldots,\xi_n$, und es gilt

$$|K_\infty(\xi,\eta,\mu)-K_\nu(\xi,\eta,\mu)| \leq \delta_\nu ,$$
$$(\xi,\eta,\mu) \in \Sigma_{r_0/2}\times B_{r_0/2}\times m .$$

Da wir wegen (13.31) und (13.36)

$$K_{\nu\xi}(\xi,b,\mu) = 0 , \quad K_{\nu\eta}(\xi,b,\mu) = \omega^T , \quad (\xi,\mu) \in \Sigma_{r_0/2}\times m$$

für $\nu = 0,1,\ldots$ haben, erhalten wir für $\nu \to \infty$ noch

$$K_{\infty\xi}(\xi,b,\mu) = 0 , \quad K_{\infty\eta}(\xi,b,\mu) = \omega^T , \quad (\xi,\mu) \in \Sigma_{r_0/2}\times m . \tag{13.85}$$

Jetzt wenden wir uns der Folge (S_ν) zu. Nach (13.54) ist

$$S_\nu(y,\xi,\mu) = \xi^T\left(y+d_\nu(\mu)\right) + W_\nu(y,\xi,\mu) , \tag{13.86}$$

$\nu = 0,1,\ldots,$ wobei die Folge (d_ν) in m und die Folge (W_ν) in $\mathbb{C}^n\times\Sigma_{r_0/2}\times m$ definiert ist. Mit den entsprechenden Bezeichnungsänderungen ergibt sich aus (13.60)

$$d_{\nu+1} = d_\nu + \lambda_\nu , \quad W_{\nu+1} = W_\nu + \Delta W_\nu, \qquad \nu = 0,1,\ldots$$

und daher wegen (13.38),(13.83), $c_4 \geq c_1$ (vgl. Seite 243)

$$|d_{\nu+p}(\mu)-d_\nu(\mu)| \leq |\lambda_\nu(\mu)| +\ldots+ |\lambda_{\nu+p-1}(\mu)|$$
$$\leq c_4\left(M_\nu\delta_\nu^{-\tau-1} +\ldots+ M_{\nu+p-1}\delta_{\nu+p-1}^{-\tau-1}\right) \leq \delta_\nu-\delta_{\nu+p} \leq \delta_\nu ,$$
$$\mu \in m , \quad \nu = 0,1,\ldots , \quad p = 1,2,\ldots$$

bzw. wegen (13.61), (13.83), $c_4 \geq c_2$

$$|W_{\nu+p}(y,\xi,\mu)-W_\nu(y,\xi,\mu)| \leq |\Delta W_\nu(y,\xi,\mu)| + \ldots$$

$$+ |\Delta W_{\nu+p-1}(y,\xi,\mu)| \leq c_4\left(M_\nu \delta_\nu^{-2\tau-1} + \ldots + M_{\nu+p-1}\delta_{\nu+p-1}^{-2\tau-1}\right)$$

$$\leq (\delta_\nu - \delta_{\nu+1}) + \ldots + (\delta_{\nu+p-1} - \delta_{\nu+p}) \leq \delta_\nu ,$$

$$(y,\xi,\mu) \in B_{5r_0/2} \times \Sigma_{r_0/2} \times m ,$$

also wieder wegen $\delta_\nu \to 0$ gleichmäßige Konvergenz der Folgen (d_ν) und (W_ν). Deshalb existieren

$$d_\infty(\mu) = \lim_{\nu\to\infty} d_\nu(\mu) , \quad \mu \in m$$

und

$$W_\infty(y,\xi,\mu) = \lim_{\nu\to\infty} W_\nu(y,\xi,\mu) ,$$

$$(y,\xi,\mu) \in B_{5r_0/2} \times \Sigma_{r_0/2} \times m$$

als reelle Funktionen, wobei W_∞ inhomogen linear in y und 2π-periodisch in $\xi_1,\ldots,\xi_n$ ist, weil das für W_ν, $\nu = 0,1,\ldots$ gilt. (13.86) liefert noch

$$S_\infty(y,\xi,\mu) = \lim_{\nu\to\infty} S_\nu(y,\xi,\mu)$$

und zwar gleichmäßig in jeder kompakten Teilmenge von $B_{5r_0/2} \times \Sigma_{r_0/2} \times m$. Überdies folgt aus den obigen Abschätzungen

$$|S_\infty(y,\xi,\mu)-S_\nu(y,\xi,\mu)| \leq (n|\xi| + 1)\delta_\nu , \qquad (y,\xi,\mu) \in B_{5r_0/4} \times \Sigma_{r_0/2} \times m . \tag{13.87}$$

Endlich wollen wir sehen, daß $(S,K) = (S_\nu,K_\nu)$ eine Lösung von (13.3) darstellt. Nach Lemma 13.2 ist

$$B_{r_0/4} \times \Sigma_{r_0/2} \times m \subseteq D(r_\nu,S_\nu) , \qquad \nu = 0,1,\ldots .$$

Daher erhalten wir aus (13.78) und $(13.84)_\nu$

$$\lim_{\nu\to\infty} \mathcal{H}(S_\nu,K_\nu)(y,\xi,\mu) = 0 , \qquad (y,\xi,\mu) \in B_{r_0/4} \times \Sigma_{r_0/2} \times m .$$

Der gleichmäßigen Konvergenz wegen darf man den Limes durchziehen, so daß

$$\mathcal{H}(S_\infty,K_\infty)(y,\xi,\mu) = 0 \;, \qquad (y,\xi,\mu) \in B_{r_0/4}\times\Sigma_{r_0/2}\times m \;. \tag{13.88}$$

gilt.

Während K_∞ mit (13.86) alle in § 8 gewünschten Eigenschaften besitzt, ist dies bei S_∞ noch nicht notwendig der Fall. Beispielsweise müssen wir im Hinblick auf (8.32),(8.33) und (8.34) für $S = S_\infty$ noch die Gleichung

$$S(y,\xi,0) - \xi^T y = 0 \;, \qquad (y,\xi) \in B_{5r_0/4}\times\Sigma_{r_0/2} \tag{13.89}$$

beweisen. Dazu bemerken wir, daß alle bisherigen Abschätzungen nicht nur für $\varepsilon = \min(\varepsilon_1,\varepsilon_2,\varepsilon_3)$ sondern auch für jedes kleinere ε Gültigkeit haben. Der Grenzübergang $\varepsilon \to 0$ bedeutet nach (13.78) und (13.79) $M_0 \to 0$ und $\delta_0 \to 0$, also wegen $\mu \in m = m_s$ und $s = \min(r_0, M_0 C^{-1})$ auch $\mu \to 0$. Daher folgt aus (13.20) und (13.87) für $\mu = 0$ und $\varepsilon \to 0$ die Gleichung (13.89).

Als letzte Bedingung ist schließlich

$$[W_\infty(y,\cdot,\mu)] = 0 \;, \qquad (y,\mu) \in B_{5r_0/4}\times m$$

zu erfüllen, d.h. (13.22) in der Bezeichnung von (8.32). Diese Ungleichung braucht zunächst nicht richtig zu sein. Wir können aber leicht aus (S_∞,K_∞) eine Lösung (S,K) von (13.3) konstruieren, für die diese Ungleichung zusätzlich noch gilt. Dazu ersetzen wir in (13.88) einfach ξ durch $\xi + g(\mu)$ mit einer beliebigen reell analytischen Funktion $g\colon m \to \mathbb{C}^n$ und addieren zu S_∞ eine beliebige reell analytische Funktion $f\colon m \to \mathbb{C}$. Dann erhalten wir eine neue Lösung (S,K) von (13.3), wobei

$$\begin{aligned} S(y,\xi,\mu) &= \xi^T\big(y+d(\mu)\big) + W(y,\xi,\mu) \;, \\ W(y,\xi,\mu) &= f(\mu) + g(\mu)^T y + W_\infty\big(y,\xi+g(\mu),\mu\big) \;, \\ d &= d_\infty \end{aligned}$$

und

$$K(\xi,\eta,\mu) = K_\infty\Big(\xi+g(\mu),\eta,\mu\Big)$$

ist. f und g werden eindeutig durch die Gleichung

$$[W(y,\cdot,\mu)] = f(\mu) + g(\mu)^T y + [W_\infty(y,\cdot,\mu)] = 0$$

bestimmt, weil W_∞ inhomogen linear in y ist. Dabei bleibt $W(y,\xi,0) = 0$ gewährleistet. Da auch K die wesentlichen Eigenschaften von K_∞ aus (13.85) übernimmt, nämlich

$$K_\xi(\xi,b,\mu) = 0 , \quad K_\eta(\xi,b,\mu) = 0 ,$$

so erfüllen S und K alle in § 8, insbesondere in Satz 8.2 geforderten Bedingungen.

Die Potenzreihenentwicklung von S und K nach Potenzen von μ sind konvergent in einer Umgebung von $\mu = 0$, weil S und K reell analytisch sind. Diese Entwicklungen stimmen wegen der in Satz 8.2 konstatierten Eindeutigkeit mit den dortigen Entwicklungen überein.

Damit ist der Konvergenzbeweis vollendet.

LITERATUR

I. Bücher über Himmelsmechanik und Klassische Mechanik

1. Abraham,R.: Foundations of Mechanics. New York: Benjamin 1967

2. Arnold,V.I.: Problèmes ergodiques de la mécanique. Paris: Gauthier-Villars 1967

3. Bohrmann,A.: Bahnen künstlicher Satelliten. B.I. Hochschultaschenbücher 40/40a

4. Bucerius,H.: Himmelsmechanik I,II. B.I. Hochschultaschenbücher 143/143a und 144/144a

5. Happel,H.: Das Dreikörperproblem. Leipzig: Koehler 1941

6. Pars,L.A.: A Treatise on Analytical Dynamics. London: Heinemann 1965

7. Siegel,C.L., Moser,J.K.: Lectures on Celestial Mechanics. Berlin-Heidelberg-New York: Springer 1971

8. Sternberg,S.: Celestial Mechanics I,II. New York: Benjamin 1969

9. Szebehely,V.: Theory of Orbits. New York: Academic Press 1967

10. Whittaker,E.T.: A Treatise on the Analytical Dynamics of Particles and Rigid Bodies. Cambridge University Press 1965

11. Wintner,A.: The Analytical Fondations of Celestial Mechanics. Princeton University Press 1947

II. Zitierte Literatur

12. Klein,F.: Vorlesungen über die Entwicklung der Mathematik im 19.Jahrhundert. Berlin: Springer 1926

13. Mittag-Leffler,G.: Zur Biographie von Weierstraß. Acta Math. 35, 29-65 (1912)
Die Bezeichnung einiger Konstanten und Indizes in Formel (1.1) wurde geändert.

14. Mittag-Leffler,G.: Mitteilung, einen von König Oscar II gestifteten mathematischen Preis betreffend. Acta Math. 7, I-VI (1885)

15. Poincaré,H.: Sur le Problème des trois corps et les équations de la dynamique. Acta Math. 13, 1-271 (1890)

16. Siegel,C.L.: Iteration of analytic functions. Ann. Math. 43, 607-612 (1942)

17. Kolmogorov,A.N.: Über bedingt periodische Bewegungen bei kleinen Störungen der Hamiltonschen Funktion. Doklady Akad.Nauk USSR 98, Nr.4, 527-530 (1954). (Russisch)

18. Kolmogorov,A.N.: Allgemeine Theorie der dynamischen Systeme der klassischen Mechanik. Proceedings of the International Congress of Mathematics, Bd.1, 315-333 (1957). Amsterdam: Nordhoff. (Russisch)
Englische Übersetzung in
Abraham,R.: Foundations of Mechanics. 263-279. New York: Benjamin 1967

19. Arnold,V.I.: Proof of a theorem of A.N.Kolmogorov on the invariance of quasi-periodic motions under small perturbations of the Hamiltonian. Russian Math. Surveys 18, 9-36 (1963)

20. Arnold,V.I.: Small denominators and problems of stability of motion in classical and celestial mechanics. Russian Math. Surveys 18, 85-192 (1963)

21. Moser,J.: On the theory of quasi-periodic motions. Lectures held at Stanford Univ. 1965. SIAM Review 8, Nr.2, 145-172 (1966)

22. Moser,J.: Convergent series expansion for quasi-periodic motions. Math.Ann. 169, 136-176 (1967)

23. Moser,J.: Stable and Random Motions in Dynamical Systems: With Special Emphasis on Celestial Mechanics. Ann.of Math.Studies 77. Princeton Univ.Press 1973

24. Moser,J.: A new technic for the constructions of solutions of nonlinear differential equations. Proc. Nat.Acad.Sciences 47, No.11, 1824-1831 (1961)

25. Moser,J.: On invariant curves of area-preserving mappings of an annulus. Nachr.Akad.Wiss. Göttingen, Math.-Phys. Kl.1 IIa, No.1, 1-20 (1962)

26. Moser,J.: A rapidly convergent iteration method and non-linear differential equations II. Scuola norm.sup. Pisa 1966

27. Schäfke,F.W., Schmidt,D.: Gewöhnliche Differentialgleichungen. Heidelberger Taschenbücher Bd. 108. Berlin-Heidelberg-New York: Springer 1973

28. Cartan,H.: Elementare Theorie der analytischen Funktionen einer oder mehrerer komplexen Veränderlichen. B.I. Hochschultaschenbücher 112/112a

29. Dieudonné,J.: Foundations of Modern Analysis. New York and London: Academic Press.
deutsch: Grundzüge der modernen Analysis. Braunschweig: Vieweg 1971

30. Courant,R., Hilbert,D.: Methods of Mathematical Physics. vol.I. New York: Interscience Publishers Inc

31. Jarnik,V.: Über die simultanen diophantischen Approximationen. Math.Z. 33, 505-543 (1931)

32. Schmidt,W.M.: Badly approximable Systems of linear forms. J.Number Theory 1, 139-154 (1969)

33. van der Waerden,B.L.: Algebra, Erster Teil. Heidelberger Taschenbücher Bd.12. Berlin-Heidelberg-New York: Springer 1966

III. Neuerscheinung während der Drucklegung

34. Arnold,V.I.: Mathematical Methods of Classical Mechanics. Graduate Texts in Mathematics Vol.60. New York-Heidelberg-Berlin: Springer-Verlag 1978

MIX
Papier aus verantwortungsvollen Quellen
Paper from responsible sources
FSC® C105338

If you have any concerns about our products,
you can contact us on
ProductSafety@springernature.com

In case Publisher is established outside the EU,
the EU authorized representative is:
Springer Nature Customer Service Center GmbH
Europaplatz 3, 69115 Heidelberg, Germany

Printed by Libri Plureos GmbH
in Hamburg, Germany